Python Flask Web开发入门与项目实战

钱游◎编著

机械工业出版社
China Machine Press

图书在版编目（CIP）数据

Python Flask Web开发入门与项目实战 / 钱游编著. —北京：机械工业出版社，2019.7（2020.8重印）

ISBN 978-7-111-63088-3

Ⅰ. P… Ⅱ. 钱… Ⅲ. 软件工具－程序设计 Ⅳ. TP311.561

中国版本图书馆CIP数据核字（2019）第129767号

本书从Flask框架的基础知识讲起，逐步深入到使用Flask进行Web应用开发实战。其中，重点介绍了使用Flask+SQLAlchemy进行服务端开发，以及使用Jinja 2模板引擎和Bootstrap进行前端页面开发的方法，不但可以让读者系统地学习用Python微型框架开发Web应用的相关知识，而且还能对Web开发中基于角色访问权限控制的方法等相关知识有更为深入的理解。本书提供了大量的实战案例引导读者由浅入深地学习Flask Web应用开发，可以让读者的开发水平有质的提升。

本书共16章，分为3篇。第1篇为Flask基础知识，介绍了Flask开发的环境部署及入门知识，内容涵盖了Flask程序的基本结构、Jinja 2模板、Web表单、SQLAlchemy管理数据库、装饰器的定义和使用、Memcached缓存技术等；第2篇为CMS新闻系统开发，介绍了数据库设计、数据库迁移、无限级分类的实现、登录日志、角色的访问权限控制等内容；第3篇为网站上线准备及部署，介绍了Web程序上线部署前必须要进行的单元测试、性能优化和环境部署等内容。

本书内容通俗易懂，案例丰富，实用性强，特别适合Python Web开发的入门读者和进阶读者学习，也适合PHP程序员和Java程序员等其他Web开发爱好者阅读。另外，本书可以作为相关培训机构的教材用书。

Python Flask Web 开发入门与项目实战

出版发行：机械工业出版社（北京市西城区百万庄大街 22 号 邮政编码：100037）
责任编辑：欧振旭 李华君　　责任校对：姚志娟
印　刷：中国电影出版社印刷厂　　版　次：2020 年 8 月第 1 版第 2 次印刷
开　本：186mm × 240mm 1/16　　印　张：23.25
书　号：ISBN 978-7-111-63088-3　　定　价：99.00 元

凡购本书，如有缺页、倒页、脱页，由本社发行部调换
客服热线：（010）88379426 88361066　　投稿热线：（010）88379604
购书热线：（010）68326294　　读者信箱：hzit@hzbook.com

前言

Flask 诞生于 2010 年，是 Armin ronacher 用 Python 语言基于 Werkzeug 工具箱编写的轻量级 Web 开发框架。时至今日，使用 Flask 开发 Web 等应用程序的人越来越多，使用 Flask 微框架也越来越流行。

目前，Python 的就业前景还是非常好的。国内 Python 人才需求呈大规模上升，薪资水平也水涨船高。在 Linux 运维、Python Web 网站工程师、Python 自动化测试、数据分析和人工智能等诸多领域，对 Python 人才的需求非常旺盛。目前，业内几乎所有大中型互联网企业都在使用 Python，如 Youtube、Dropbox、BT、Quora（类似于中国的知乎）、豆瓣、知乎、Google、Yahoo、Facebook、NASA、百度、腾讯、汽车之家和美团等。很多知名企业的网站，诸如豆瓣、知乎和拉勾网等都是用 Python 语言开发的。熟练掌握 Python 语言与 Python 框架 Flask，入职名企妥妥的。

Flask 的优势

Web 网站发展至今，特别是服务器端，涉及的知识非常广泛，这对程序员的要求会越来越高。如果采用成熟、稳健的框架，那么一些诸如安全性、数据流控制等类型的基础性工作都可以让框架来处理，而程序开发人员则可以把更多的精力放在具体业务逻辑功能的实现和优化上。

使用 Flask 框架的优势有以下几点：

- 可以大大降低开发难度，提高开发效率，让快速、高效的 Web 开发成为可能。
- 可以带来系统稳定性和可扩展性的提升。Flask 自由、灵活、可扩展性强、第三方库的选择面广，用第三方库可以实现自己想要的功能，而且很多第三方库还可以定制与裁减。
- 对于初学者来说简单易学，入门门槛很低，即便没有多少 Web 开发经验，也能很快做出网站，大大节约了初学者的学习成本。

综上所述，Flask 是一个用 Python 语言编写的 Web 微框架，可以让开发人员快速开发各种 Web 应用。

笔者在长期的 Flask 框架使用过程中有切身体会：使用该框架进行 Web 开发，的确省时、省事、省力。比如表单数据的校验、CSRF 攻击与防御等提供了相应模块，直接拿过来就可以使用。默认情况下，Flask 不包含数据库抽象层和表单验证等功能。然而 Flask 支持用扩展来给应用添加这些功能，就如同是用 Flask 实现的一样。众多的扩展提供了数据库集成、表单验证、上传处理和各种各样的开放认证技术等功能。为了把这些心得体会分享给广大的 Web 开发人员，笔者编写了本书。本书主要介绍了如何基于 Python 的微框架 Flask 进行 Web 开发，内容安排从易到难，讲解由浅入深、循序渐进，可以帮助读者快速掌握 Flask Web 开发的大部分常用技术点。

本书特色

- **由浅入深**：本书从基本的开发环境配置讲起，层层深入到实际项目案例开发，切实为读者朋友提供了高效学习 Flask 框架的好方法。
- **内容全面**：本书涵盖 Flask 开发的方方面面，包括 Jinja 2、视图操作、数据库访问、Memcached 缓存和 Bootstrap 等众多内容。
- **实例众多**：本书注重“讲练”结合，讲解的实例多达 116 个，还提供了 28 个配套编程练习题，让读者朋友可以通过大量的动手实践迅速掌握 Flask 开发。
- **注重实战**：本书第 2、3 篇结合新闻系统网站开发，将一个完整的动态网站项目划分为典型的工作任务，让读者在完成工作任务的过程中学习新技术和新技能。

本书内容

第1篇　Flask基础知识（第1~8章）

本篇主要介绍了 Flask 开发环境的部署与配置，并重点介绍了 Flask 开发所需要掌握的基础知识，涵盖 Flask 程序基本结构、Jinja 2 模板引擎、高级视图、Flask 数据交互、数据库访问和 Memcached 缓存系统等内容。

第2篇　CMS新闻系统开发（第9~14章）

本篇主要介绍了 CMS 系统后台管理员登录实现、CMS 系统后台文章模块基本功能实现、CMS 后台基本评论及登录日志等功能实现、基于角色的访问控制功能实现、CMS 网站前台功能实现和 CMS 系统代码优化等相关内容，涉及数据库设计、数据库迁移、无限级分类、登录日志、角色访问权限控制等相关知识点。

第3篇　网站上线准备（第15、16章）

本篇主要介绍了 Web 程序上线部署前必须要进行的单元测试、性能优化和环境部署等相关内容。

配套资源获取方式

本书涉及的源代码文件等配套资料需要读者自行下载。请在华章公司的网站www.hzbook.com上搜索到本书，然后单击“资料下载”按钮，即可在本书页面上找到“配书资源”下载链接，单击该链接即可下载。

本书读者对象

本书适合熟悉Python编程语言，并具备CSS、HTML和jQuery等前端开发基础知识，且有志于通过Flask框架开发Web应用的编程爱好者、程序员和软件工程师等人员学习和参考，另外还适合Flask全栈开发培训机构的培训学员。主要如下：

- 想用Python快速开发网站的人员；
- 前端开发者想要学习后端开发技术的程序员；
- 熟悉Python其他框架的开发人员；
- 熟悉Java和PHP等编程语言而想快速开发网站的程序员；
- 其他Web编程爱好者；
- 各大院校的学生；
- 相关培训机构的学员。

如果你是这几类人中的一员，那么本书就适合你。只要你能坚持学习完本书内容，并按本书设计的案例和习题进行动手实践和思考，相信当你完成了书中的所有项目案例后，就可以胜任网站开发这项工作了。

本书作者

本书由钱游编写完成。笔者长期使用Flask技术进行Web应用开发，有十余年软件开发经验，在Web开发、微商城开发、Android移动开发等领域有丰富的实战经验。笔者现在从事移动互联网与物联网应用等领域的开发与研究。

在本书的编写过程中，为确保内容的正确性而参阅了很多资料。在此，对本书所参考的资料或图书的原作者表示诚恳的感谢！对不能一一标明资料来源的作者表示真诚的歉意和敬意！对直接或间接为本书的出版倾注了智慧、付出了心力、提供了良好建议及帮助的所有人表示感谢！

由于水平所限，加之写作时间仓促，书中难免存在错误和不严谨之处，恳请同行专家和读者不吝指正。读者在阅读本书的过程中若有疑问，可以发电子邮件到hzbook2017@163.com获得帮助。

编者

本书内容导图

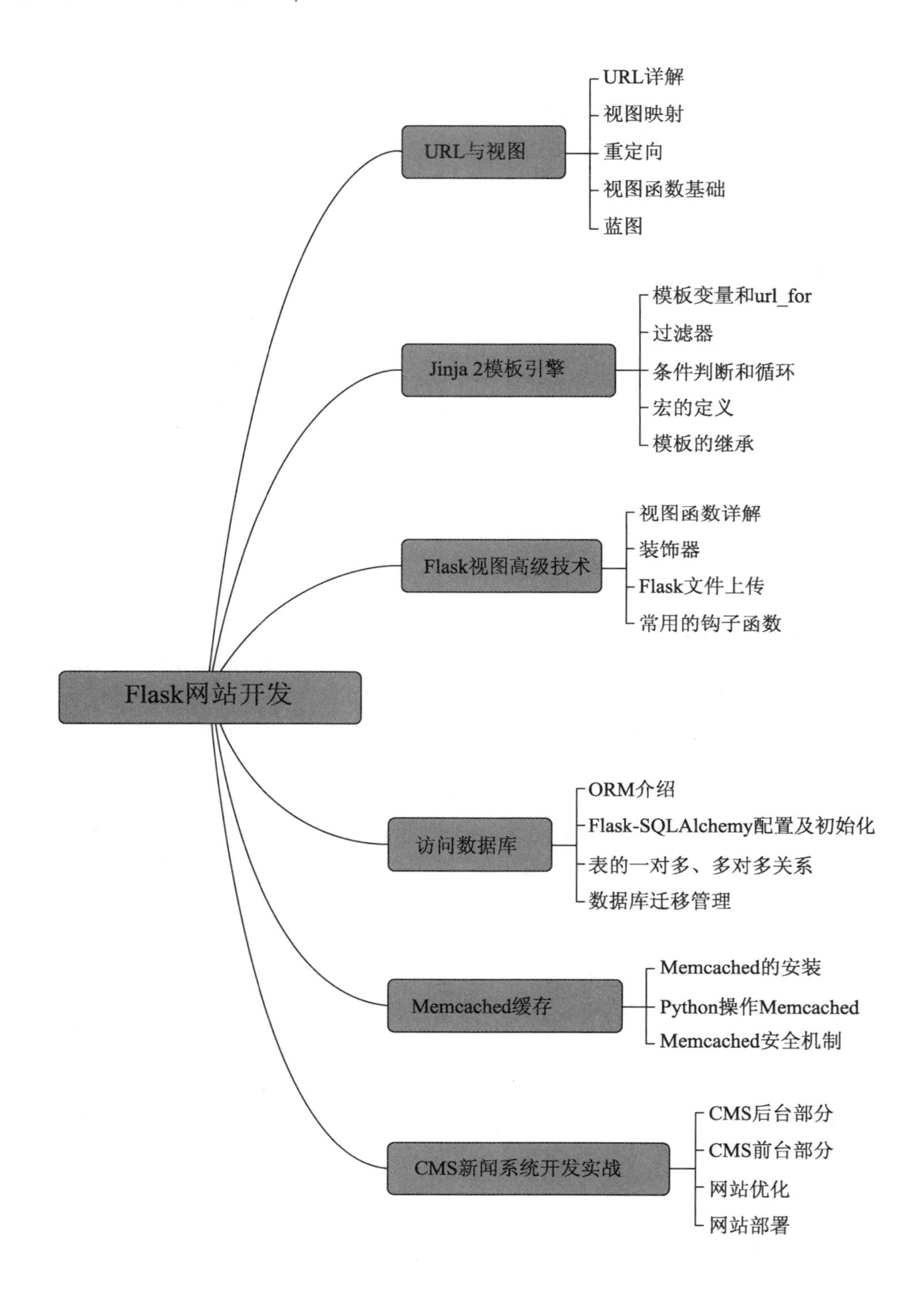
Flask网站开发
URL与视图
URL详解
视图映射
重定向
视图函数基础
蓝图
Jinja 2模板引擎
模板变量和url_for
过滤器
条件判断和循环
宏的定义
模板的继承
Flask视图高级技术
视图函数详解
装饰器
Flask文件上传
常用的钩子函数
访问数据库
ORM介绍
Flask-SQLAlchemy配置及初始化
表的一对多、多对多关系
数据库迁移管理
Memcached缓存
Memcached的安装
Python操作Memcached
Memcached安全机制
CMS新闻系统开发实战
CMS后台部分
CMS前台部分
网站优化
网站部署

目录

第1篇 Flask基础知识

第 2 篇 CMS 新闻系统开发

第 3 篇 网站上线准备及部署

第 1 篇 Flask 基础知识

第 1 章　开发环境部署

工欲善其事，必先利其器。要做基于 Python 的 Web 开发，必须部署好开发环境。笔者选择的版本为 Python 3.7，集成开发环境（IDE）版本为 PyCharm 2018.2.1，本书中的所有项目都基于此环境开发。

本章主要涉及的知识点有：

- Python 的安装及配置；
- 虚拟环境的使用与配置；
- Pycharm 的安装及使用。

1.1　Python 的安装及配置

Python 几乎可以在任何平台上运行，如在我们所熟悉的 Windows、Linux 等多种主流操作系统上运行。安装 Python 的时候，我们可以选择从源码安装（一般先要安装编译源码所需要的各种依赖包，再下载源码解压安装），也可以用已经编译、打包好的安装包进行安装。这里笔者选择的是编译好的安装包下载安装。

1.1.1　Python 的安装

下面以在 Windows 7 的 64 位操作系统中安装 Python 为例，简要说明一下 Python 的安装方法。

Python 安装包可以直接从官网下载，下载地址为 https://www.python.org/，先选择 Downloads 下的 Windows，再选择 Python 3.7.0 的版本下载。这里主要分成 3 个版本：embeddable zip file-解压版（解压后配置环境变量就可以直接使用）、executable installer-安装版（需要安装并配置环境变量才能使用）、web-based installer-在线安装版（需要连接网络安装），3 个版本如图 1.1 所示。其中，x86 代表 32 位，x86-64 代表 64 位，根据计算机系统，选择相应的安装包即可。

注意： Python 版本要根据自己的操作系统是 64 位还是 32 位来选择。

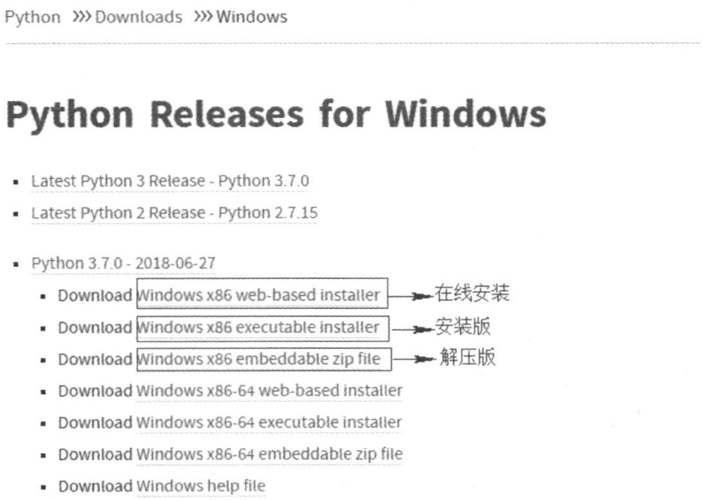

Python »» Downloads »» Windows
Python Releases for Windows
Latest Python 3 Release - Python 3.7.0
Latest Python 2 Release - Python 2.7.15
Python 3.7.0 - 2018-06-27
Download Windows x86 web-based installer
在线安装
Download Windows x86 executable installer
安装版
Download Windows x86 embeddable zip file
解压版
Download Windows x86-64 web-based installer
Download Windows x86-64 executable installer
Download Windows x86-64 embeddable zip file
Download Windows help file

图 1.1　Python 的各种版本选择

这里下载的是安装版，安装路径可以选择默认（Install Now），也可以选择自定义（Customize installation）。下面介绍一下这两种方式的安装方法。

注意：默认安装比较“傻瓜化”，新手可以选择此种方式安装。

1．选择默认安装

（1）双击安装包文件准备安装，如图 1.2 所示。

Python 3.7.0 (64-bit) Setup
Install Python 3.7.0 (64-bit)
Select Install Now to install Python with default settings, or choose
Customize to enable or disable features.
Install Now
C:\Users\Administrator\AppData\Local\Programs\Python\Python37
Includes IDLE, pip and documentation
Creates shortcuts and file associations
Customize installation
Choose location and features
python
for
windows
Install launcher for all users (recommended)
Add Python 3.7 to PATH
Cancel

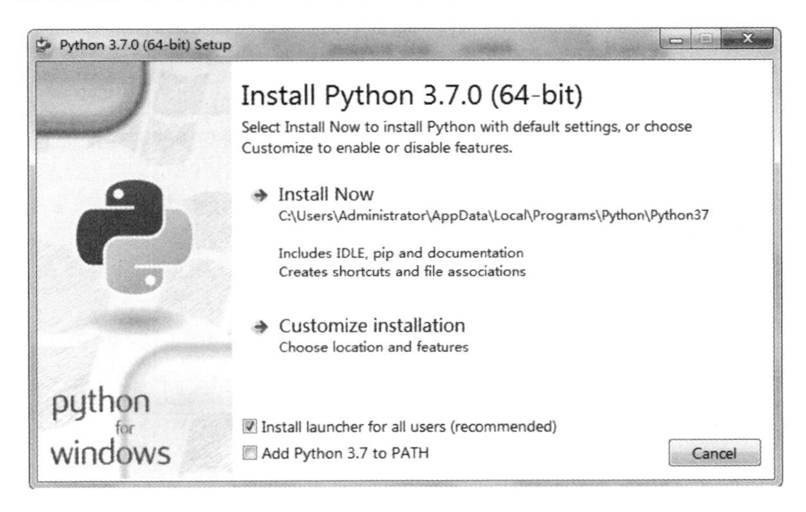

图 1.2　Python 的安装界面

（2）选择 Install Now 选项（默认安装方式），一直单击Next 按钮，直至完成安装，如图 1.3 所示。

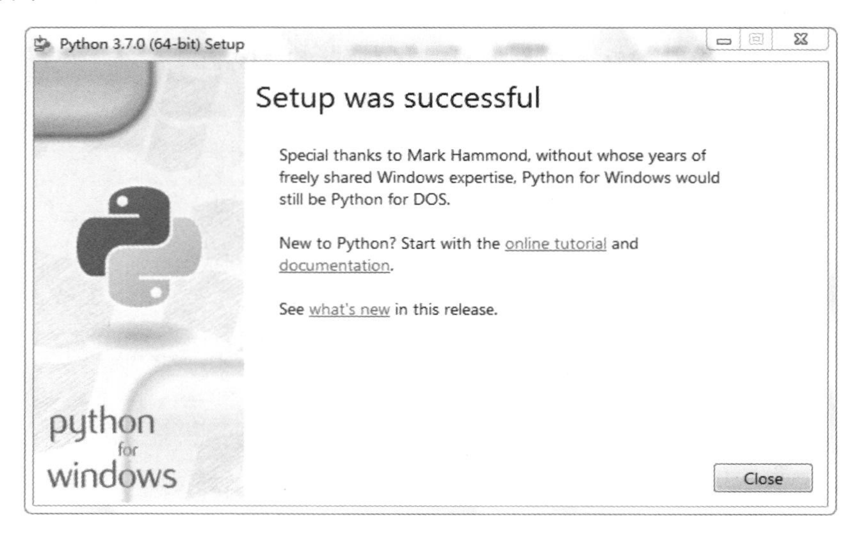

图 1.3　Python 3.7.0 安装完成

2．选择自定义安装

（1）安装界面选择 Customize installation 选项（自定义安装），选中 Add Python 3.7 to PATH 复选框添加路径（如果选这一步骤，后面的 Python 环境变量配置可以省略），如图 1.4 所示。

注意： 如果不选择 Add Python 3.7 to PATH 复选框，则意味着需要手动配置环境变量。

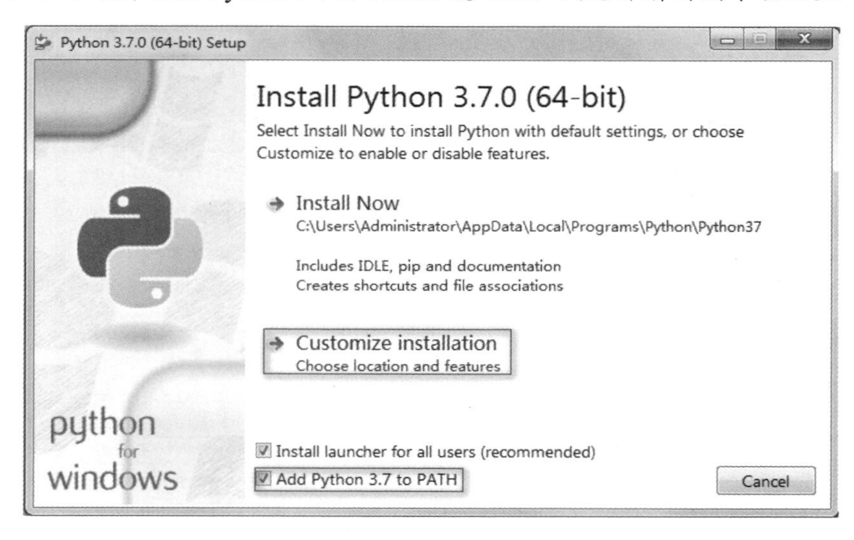

图 1.4　选择自定义安装方式

（2）不作任何更改，单击 Next 按钮，进入下一步安装，如图 1.5 所示。

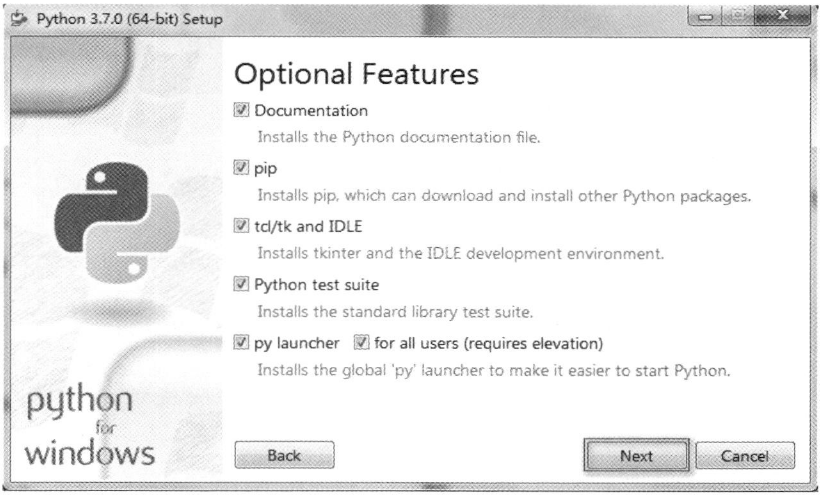

图 1.5　单击 Next 按钮

（3）选择一个自己喜欢的安装位置，单击 Install 按钮开始安装，如图 1.6 所示。这里的安装路径为 C:\Python37。

注意：Python 的安装路径不能有空格。

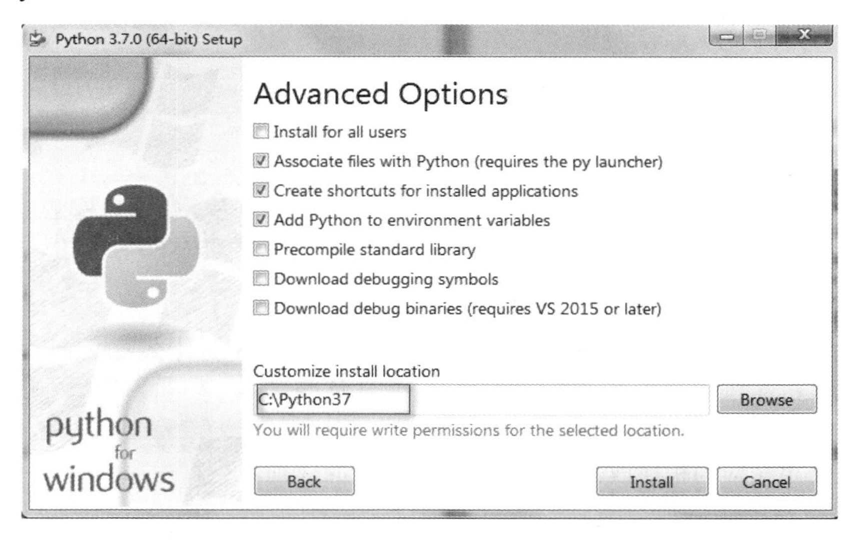

图 1.6　选择安装路径

（4）等待进度条加载完毕，如图 1.7 所示。

（5）安装完毕后，单击 Close 按钮，完成安装，如图 1.8 所示。

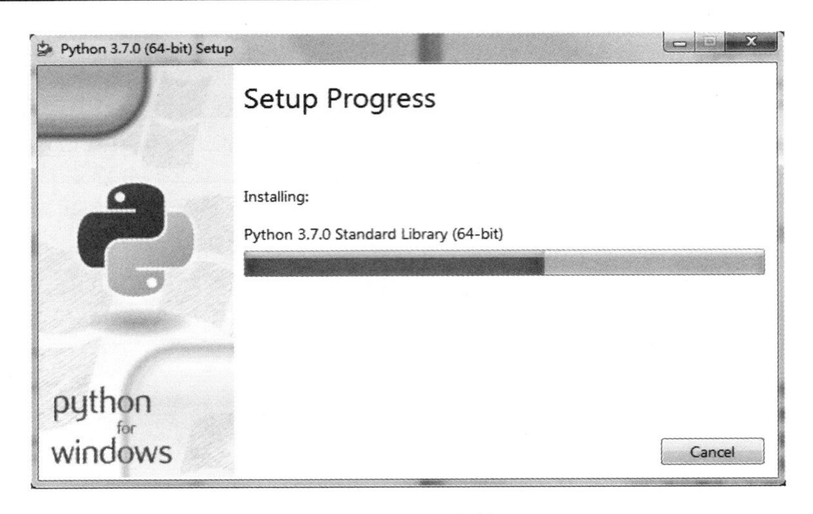

图 1.7　正在安装

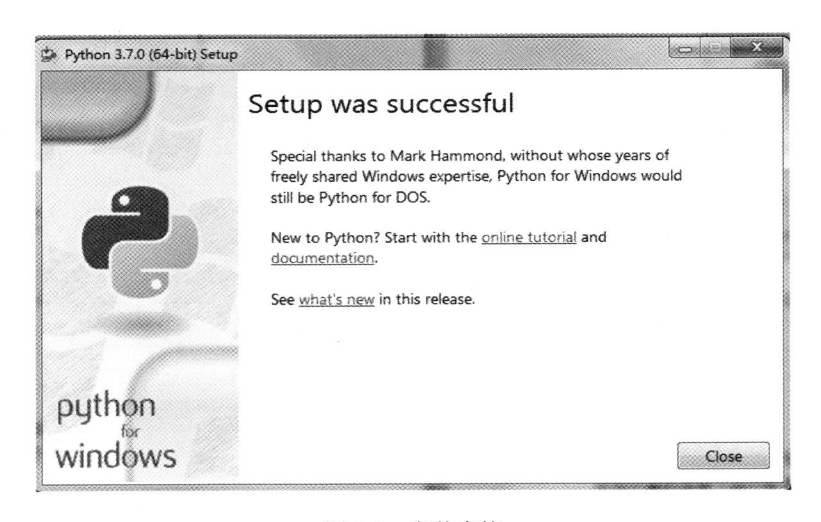

图 1.8　安装完毕

至此，Python 3.7.0 安装完成，下面开始配置环境变量。为什么要设置环境变量？简单地说，计算机在执行某个程序或命令时，是在环境变量中找对应的程序或命令的起始位置。如果不正确设置环境变量，就不能正确使用相应的程序或命令。设置环境变量的详细步骤如下：

（1）右击计算机桌面上的“计算机”图标，在弹出的快捷菜单中选择“属性”命令，如图 1.9 所示。

（2）在弹出的对话框中单击“高级系统设置”，如图 1.10 所示。

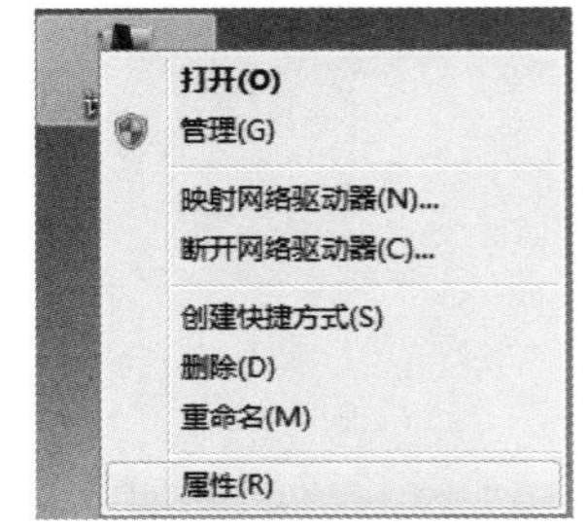

图 1.9　选择“属性”

图 1.10　选择“高级系统设置”

（3）在弹出的“环境变量”|“高级”选项卡中，选择系统变量中的 Path，然后单击“编辑”按钮，如图 1.11 所示。

（4）请注意配置环境变量，将“;C:\Python37;C:\Python37\Scripts;”（注意，复制双引号中间的内容，不要复制双引号）复制到环境变量中系统变量的 Path 变量最后面的位置上去，如图 1.12 所示。

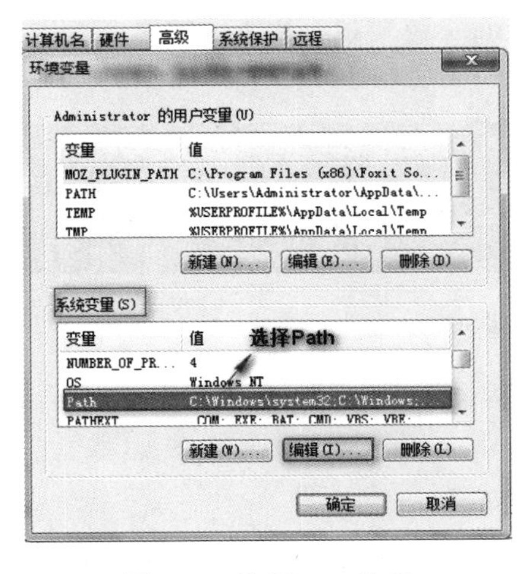

图 1.11　选择 Path 路径

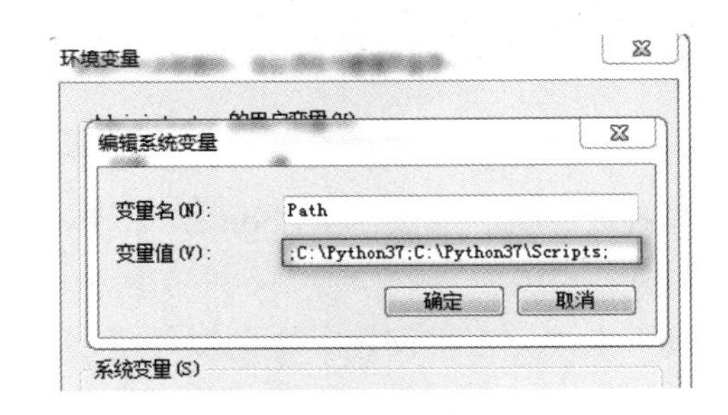

图 1.12　配置环境变量

1.1.2　测试 Python 是否安装成功

接下来测试一下 Python 是否安装成功。按 Win+R 键，调出运行窗口，在运行窗口中输入 cmd 并回车，然后在 cmd 下输入 python -V，可以看到 Python 的版本号为 Python 3.7.0，就可以知道 Python 安装成功了，如图 1.13 所示。

注意：cmd 下输入的是 python –V，V 是大写的。

图 1.13　测试 Python 是否安装成功

1.2　虚拟环境的配置

在实际开发环境中，应用 A 可能使用的版本为 Python 2.x 版本，应用 B 可能使用的版本是 Python 3.x 的版本，为了使 Python 多版本能同时共存，互相不影响，必须有一种工具能将多个应用隔离开。virtualenv 就是一个创建隔绝 Python 环境的工具，它使每个应用各自拥有一套“独立”的 Python 运行环境成为可能。

要使用 virtualenv，必须首先完成安装。安装 virtualenv 可以使用下面的命令：pip install virtualenv 或 pip3 install virtualenv 来完成安装，安装成功后，如图 1.14 所示。

```
C:\Users\Administrator>py -3 -m pip install virtualenv
Collecting virtualenv
  Using cached https://files.pythonhosted.org/packages/b6/30/96a02b2287098b23b875bc8c2f580
Installing collected packages: virtualenv
Successfully installed virtualenv-16.0.0
```

图 1.14　安装 virtualenv

笔者计算机上安装了 Python 2.7 和 Python 3.7 两个版本，所以这里使用了以下命令：

```
py -3 -m pip install virtualenv
```

接下来，为工程创建一个虚拟环境，具体步骤如下：

（1）在 cmd 下进入工程存放的磁盘。比如，笔者的是 F 盘，那么在 cmd 下直接输入“f:”（输入的是双引号中的内容），然后回车，就进入 F 盘根目录下了，如图 1.15 所示。

图 1.15　cmd 命令行进入 F 盘

（2）在 F 盘根目录下新建一文件夹，输入命令 mkdir flask-venv，回车，然后输入命令 cd flask-nenv 再回车，如图 1.16 所示。

注意：mkdir 为新创建目录的意思，mkdir flask-venv 将创建一个名称为 venv 的目录。

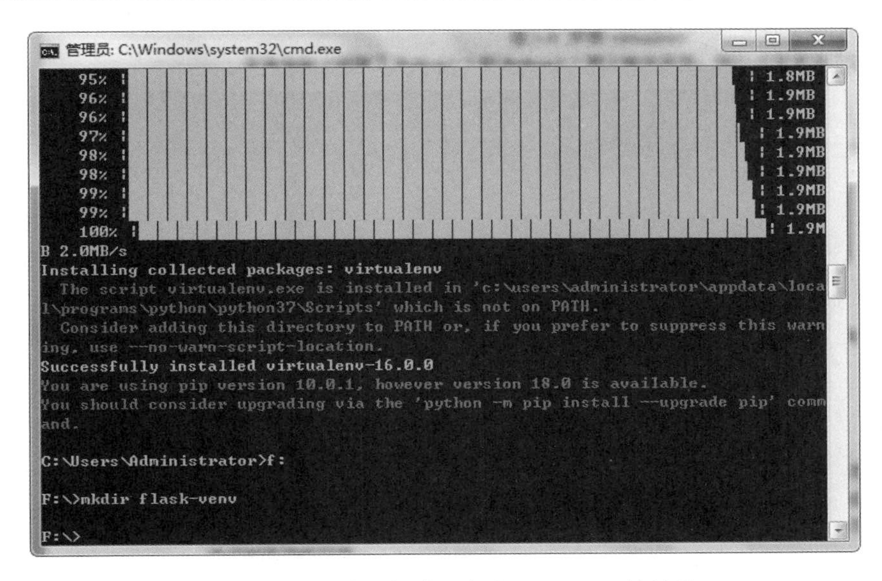

图 1.16　在 F 盘下新建一名为 flask-venv 的目录

（3）接着输入命令 virtualenv venv，然后回车。virtualenv venv 将会在当前的目录下创建一个目录，表示虚拟环境目录名为 venv，包含了 Python 可执行文件，以及 pip 库的一份备份，如图 1.17 所示。这样就能安装其他包了。虚拟环境的名称也可以取为其他名称，若省略名称将会把文件均放在当前目录下。

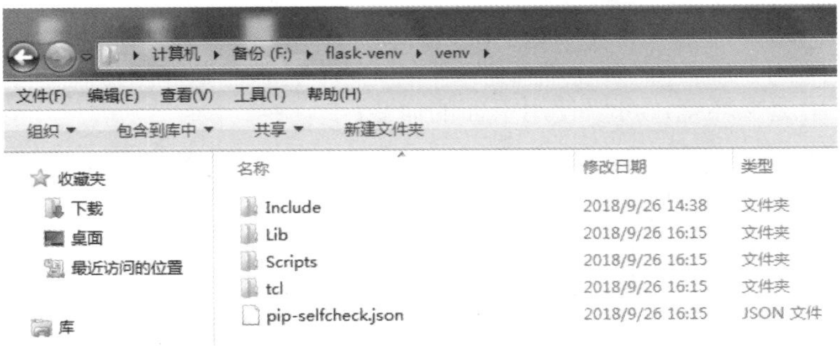

图 1.17　创建虚拟目录 venv

如果你的计算机中安装有多个版本的 Python，可以选择一个 Python 解释器，在指定之前，请将 flask-venv 目录下的 venv 整个文件夹全部删除掉，再使用如下命令：

virtualenv -p C:\Python37\python.exe venv。

注意： 这里的-p 参数指定 Python 解释器程序的路径，这个命令执行以后，这里的解释器将会选择 C:\Python37 中的解释器。

（4）要开始使用虚拟环境，其需要被激活，在 cmd 中输入 cd F:\flask-venv\venv\Scripts，

然后回车，再输入 dir 后回车，如图 1.18 所示。

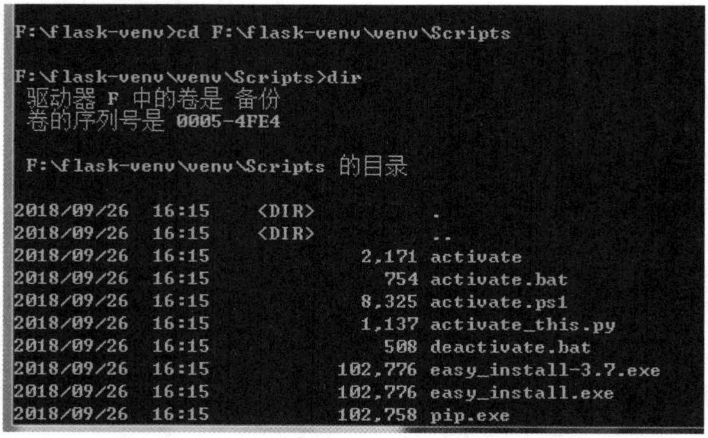

```
F:\flask-venv>cd F:\flask-venv\venv\Scripts

F:\flask-venv\venv\Scripts>dir
 驱动器 F 中的卷是 备份
 卷的序列号是 0005-4FE4

 F:\flask-venv\venv\Scripts 的目录

2018/09/26  16:15    <DIR>          .
2018/09/26  16:15    <DIR>          ..
2018/09/26  16:15             2,171 activate
2018/09/26  16:15               754 activate.bat
2018/09/26  16:15             8,325 activate.ps1
2018/09/26  16:15             1,137 activate_this.py
2018/09/26  16:15               508 deactivate.bat
2018/09/26  16:15           102,776 easy_install-3.7.exe
2018/09/26  16:15           102,776 easy_install.exe
2018/09/26  16:15           102,758 pip.exe
```

图 1.18　进入 F:\flask-venv\venv\Scripts

（5）接着输入命令 activate，回车以后便可以激活此虚拟环境了。激活的虚拟环境如图 1.19 所示，激活以后当前命令行多了（venv）标识。

```
F:\flask-venv\venv\Scripts>activate

(venv) F:\flask-venv\venv\Scripts>
```

图 1.19　激活虚拟环境

如果要停用虚拟环境，可以使用下面的命令：

```
deactivate
```

如果要删除此虚拟环境，可以使用下面的命令：

```
rmvirtualenv flask-venv
```

如果要查看当前虚拟环境下已经安装了的第三方库，可以使用下面的命令：

```
pip list
```

如图 1.20 所示为目前已经安装好的第三方库。

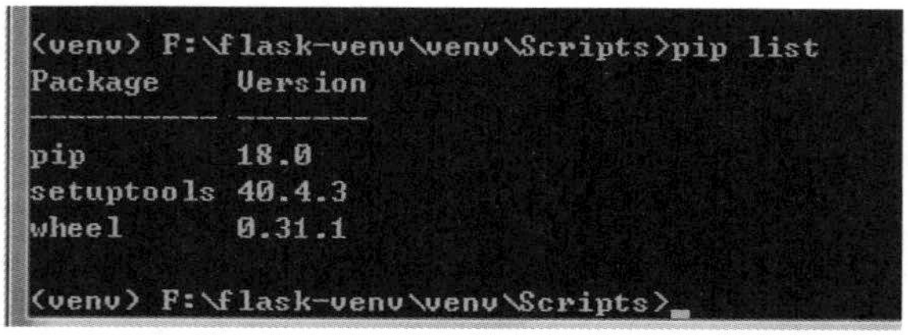

```
(venv) F:\flask-venv\venv\Scripts>pip list
Package    Version
---------- -------
pip        18.0
setuptools 40.4.3
wheel      0.31.1

(venv) F:\flask-venv\venv\Scripts>
```

图 1.20　pip list 查看已经安装好的第三方库

说明：在 PyCharm 中新建工程时，也可以帮你自动创建虚拟环境。

1.3　PyCharm 的安装及使用

PyCharm 是一款 Python 的 IDE 开发软件，它是由 Jetbrains 出品的产品，带有一整套可以帮助用户在使用 Python 语言开发时提高开发效率的工具，是使用 Python 语言开发的首选工具。

1.3.1　PyCharm 的下载及安装

PyCharm 主要有收费版（专业版）和免费版（社区版），读者可以根据自己的需要选择对应的版本进行下载并安装。可以搜索 PyCharm 官网，还可以直接输入网址 http://www.jetbrains.com/pycharm/download/#section=windows 下载 PyCharm 安装包，如图 1.21 所示，根据自己电脑的操作系统进行选择下载。

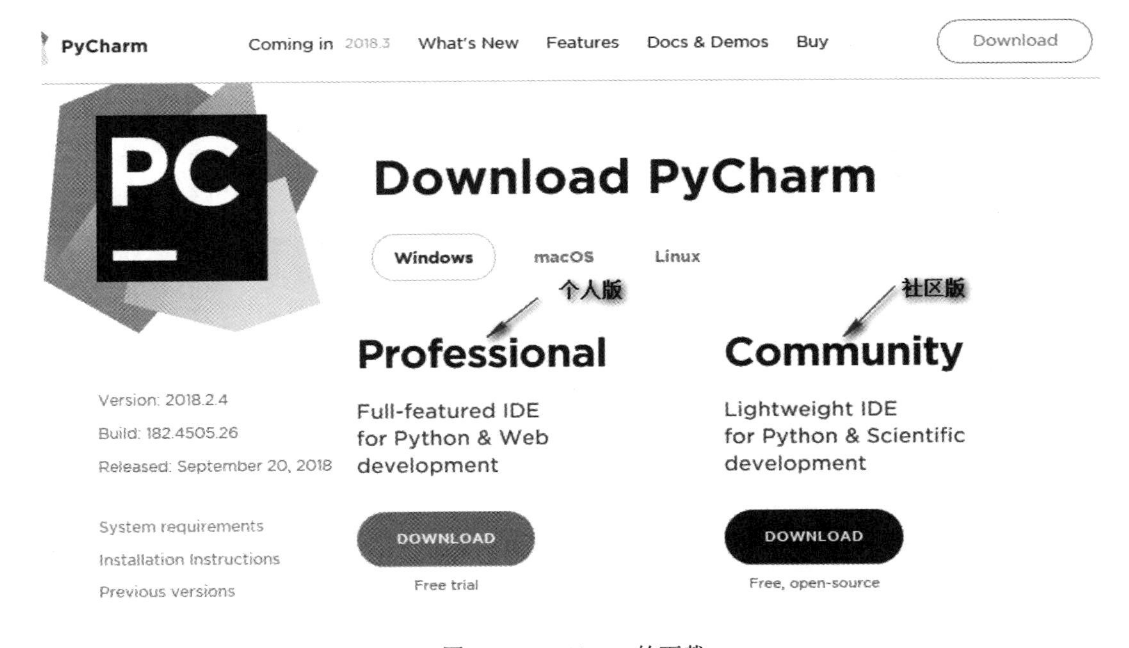

图 1.21　PyCharm 的下载

接下来简单介绍一下 PyCharm 软件安装的步骤。

（1）双击软件图标，开始安装，如图 1.22 所示。

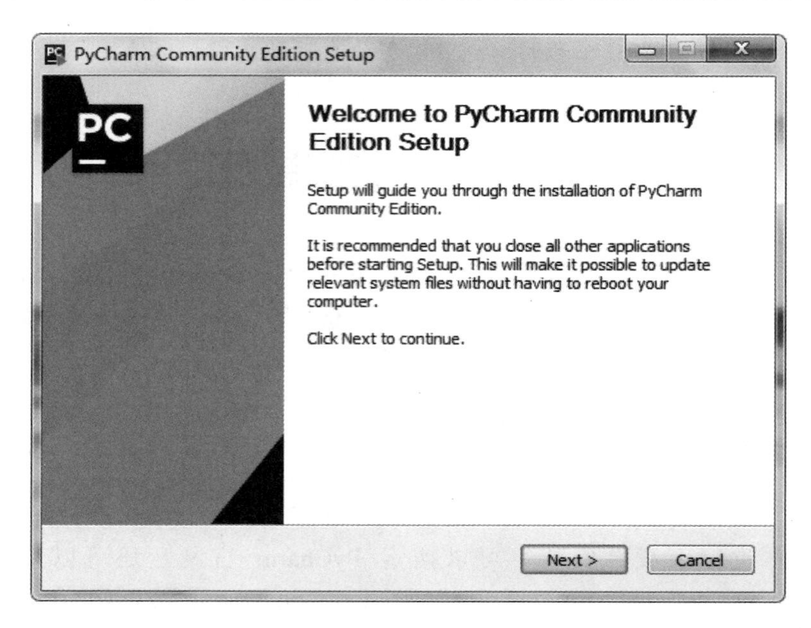

图 1.22　开始安装 PyCharm 软件

（2）选择安装路径，可以选择默认路径，如图 1.23 所示。

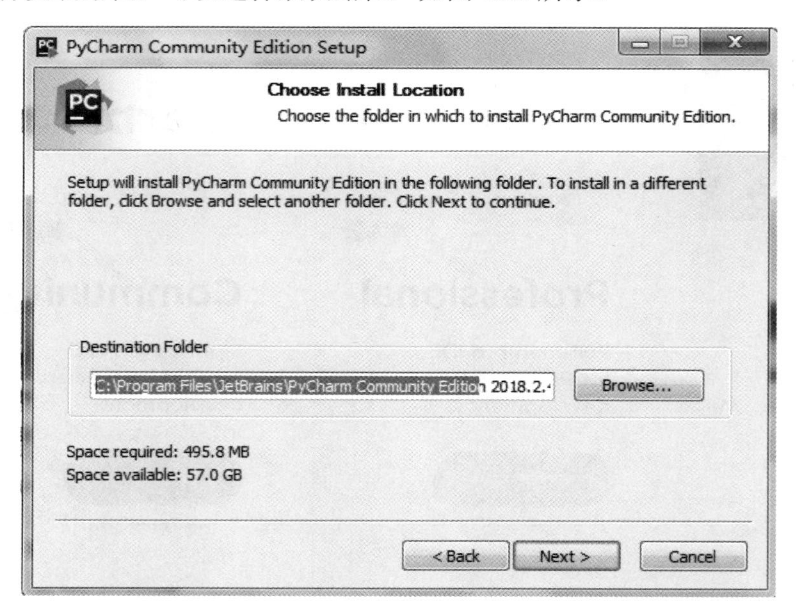

图 1.23　PyCharm 安装路径选择

（3）如是 64 位系统，可以选择 64-bit launcher 复选框，如是 32 位系统，则选择 32-bit launcher 复选框，然后单击 Next 按钮，如图 1.24 所示。

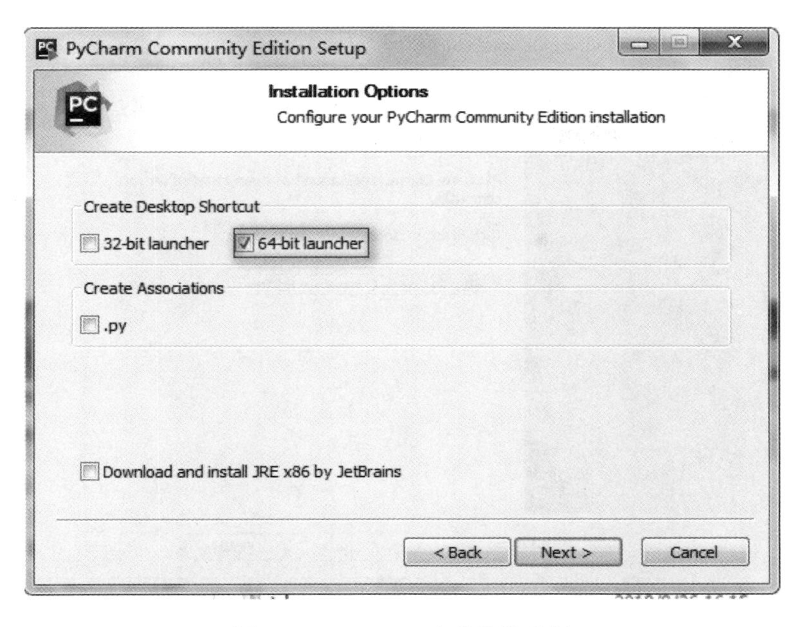

图 1.24　PyCharm 安装位数选择

（4）单击 Install 按钮开始安装，如图 1.25 所示。

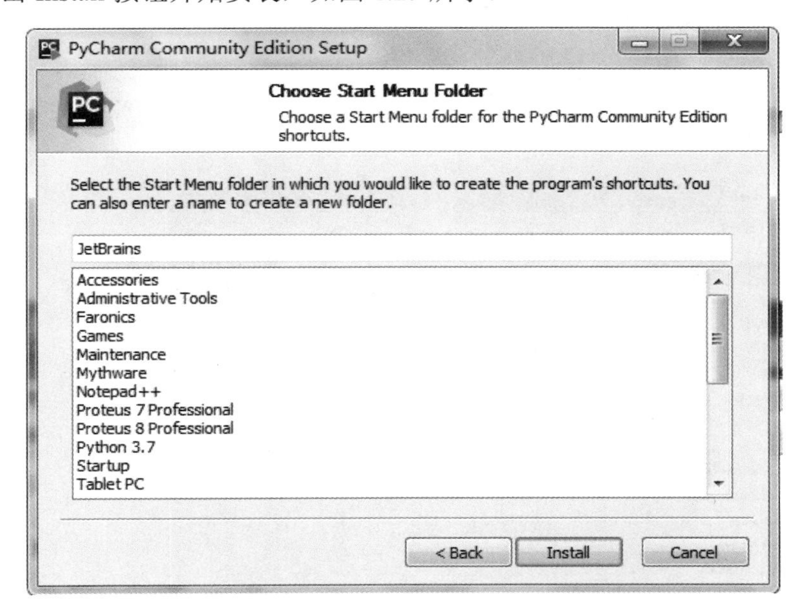

图 1.25　PyCharm 开始正式安装

（5）完成安装后，如图 1.26 所示。

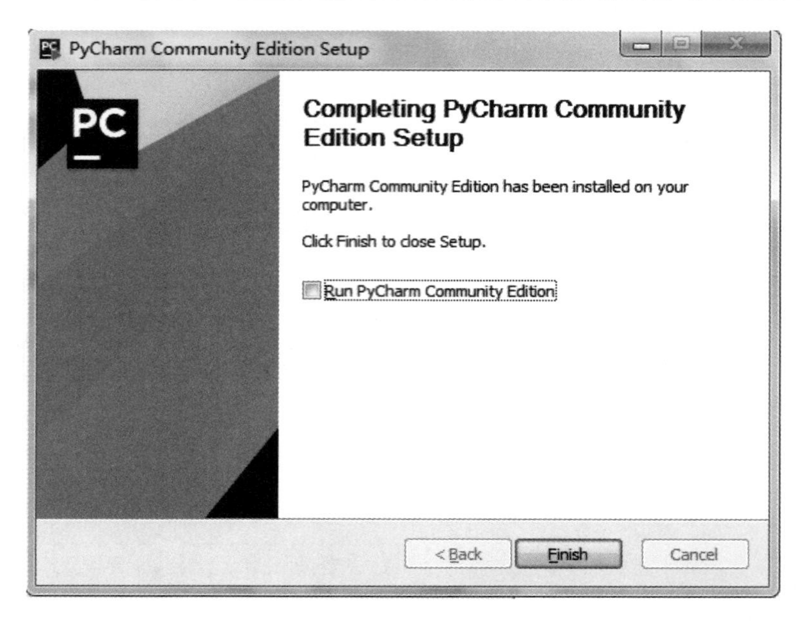

图 1.26　PyCharm 完成安装

1.3.2　在 PyCharm 中新建工程

（1）PyCharm 新建工程很简单，选择 File | New ProjectFile | New Project 命令，弹出如图 1.27 所示对话窗口。

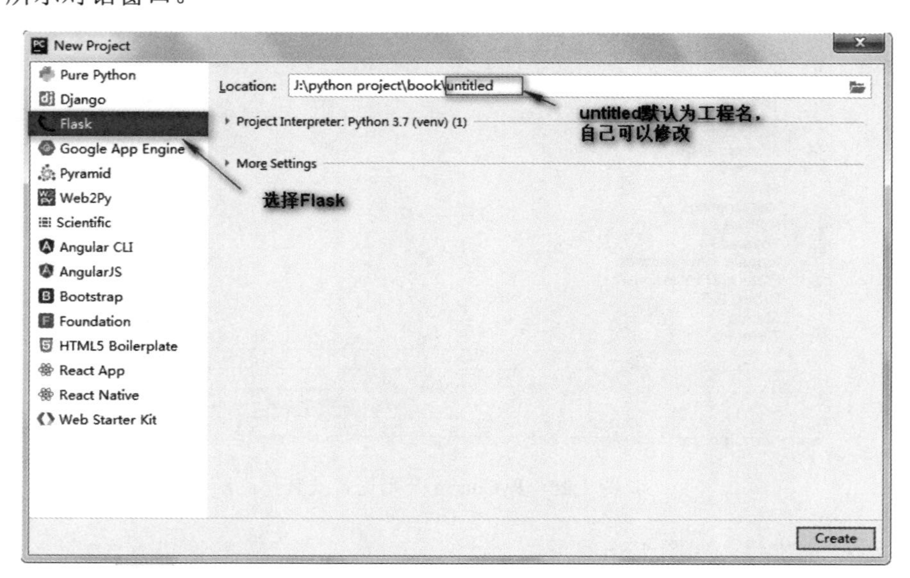

图 1.27　选择新建 Flask 工程

（2）单击 Create 按钮，弹出 Open Project 对话框，如图 1.28 所示。选择默认选项，单击 OK 按钮。

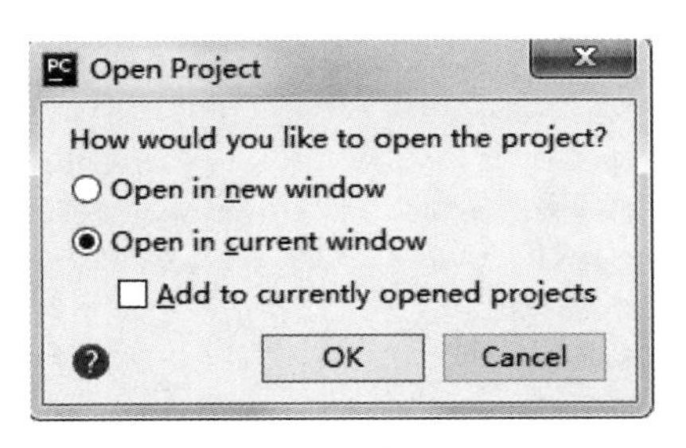

图 1.28　选择在当前窗口打开

（3）新工程创建成功，如图 1.29 所示。

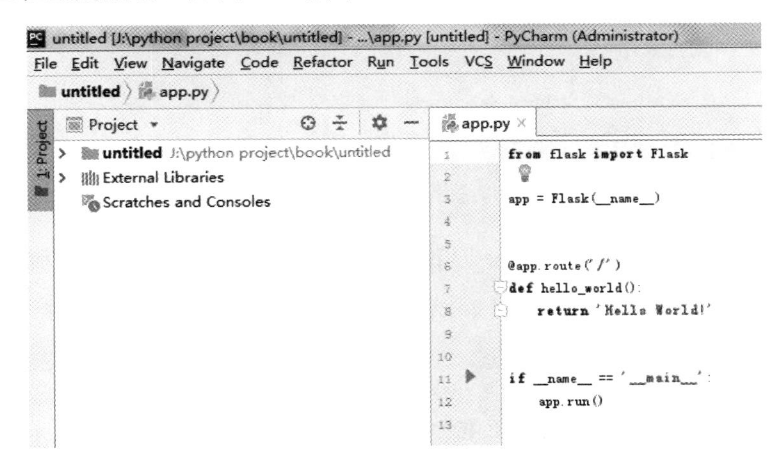

图 1.29　创建 Flask 工程成功

1.3.3　在 PyCharm 中设置 UTF-8 编码自动创建

在网站开发中，一般要设置网页编码方案，国内开发人员有用 UTF-8 编码格式的，还有使用 GB2312 编码格式的。UTF-8 是支持国际化的编码方案，如果采用了 UTF-8 编码，国外用户浏览 UTF-8 编码的任何网页，无论是中文、日文、韩文或阿拉伯文，都可以正常显示。反之，如果不采用 GB2312 编码，国外用户浏览你的中文站点时，显示的将会是乱码。因此我们要求每个网页中必须指定编码方案。在 PyCharm 中，每一个.py 文件中都必须编写相同的一行代码“#encoding:utf-8”。有没有方法使系统可以自动创建这一行代码？答案显然是肯定的。

注意：实际开发中，请根据项目需要选择适当的编码方案。

设置方法如下：

（1）执行 File | Settings 命令，如图 1.30 所示。

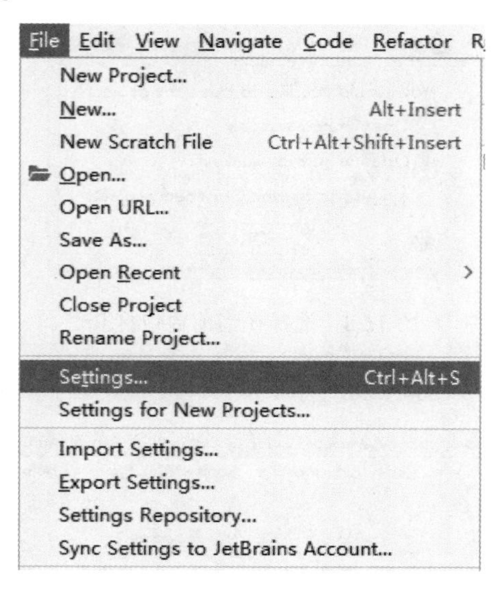

图 1.30　执行 File | Settings 操作

（2）接步骤（1）继续执行 Editor | File and Code Templates 命令，在弹出的窗口中进行设置，如图 1.31 所示。

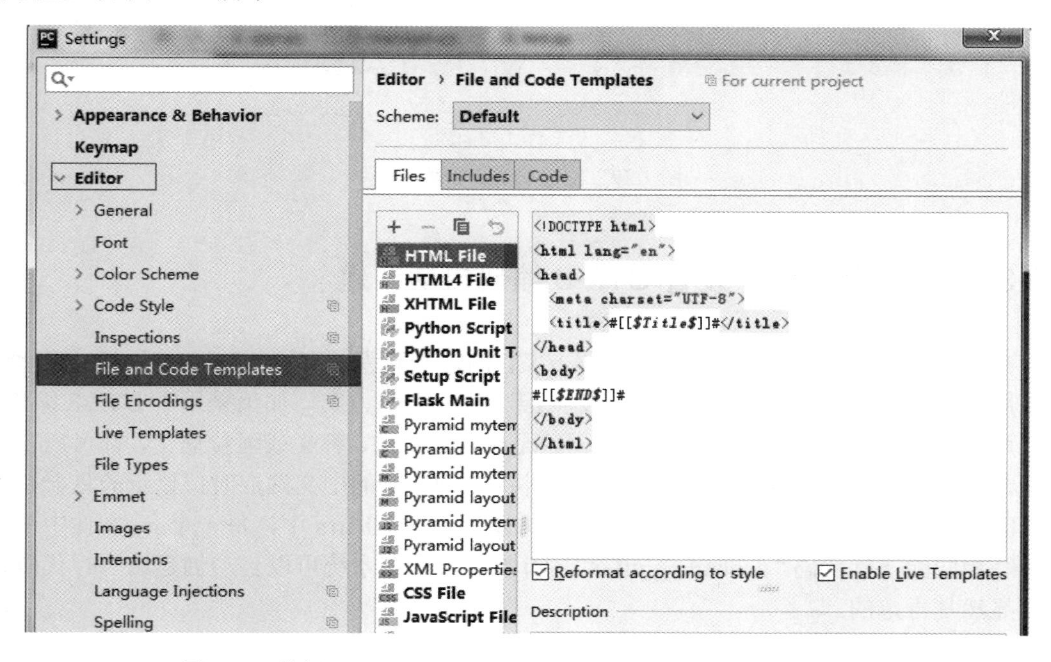

图 1.31　执行 Editor | File and Code Templates 操作并进行相应设置

（3）找到 Python Script 并点开，在如图 1.32 所示区域填写#encoding:utf-8。

#encoding:utf-8

此处书写系统自动补全代码

HTML File
HTML4 File
XHTML File
Python Script
Python Unit T
Setup Script
Flask Main
Pyramid mytem
Pyramid layout
Pyramid mytem
Pyramid layout
Pyramid mytem
Pyramid layout
XML Properties

Reformat according to style　　Enable Live Templates

图 1.32　PyCharm 新建程序自动补全编码设置

（4）写好以后，单击 OK 按钮保存设置。然后重新启动 PyCharm，再在工程中新建立一个 xxx.py 文件，就可以看到自动创建的#encoding:utf-8 代码。

1.3.4　在 PyCharm 中使用已经设置好的虚拟环境

我们在 PyCharm 中创建好虚拟环境后，在此虚拟环境中安装需要的插件和第三方库，就可以进行项目开发了。如果此时新建立了一个测试项目，那么是新建新的虚拟环境还是使用配置好的虚拟环境呢？如果你的新项目跟以前的项目使用的是同一个版本的 Python，那么就没有必要建立新的虚拟环境了。因为新建新的虚拟环境，一是浪费开发人员的精力和时间，二是会占用额外的磁盘空间。下面介绍如何在 PyCharm 中使用已经设置好的虚拟环境。

假定我们在 J 盘的 J:\flask-venv\venv\目录中建有并配置好了一个虚拟环境。现在要启用这个设置好的虚拟环境，在 PyCharm 中新建一名称为 test 的工程，找到 Project Interpreter 设置面板，步骤如下：

（1）执行 File | Settings | Project:test | Project Interpreter 命令，如图 1.33 所示。

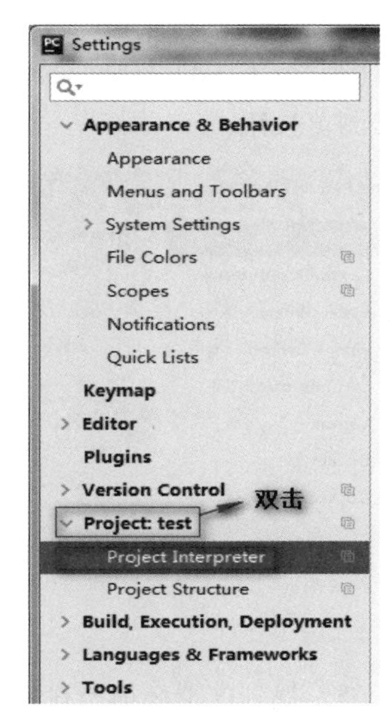

图 1.33　找到 Project Interpreter 菜单

注意：Project:test 中的 test 表示工程名，读者可以根据自己的工程名来选择。

（2）单击面板右侧如图 1.34 所示的按钮。

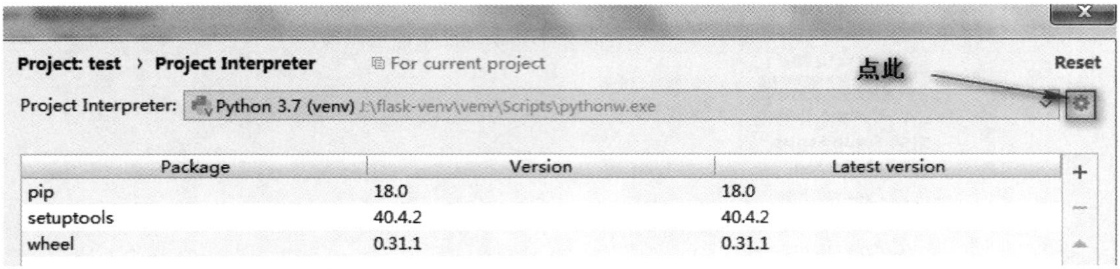

图 1.34　设置图标

（3）通过鼠标左键设置图标按钮后，设置图标转变成 Add 图标，如图 1.35 所示。

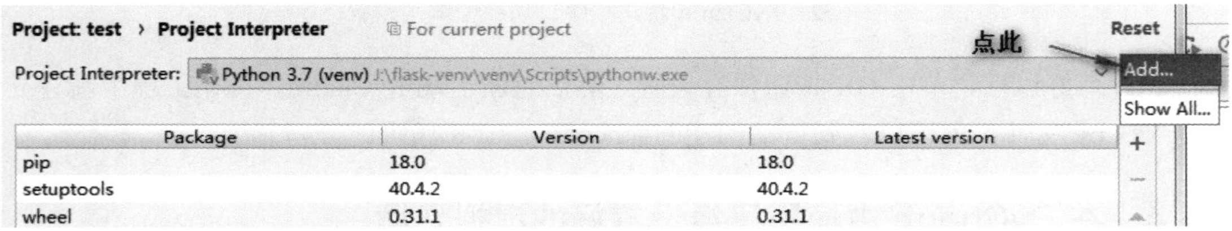

图 1.35　图片转变为 Add 图标

（4）单击 Add 图标，弹出如图 1.36 所示窗口。选中 Existing environment 单选按钮，单击浏览按钮。

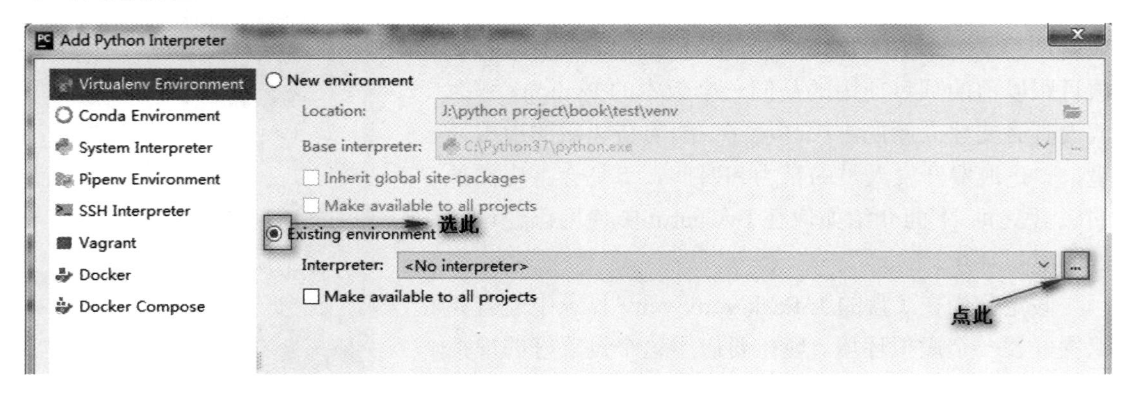

图 1.36　选择“Existing environment”

（5）找到虚拟环境所在路径 J:\flask-venv\venv，如图 1.37 所示。

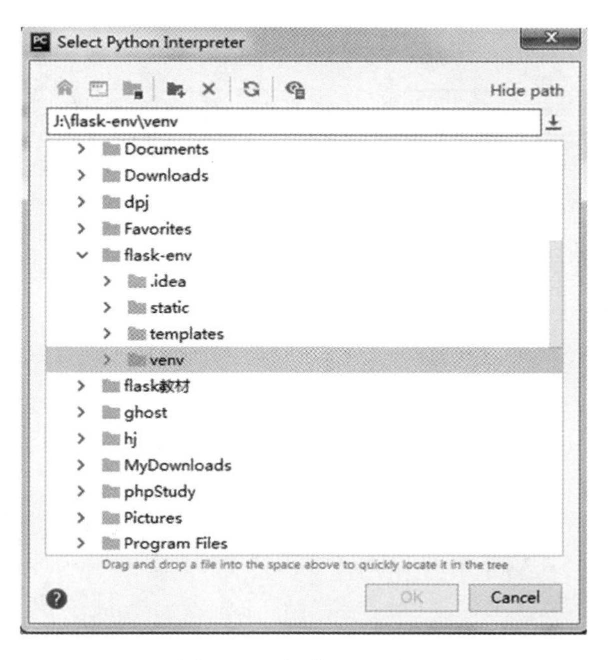

图 1.37　找到 venv 目录

（6）在图 1.37 中双击 venv 文件夹，找到 J:\flask-venv\venv\Scripts\python.exe 路径中的 python.exe 文件，单击 OK 图标，如图 1.38 所示。

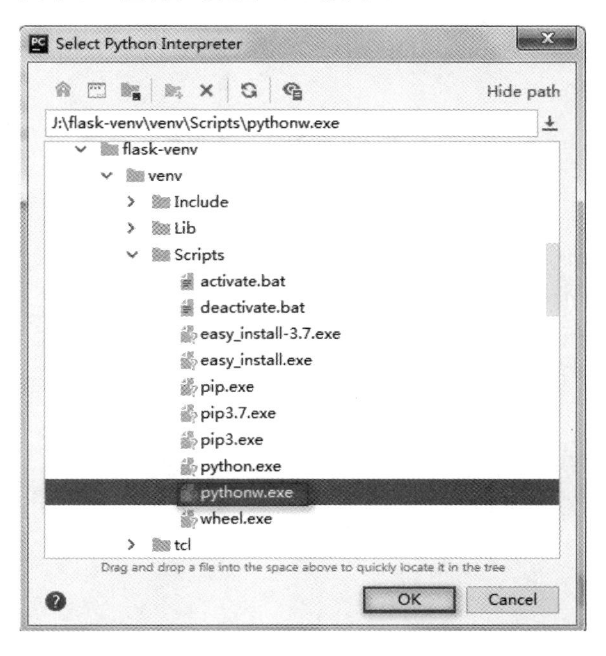

图 1.38　找到 python.exe 文件

（7）如出现如图 1.39 所示窗口，表示修改成功。

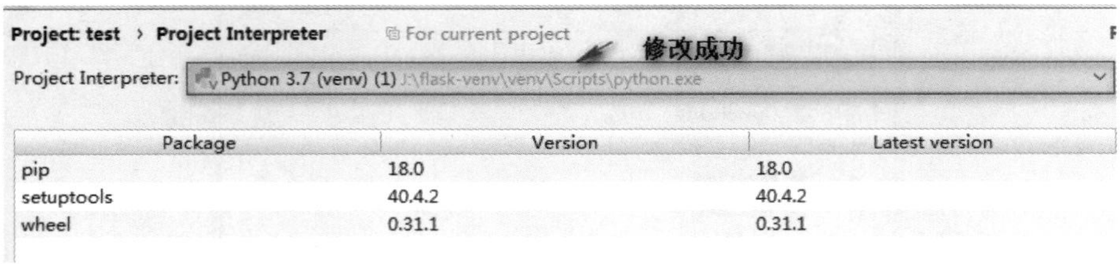

Project: test › Project Interpreter　For current project

修改成功

Project Interpreter: Python 3.7 (venv) (1) J:\flask-venv\venv\Scripts\python.exe

Package	Version	Latest version
pip	18.0	18.0
setuptools	40.4.2	40.4.2
wheel	0.31.1	0.31.1

图 1.39　使用已建好的虚拟环境

1.4　温 故 知 新

1. 学完本章内容后，读者需要回答：

（1）什么是环境变量？

（2）什么是虚拟环境？

2. 在下一章中将会学习：

（1）Web 的基本知识。

（2）URL 的基本概念和 URL 反转。

（3）页面重定向与页面跳转。

（4）在 URL 中传递参数。

1.5　习　　题

通过下面的习题来检验本章的学习情况，习题答案请参考本书配套资源。

【本章习题答案见配套资源\源代码\C1\习题】

1．配置好环境以后，用 notepad++等软件新建一个 Python 文件，打印输出 hello world!。

2．在 PyCharm 中设置 UTF-8 编码自动创建。

第 2 章　Flask 快速上手

Flask 是一个使用 Python 编写的轻量级 Web 应用框架。何谓 Web 应用框架？Web 应用框架（Web application framework）是一种开发框架，用来支持动态网站、网络应用程序及网络服务的开发。使用 Web 应用框架可以节约项目开发的时间和成本。Web 开发中有一些共同的功能已经实现了，共同的功能指的是数据库驱动、网页模板引擎、Session 和 Cookie 等基础功能，开发设计人员只要使用框架提供的方法，就可以快速高效地进行 Web 应用开发。Flask 框架诞生于 2010 年，其作者为 Armin Ronacher。本来这个项目只是作者在愚人节的一个恶作剧，后来该框架受到了广大开发者的喜爱，进而成为一个正式的项目。本章主要介绍 Flask 的基础知识、URL 传递参数和 URL 反转等内容。

本章主要涉及的知识点有：

- Web 初步知识；
- Flask 程序的基本结构；
- URL 传递参数；
- URL 反转。

2.1　Web 基础知识

Web（World Wide Web）即全球广域网，也称为万维网，它是一种基于超文本和 HTTP 协议的、全球性的、动态交互的、跨平台的分布式图形信息系统，是建立在互联网上的一种网页浏览交互服务，为访问者在互联网上查找和浏览信息提供了图形化的直观人机交互接口界面，其中的文档和超链接的组合更是将互联网上的信息流节点组织成一个互为联系的网络格子状结构。

万维网的工作原理是：当你请求一个网络资源的时候，应该在浏览器上输入所要访问网页的统一资源定位符（Uniform Resource Locator，URL），当然，也可以通过超链接方式链接定位到要请求的那个网页或静/动态资源。之后是对 URL 根据分布于全球的因特网域名解析系统的数据库进行查询解析，并根据解析结果决定访问哪一个 IP 地址对应的服务器。接下来是向对应的 Web 服务器发出一个 HTTP 请求，相应的 Web 服务器接收 HTTP 请求后，调用相应的 Web 应用处理请求，然后 Web 服务器再将响应结果（响应结果指的是图片、超文本标记语言，即 HTML、JavaScript 和视频等资源）返回给客户端浏览器。Web 工作原理如图 2.1 所示。

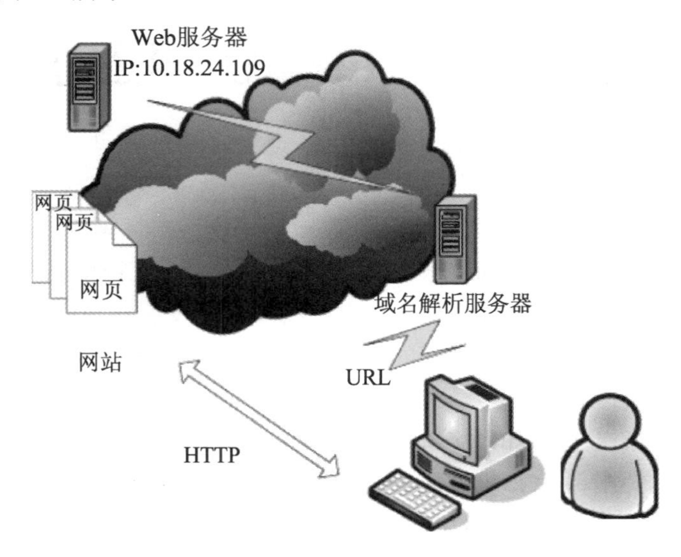

图 2.1　Web 工作原理

通常的 URL 一般由传输协议名、资源所在的主机名或 IP 地址、网络服务程序的端口号和（目录）文件名等几个部分组成，即：

URL=传输协议+主机名+端口号+（目录）文件名。

传输协议一般是 http（HyperText Transfer Protocol，超文本传输协议）或 https（HyperText Transfer Protocol over Secure Socket Layer，安全套接字层超文本传输协议）。主机名这里主要指服务（www）+域名（如:google.com）。端口号是可选的，没有给出的话，默认端口一般是指 80 号端口（http 协议使用的 80 端口，https 协议使用的 443 端口）。目录的出现是在网站结构复杂时，某些资源会放到某个目录下或若干个目录下，这样就构成了文件的路径。文件名精确地指定了要访问的 Web 页面。未指定文件名时，处理请求的 Web 服务器会根据服务器本身的设置查找出默认的文件，如 index.html、default.jsp 等。

2.2　第一个 Flask Web 程序

Flask 是一个基于 Python 语言的微型 Web 框架。之所以被称为微型，是因为其核心非常小，但是该 Web 框架简约而不简单，具有很强的扩展能力。本节介绍如何编写和运行第一个 Flask Web 应用程序。

2.2.1　安装 Flask 框架

要使用 Flask 框架，必须先安装 Flask。安装主要方式有两种。

1．在PyCharm中安装Flask

（1）执行 File | Settings 命令，如图 2.2 所示。

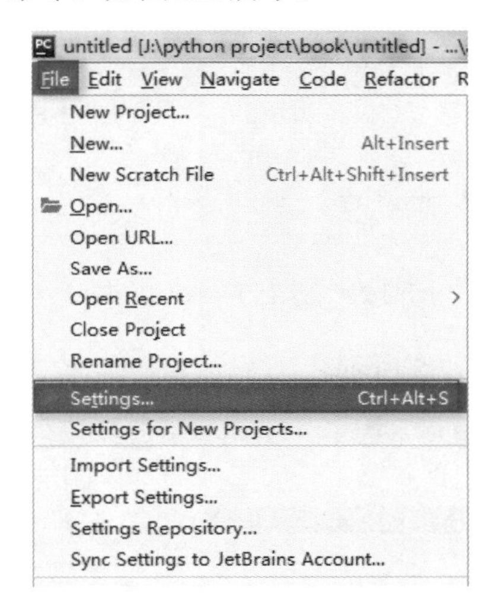

图 2.2　选择 File | Settings 命令

（2）在上一步操作基础上，继续执行 Project:untitled（untitled 为工程名，要根据实际的工程名来选择）|Project Interpreter，如图 2.3 所示。

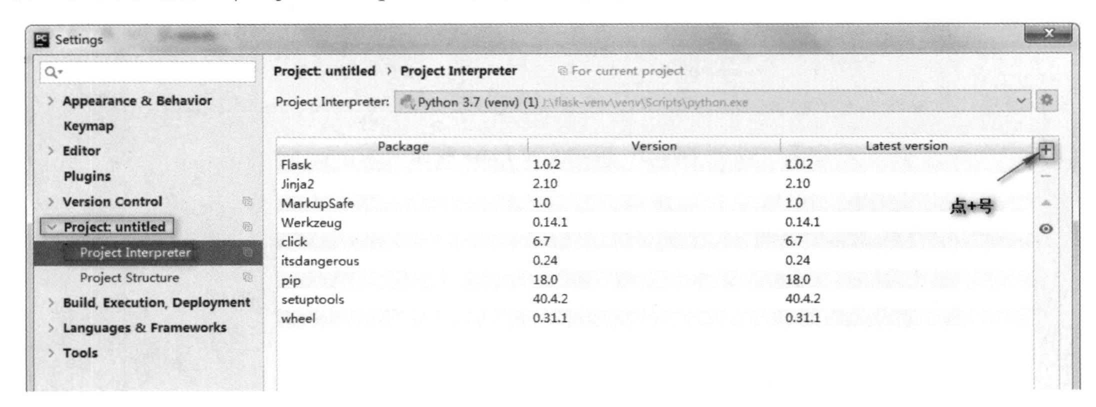

图 2.3　找到 Project Interpreter

（3）单击图 2.3 中的“+”号按钮后，弹出如图 2.4 所示对话框，在输入框中输入 Flask，然后回车。

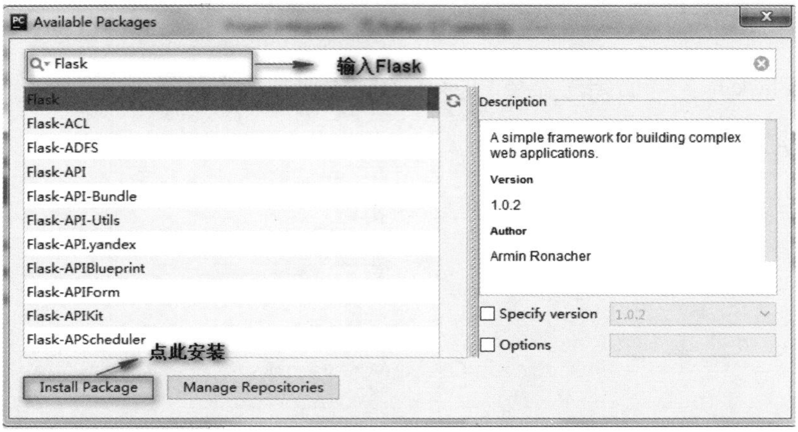

图 2.4　执行 Flask 的安装

（4）安装成功以后，如图 2.5 所示。

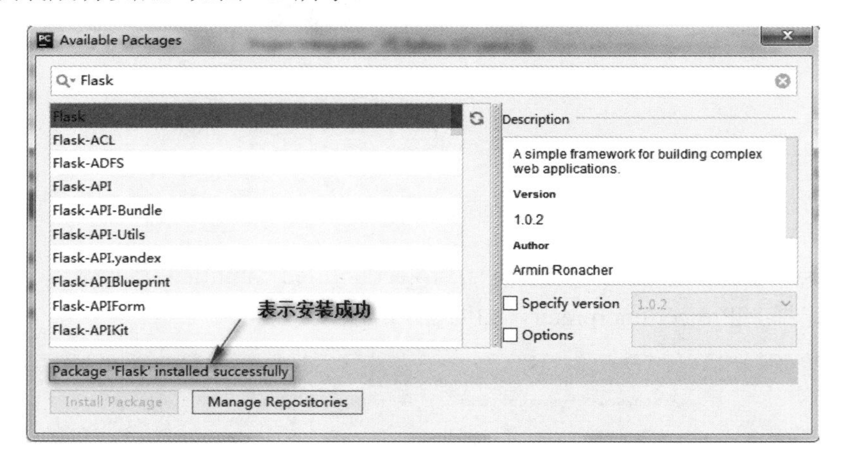

图 2.5　成功安装 Flask 框架

2．用pip方式安装Flask

笔者的虚拟环境地址为 J:\flask-venv\venv，在 cmd 下按以下步骤操作：

```
(1)  cd j:
(2)  cd J:\flask-venv\venv\Scripts
(3)  activate
```

上面 3 个命令的每个命令输入完后都需要回车。执行完这 3 个命令后，表示成功激活当前虚拟环境。在（venv）J:\flask-venv\venv\Scripts>下输入 pip install Flask，即：

```
(venv) J:\flask-venv\venv\Scripts> pip install Flask
```

然后回车，即可安装 Flask 了。

注意：后续章节用到的很多框架都可以通过这两种方式来完成安装，读者可以根据自己的喜好来选择安装方式。

2.2.2　在 Flask 中输出 Hello World

所有的 Flask 程序都必须创建一个程序实例。Web 服务器使用一种名为 Web 服务器网关接口（Web Server Gateway Interface，WSGI）的协议，把接收自客户端的所有请求都转给这个对象进行处理。程序实例是 Flask 类的对象，经常使用下述代码创建：

```
from flask import Flask
app = Flask(__name__)
```

from flask import Flask 这行代码表示从 Flask 框架中引入 Flask 对象。app = Flask(__name__)这行代码表示传入__name__这个变量值来初始化 Flask 对象，Flask 用这个参数确定程序的根目录，__name__代表的是这个模块本身的名称。

使用 route()装饰器注明通过什么样的 URL 可以访问函数，同时在函数中返回要显示在浏览器中的信息。代码如下：

```
@app.route('/')
def index():
    return 'Hello World!'
```

@app.route('/')这行代码指定了 URL 与 Python 函数的映射关系，我们把处理 URL 和函数之间关系的程序定义为路由，把被装饰的函数 index()注册为路由，此处注册给 index()函数的路由为根目录。

这里的 index()函数叫做视图函数，视图函数必须要有返回值，返回价值为字符串或简单的 HTML 页面等内容。

系统初始化了，路由和视图函数有了，Flask 程序如何运行呢？Flask 程序的运行需要服务器环境，我们可以通过 run 方法来启动 Flask 自身集成的服务器。代码如下：

```
if __name__=='__main__':
    app.run(debug=True)
```

如果__name__=='__main__',就要启用 Web 服务来运行上面的程序,服务器一旦开启，就会进入轮询状态，等待并处理请求。在 app.run()中可以传入一些参数，比如 debug，app.run(debug=Ture)，表示设置当前项目为 debug 模式，也就是调试模式。如果设置了调试模式，遇到程序有错误，会在控制台输出具体的错误信息，否则只会笼统地报告“应用服务器错误”的信息。另一方面，如果设置为调试模式，期间又修改了程序代码，系统会自动重新将修改的代码提交给 Web 服务器，你只需要确保浏览器没有缓存，便可以得到最新修改的代码结果。

app.run()还可以传入端口等信息，比如 app.run(host='0.0.0.0',port=8080)，host='0.0.0.0'参数设置启用本机的 IP 地址可以访问，端口地址指定为 8080，如果不指定，则为 5000。

接下来，在 PyCharm 中实现上述项目。

在 PyCharm 中新建一个名称为 2-1 的工程（新建工程注意使用已经存在的“虚拟环境”），如图 2.6 所示。

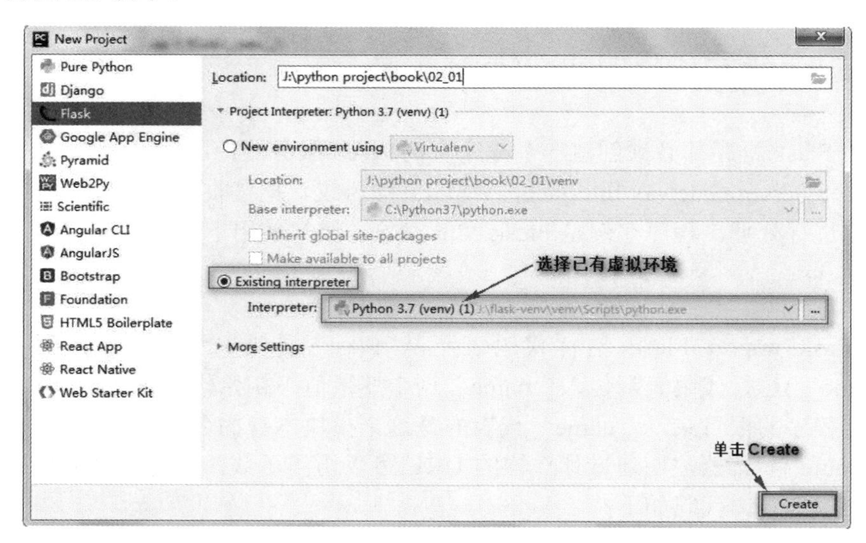

图 2.6　选择使用已有“虚拟环境”

app.py 的内容见例 2-1。

例 2-1　Flask 实例：app.py

```
01    # 从 Flask 框架中导入 Flask 类
02    from flask import Flask
03    # 传入__name__初始化一个 Flask 实例
04    app = Flask(__name__)
05    #这个路由将根 URL 映射到了 hello_world 函数上
06    @app.route('/')
07    def hello_world():                              #定义视图函数
08        return 'Hello World!'                       #返回响应对象
09    if __name__ == '__main__':
10        #指定默认主机为是 127.0.0.1，port 为 8888
11        app.run(debug=True,host='0.0.0.0', port=8888)
```

运行程序，结果如图 2.7 所示。

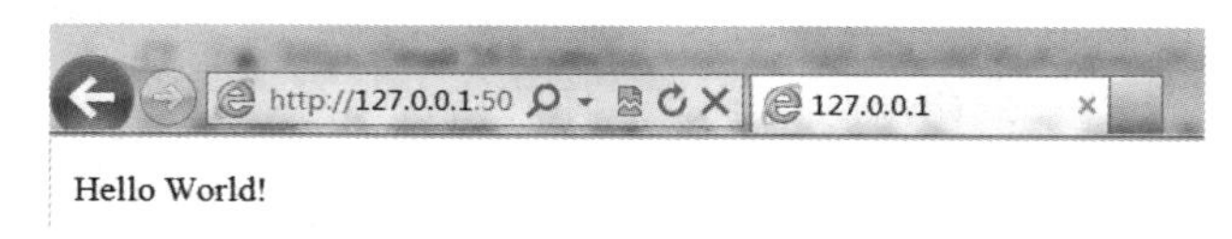

图 2.7　第一个程序 Hello World

如果启用的端口不是 5000 端口，这里 port=8888 在笔者的 PyCharm 2018.2.1 版本中是不会生效的，访问地址仍然为 http://127.0.0.1:5000/，为使新端口地址生效，还需要做进一步设置。

（1）执行 Run | Edit Configurations 命令，如图 2.8 所示。

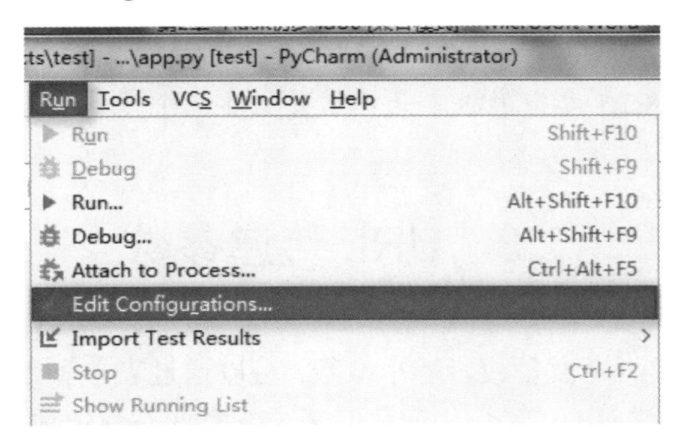

图 2.8　执行 Run | Edit Configurations 命令

（2）弹出如图 2.9 所示对话框。

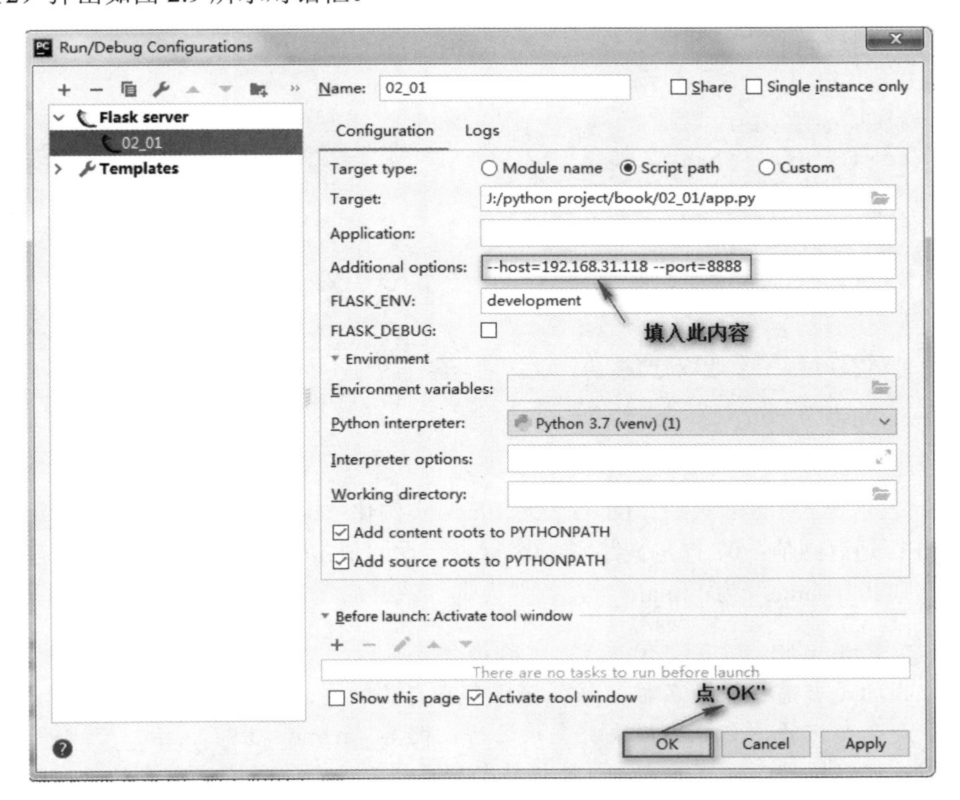

图 2.9　运行端口设置

（3）在 Additional options 输入框中输入“--host=192.168.31.118 --port=8888”（192.168.31.118 为笔者计算机的 IPv4 地址），当然这里你也可以输入“--host=127.0.0.1 --port=8888”。接下来，在浏览器地址栏可以输入 http://192.168.31.118:8888/访问网页，192.168.31.118 一个网段内的局域网计算机也可以通过 http://192.168.31.118:8888/访问到此网页的内容。

注：PyCharm 在 2018.2.1 之前的版本是不需要上述两个步骤设置的。

2.3 URL 传递参数

Flask 中如果要传递一个变量或者一个参数，可以通过表单和地址栏两种方式来传递。其中，通过浏览器地址栏 URL 方式传递/获取某个变量或参数使用得比较多。这样，我们可以使用相同的 URL 指定不同的参数，来访问不同的内容。

Flask 通过 URL 传递参数，传递参数的语法是：'/<参数名>/'。需要注意两点：参数需要放在一对< >（尖括号）内；视图函数中需要设置同 URL 中相同的参数名。

下面在 PyCharm 中新建一名称为 2-2 的工程。

例 2-2　URL 传递参数：app.py

```
01  #encoding:utf-8                          #指定编码
02  from flask import Flask                  #导入 Flask 模块
03  app = Flask(__name__)                    #Flask 实例化
04  @app.route('/')                          #定义路由
05  def hello_world():                       #定义视图函数
06      return '这是 url 传参演示!'            #返回值
07  @app.route('/user/<name>')               #定义路由，传递的参数名是 name,因此
                                              需要在函数的形参中定义同名的参数
08      return "接收到的名称为: %s" % name    #返回值
09  if __name__ == '__main__':               # 如果某模块被直接运行，则其
                                              __name__为'__main__'
10      app.run(debug=True)                  #开启调试模式
```

02 行表示导入 Flask 模块；03 行表示 Flask 实例化；04 行定义路由；05 行定义视图函数；06 行是返回值；07 行定义路由；08 行表示返回值；09、10 行表示如果某模块被直接运行，则其__name__为'__main__'，条件为真，就开启调试模式。

注意：在 Python 中，所有没有缩进的代码都会被执行，__name__是 Python 的内建函数，指的是当前模块的名称，每个模块都有自己的__name__属性，但__name__的值是会变化的，如果某模块被直接运行，则其__name__为'__main__'，条件为真，就可以执行 app.run()方法，使得整个程序得以运行。当模块被导入时，代码不被运行。

如果 07 行代码中 name 没有指定数据类型，那么默认就是 string 数据类型。在浏览器的地址栏中输入 http://127.0.0.1:5000/user/zhangsan，回车后便可以得到如图 2.10 所示的访问结果。

如果此时在浏览器地址栏输入的内容为 http://127.0.0.1:5000/USER/zhangsan，回车后还可以得到如图 2.8 所示结果吗？结果显然是否定的。因为这里的 user 是区分大小写的。

在 if __name__ == '__main__':这行代码之上继续增加如下代码：

```
@app.route('/news/<int:id>')
def list_news(id):
```

return "接收到的 id 为%s" % id

在浏览器地址栏输入 http://127.0.0.1:5000/news/1，回车后便可以得到如图 2.11 所示结果。

图 2.10　URL 传字符串变量　　　　图 2.11　URL 传递 int 型参数

如果在浏览器的地址栏输入 http://127.0.0.1:5000/news/1.1，回车后还可以得到正确的结果吗？结果显然也是否定的。定义成 int 数据类型的 URL 只能传递 int 类型，定义成 float 数据类型时，URL 只能传递 float 类型，即定义的是什么数据类型，URL 传递的参数就必须为对应的数据类型。

2.4　URL 反转

在 2.3 节中，我们设定了一些函数访问 URL。有时候，在作网页重定向或是模板文件时需要使用在视图函数中定义的 URL，我们必须根据视图函数名称得到当前所指向的 URL，这就是 URL 反转。下面通过一个实例来看 URL 反转的使用。

下面在 PyCharm 中新建一名称为 2-3 的工程。

例 2-3　Flask URL 反转：app.py

```
01   # encoding: utf-8
02   from flask import Flask,url_for              #导入 Flask 及 url_for 模块
03   app = Flask(__name__)                        #Flask 初始化
04   @app.route("/")                              #定义路由
05   def index():                                 #定义视图函数
```

```
06        url1=(url_for('news', id='10086'))  #视图函数名为参数，进行反转
07        return "URL 反转内容为: %s" % url1   #返回反转的内容
08    @app.route('/news/<id>')                #定义路由
09    def news(id):                           #定义视图函数
10        return u'您请求的参数是:%s' %id       #返回值
11    if __name__ == '__main__':              #当模块被直接运行时，代码将被运行，
                                               当模块被导入时，代码不被执行
12        app.run(debug=True)
```

使用 URL 反转，用到了 url_for()函数，需要使用 from flask import url_for 导入，url_for() 函数最简单的用法是以视图函数名作为参数，返回对应的 URL。例如，在上面的程序中如果用 url_for('index')，得到的结果是/，运行上述代码，结果如图 2.12 所示。

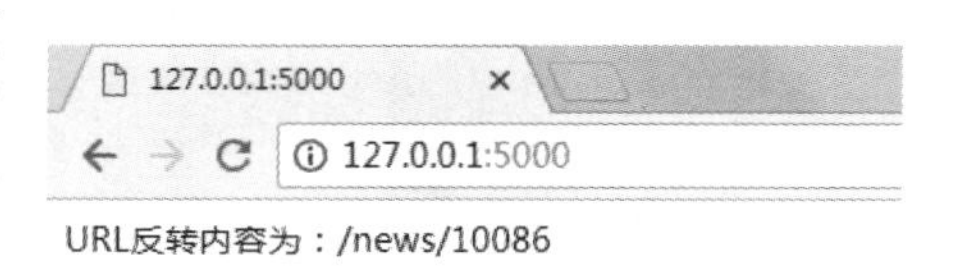

图 2.12　URL 反转结果

2.5　页面跳转和重定向

用户在访问某个页面的时候，我们希望他登录后才能访问该页面，如果此时他没有登录，系统就让浏览器由当前页面跳转到登录页面，这里就涉及页面重定向问题。所谓页面重定向，就是用户在打开某个页面的时候，我们期望页面跳转到另一个指定的页面，让用户完成某种操作或执行某个动作。

Flask 中提供了重定向函数 redirect()，该函数的功能就是跳转到指定的 URL。下面在 PyCharm 中新建一名称为 2-4 的工程。

例 2-4　Flask 页面重定向：app.py

```
01    #endoding:utf-8
02    from flask import Flask,url_for,redirect     #导入 Flask 和 url_for 及
                                                    redirect 模块
03    app = Flask(__name__)                        #Flask 初始化
04    @app.route('/')                              #定义路由
05    def hello_world():                           #定义视图函数
06        print("首先访问了 index()这个视图函数了！")   #打印输出
07        url1=url_for('user_login')               #URL 反转
08        return redirect(url1)                    #网页重定位
09    @app.route('/user_login')                    #定义路由
10    def user_login():                            #定位视图函数
11        return "这是用户登录页面，请您登录,才能访问首页！"      #返回值
12    if __name__ == '__main__': 当模块被直接运行时，代码将被运行，当模块是被导入
      时，代码不被执行
13        app.run()
```

02 行表示当模块被直接运行时，代码将被运行，当模块被导入时，代码不被执行；

03 行表示 Flask 初始化；04 行定义路由；05 行表示定义视图函数；06 行表示打印输出；07 行表示 URL 反转；08 行表示网页重定位；09 行表示定义路由；10 行表示定位视图函数；11 行表示返回值；12 行表示当模块被直接运行时，代码将被运行，当模块被导入时，代码不被执行。

重定向是将原本的 URL 重新定向成为一个新的 URL，可以实现页面的跳转。Flask 中使用到了 redirect()函数，需要使用 from flask import redirect 将其导入才能使用。这里输入地址访问的首先应该是 index()这个视图函数，但是 index()这个视图函数直接跳转到了 user_login 视图上，运行结果如图 2.13 所示。

图 2.13　URL 重定向后网页视图和控制台的输出

2.6　温故知新

1．学完本章内容后，读者需要回答：

（1）什么是 Flask?

（2）URL 如何传递参数？

（3）网页如何重定向？

2．在下一章中将会学习：

（1）模板及 Flask 模板渲染。

（2）模板中传参的方法。

（3）模板中的条件语句和循环语句的使用。

2.7　习　　题

通过下面的习题来检验本章的学习情况，习题答案请参考本书配套资源。

【本章习题答案见配套资源\源代码\C2\习题】

有如下代码，对其进行 URL 反转（从视图函数到 URL 的转换），在 index()视图函数中，请打印输出 my_list()函数的反转地址。

```
# encoding utf-8
from flask import Flask,url_for
app = Flask(__name__)
@app.route('/')
def index():
    return 'Hello World!'
@app.route('/list/')
def my_list():
    return 'list'
if __name__ == '__main__':
    app.run()
```

第 3 章　Jinja 2 模板引擎

在 Flask 中通常使用 Jinja 2 模板引擎来实现复杂的页面渲染。Jinja 2 被认为是灵活、快速和安全的模板引擎技术，被广泛使用。Jinja 2 的设计思想来源于 Django 模板引擎，它功能强大、速度快，并且提供了可选的沙箱模板执行环境安全保证机制，具有沙箱中执行、强大的 HTML 转义系统、模板继承等诸多优点。本章主要介绍 Jinja 2 模板引擎的基本结构和基本使用方法。

本章主要涉及的知识点有：

- 如何使用 Flask 渲染模板；
- 在模板中传递一个或多个参数；
- if 语句在模板中的使用；
- for 语句在模板中的使用。

3.1　模板引擎概述及简单使用

随着不同终端（个人 PC、平板电脑，手机、移动穿戴设备等）的兴起，开发人员在越来越多地思考：如何写一份功能代码（业务逻辑代码），这份业务逻辑代码能够在响应式或非响应式设备上都能使用。为了提升开发效率，开发人员开始高度重视前后端的分离，后端负责业务逻辑/数据访问，前端负责表现、交互逻辑，同一份业务逻辑代码可应用于多个不同终端的视图渲染。后端实际上实现的功能一般叫做业务逻辑，前端完成的功能一般叫做表现逻辑。如果把业务逻辑和表现逻辑混在一起，势必造成系统耦合度高、代码维护困难的现象，因此分离业务逻辑和表现逻辑，把变现逻辑交给视图引擎，即网页模板，很有必要。

模板实质上是一个静态的包含 HTML 语法的全部或片段的文本文件，也可包含由变量表示的动态部分。使用真实值替换网页模板中的变量，生成对应数据的 HTML 片段，这一过程称为渲染。Flask 提供了 Jinja 2 模板引擎来渲染模板，下面逐步介绍其模板渲染机制。

在 PyCharm 中新建一名称为 3-1 的工程，在工程中 templates 的文件夹下新建 index.html 文件，代码如下：

例 3-1　Jinja 2 模板的渲染示例：index.html

```
01   <!DOCTYPE html>
02   <html lang="en">
03   <head>
04       <meta charset="UTF-8">          <!--设置网页编码-->
05       <title>这是首页</title>          <!--设置网页标题-->
06       <h1>这是首页中文字！</h1>        <!--设置 H1 标题-->
07   </head>
08   <body>
09   </body>
10   </html>
```

在工程中 templates 的文件夹下新建 user.html 文件，代码如下：

例 3-1　Jinja 2 模板的渲染示例：user.html

```
01   <!DOCTYPE html>
02   <html lang="en">
03   <head>
04       <meta charset="UTF-8">          <!--设置网页编码-->
05       <title>这是用户中心</title>      <!--设置网页标题-->
06       <h1>这是用户中心！ </h1>         <!--设置 h1 标题-->
07   </head>
08   <body>
09   </body>
10   </html>
```

app.py 文件的代码如下：

例 3-1　Jinja 2 模板的渲染示例：app.py

```
01   from flask import Flask                      #导入 Flask 模块
02   from flask import render_template            #导入 render_template 模块
03   app = Flask(__name__)                        #Flask 初始化
04   @app.route('/')                              #定义路由
05   def index():                                 #定义视图函数
06       return render_template('index.html')     #使用 render_template 方法渲
                                                   染模板
07   @app.route('/user/<username>')               #定义路由
08   def user(username):                          #定义视图函数
09       return render_template('user.html')      #使用 render_template()方
                                                   法渲染模板
10   if __name__ == '__main__':                   #当模块被直接运行时，代码将被
                                                   运行，当模块是被导入时，代码
                                                   不被执行
11       app.run(debug=True)                      #开启调试模式
```

01 行表示导入 Flask 模块；02 行表示导入 render_template 模块；03 行表示 Flask 初始化；04 行定义路由；05 行定义视图函数；06 行使用 render_template()方法渲染模板；07 行定义路由；08 行定义视图函数；09 行使用 render_template()方法渲染模板；10 行表示当模块被直接运行时，代码将被运行，当模块是被导入时，代码不被执行；11 行表示开启调试模式。

运行程序，得到如 3.1 图所示结果。

图 3.1　模板的基本渲染

Flask 通过 render_template()函数来实现模板的渲染。要使用 Jinja 2 模板引擎，需要使用 from flask import render_template 命令导入 render_template 函数。在视图函数的 return 方法中，render_template()函数的首个参数声明使用哪一个模板文件。

注意：在 render_template()函数中，有一个参数是用来声明使用哪个静态文件，除此参数之外，还可以有多个参数，具体参阅下面的章节。

3.2　向模板中传递参数

Flask 提供 Jinja 2 模板引擎来渲染模板的同时，还可以将程序中的参数或变量值传递给指定的模板进行渲染。

在 PyCharm 中新建一名称为 3-2 的工程，在工程中的 templates 文件夹下新建 index.html 文件，代码如下：

例 3-2　Jinja2 模板的参数传递示例：index.html

```
01  <html lang="en">
02  <head>
03      <meta charset="UTF-8">        <!--设置网页编码-->
04      <title>这是首页</title>        <!--设置网页标题-->
05      <h1>这是首页中文字！</h1>       <!--设置 H1 标题-->
06  </head>
07  <body>
08  </body>
09  </html>
```

在工程中 templates 文件夹下新建 user.html 文件，代码如下：

例 3-2　Jinja 2 模板的参数传递示例：user.html

```
01  <!DOCTYPE html>
02  <html lang="en">
03  <head>
04      <meta charset="UTF-8">           <!--设置网页编码-->
05      <title>这是用户中心</title>       <!--设置网页标题-->
06      <h1>欢迎您：{{name}} </h1>        <!--设置 H1 标题-->
07  </head>
08  <body>
09  </body>
10  </html>
```

app.py 文件的代码如下：

例 3-2　Jinja 2 模板的参数传递示例：app.py

```
01  from flask import Flask                         #导入 Flask 模块
02  from flask import render_template               #导入 render_template 模块
03  app = Flask(__name__)                           #Flask 初始化
04  @app.route('/')                                 #定义路由
05  def index():                                    #定义视图函数
06      return render_template('index.html')        #渲染模板
07  @app.route('/user/<username>')                  #定义路由
08  def user(username):                             #定义视图函数
09      return render_template('user.html', name=username) #渲染模板并向模
                                                      板传递参数
10  if __name__ == '__main__':        #当模块被直接运行时，代码将被运行，当模块是
                                       被导入时，代码不被执行
11      app.run(debug=True)                         #开启调试模式
```

01 行表示导入 Flask 模块；02 行表示导入 render_template 模块；03 行表示 Flask 初始化；04 行表示定义路由；05 行表示定义视图函数；06 行渲染模板；07 行定义路由；08 行表示定义视图函数；09 行表示渲染模板并向模板传递参数；10 行表示当模块被直接运行时，代码将被运行，当模块被导入时，代码不被执行。

运行程序，得到如图 3.2 所示结果。

图 3.2　Flask 向模板传递参数

render_template()函数第一个参数是指定模板文件的名称，比如这里的 index.html 和 user.html。render_template()函数的第二个参数为可选项，可以为空。比如 index()视图函数中的 render_template('index.html')，这里第二个参数为空。第二个参数不为空的话，一般用于向模板中传递变量。这里传递变量，一般是以键值对方式进行的。

```
01    @app.route('/')
02    def index():
03      title = 'python 的键值对'
04      author='tom_jack'
05      return render_template('index.html', var1=title, var2=author)
```

用上述代码替换 index()视图函数代码，在 index.html 的<body>和</body>区域增加下面的代码：

```
01    <body>
02    {{ var1 }}<br> {#br 表示网页中的回车#}
03     {{ var2 }}
04    </body>
```

再次运行程序，得到如图 3.3 所示结果。

图 3.3　向模板传递多个值

模板中接收变量值，需要把变量放在{{ }}，比如{{ var1 }}等。模板中如果要写注释，格式为{# #}，比如这里的{#br 表示网页中的回车#}。

如果视图函数中有多个变量值都需要传递给模板，可以使用**locals()方法，例如：

```
01   def index():                                             #定义 index 函数
02       # return render_template('index.html')
03       title = 'python 的键值对'                              #定义键值
04       author = 'tom_jack'                                   #定义键值
05       return render_template('index.html', **locals())     #渲染模板并传值
```

实际上是将 return render_template('index.html', var1=title, var2=author)这行代码替换为 return render_template('index.html', **locals())。将模板文件 index.html 中的{{ var1 }}
 {{ var2 }}替换为{{ title }}
{{ author }}即可。

注意：在 render_template()函数中，如果要给模板传递全部的本地变量，可以使用**locals()方法，此时，在模块中可以直接使用{{title}}和{{author}}来直接使用变量。

3.3　模板中的控制语句之 if 语句

在 Jinja 2 模板引擎中也可以使用 if 和 for 循环控制语句，控制模板渲染的方向。模板引擎中，if 和 for 语句中应该放到{%　%}中。

本节我们首先看看模板中的 if 语句如何使用。在前端的 Jinja 2 语法中，if 可以进行判断：是否存在参数，存在的参数是否满足条件，其基本语法如下：

```
01   {% if condition %}            <!-- condition 指的是条件-->
02   {% else %}                    <!-- 条件不满足时-->
03   {% endif %}                   <!-- 结束 if 语句-->
```

在 PyCharm 中新建一个名称为 3-3 的工程。在工程中的 templates 文件夹下新建 index.html 文件，代码如下：

例 3-3　Jinja 2 模板中 if 语句使用示例：index.html

```
01   <!DOCTYPE html>
02   <html lang="en">
03   <head>
04       <meta charset="UTF-8">               <!-- 设定网页编码-->
05       <title>Title</title>                 <!-- 设定网页标题-->
06   </head>
07   <body>
08   {% if name %}                            <!-- name 值是否存在-->
09      <h1>产生的随机数有效!                 </h1><!-- name 值存在，则输出产生的随
                                              机数有效! -->
10   {% else %}                               <!-- name 值不存在-->
11       <h1>产生的随机数无效! </h1>          <!-- name 值不存在，则输出产生的随机数
                                              无效! -->
12   {% endif %}                              <!-- 结束 if-->
13   </body>
14   </html>
```

app.py 对应的代码如下：

例 3-3　Jinja 2 模板中 if 语句使用示例：app.py

```
01  from flask import Flask,render_template   #导入 Flask 及 render_template 模块
02   import random                             #导入 random 模块
03   app = Flask(__name__)                     #Flask 初始化
04   @app.route('/')                           #定义路由
05   def hello_world():                        #定义视图函数
06       rand1=random.randint(0,1)             #产生 0~1 范围内的整型数
07       return render_template('index.html',name=rand1)
                                               #渲染模板，并向模板传递值
08   if __name__ == '__main__':                #当模块被直接运行时，代码将被运行，
                                                当模块是被导入时，代码不被执行
09       app.run(debug=True)                   #开启调试模式
```

import random 表示导入 Python 的随机库，rand1=random.randint(0,1)表示产生 0~1 范围内的整型数。在模板中进行判断，如果产生的数据为 1，视为有效，如果产生的数据为 0，视为无效数据。运行本项目代码，结果如图 3.4 所示。可以多次刷新，看看输出结果有何不同。

图 3.4 模板中的 if 语句

在 PyCharm 中新建一名称为 3-4 的工程。在工程中的 templates 文件夹下新建 index.html 文件，代码如下：

例 3-4 Jinja 2 模板中 if…elif 语句使用示例：index.html

```
01  <!DOCTYPE html>
02  <html lang="en">
03  <head>
04      <meta charset="UTF-8">             <!-- 设定网页编码-->
05      <title>Title</title>               <!-- 设定网页标题-->
06  </head>
07  <body>
08  {% if name==1 %}                       <!-- name 的值是否等于 1-->
09      <h1>恭喜，您抽得了一等奖</h1>      <!-- name 的值等于 1，显示本行 h1 代码内容-->
10  {% elif name==2 %}                     <!-- name 的值是否等于 2-->
11      <h1>恭喜，抽得了二等奖！</h1>      <!-- name 的值等于 2，显示本行 h1 代码内容-->
12  {% else %}                             <!-- name 的值是否等于其他-->
13      <h1>恭喜，抽得了三等奖！</h1>      <!-- name 的值等于其他，显示本行 h1 代码内容-->
14  {% endif %}                            <!-- 结束 if-->
15  {{ name }}
16  </body>
```

app.py 文件内容如下：

例 3-4 Jinja 2 模板中 if…elif 语句使用示例：app.py

```
01  from flask import Flask,render_template
                                       #导入 Flask 及 render_template 模块
02  import random                      #导入 random 模块
03  app = Flask(__name__)              #Flask 初始化
04  @app.route('/')                    #定义路由
05  def hello_world():                 #定义视图函数
06      rad1=random.randint(1,3)       #产生 1~3 范围内的随机整数
07      return  render_template('index.html',name=rad1)
                                       #渲染模板，并向模板传值
08  if __name__ == '__main__':         #当模块被直接运行时，代码将被运行，当模块是
                                        被导入时，代码不被执行
09      app.run(debug=True)            #开启调试模式
```

运行项目代码，运行结果如图 3.5 所示。

在模板中，尽量少使用多层嵌套的 if…else…语句，往往会因为缩进出现这样或那样的问题。尽量多用 if…elif…else…的结构（即多个 elif），这一系列条件判断会从上到下依次判断，如果某个判断为 True，执行完对应的代码块，后面的条件判断就会直

接忽略，不再执行。

注意：模板的表达式都是包含在分隔符"{{ }}"内的；控制语句都是包含在分隔符"{% %}"内的；模板中的注释是放在包含在分隔符"{# #}"内，支持块注释。

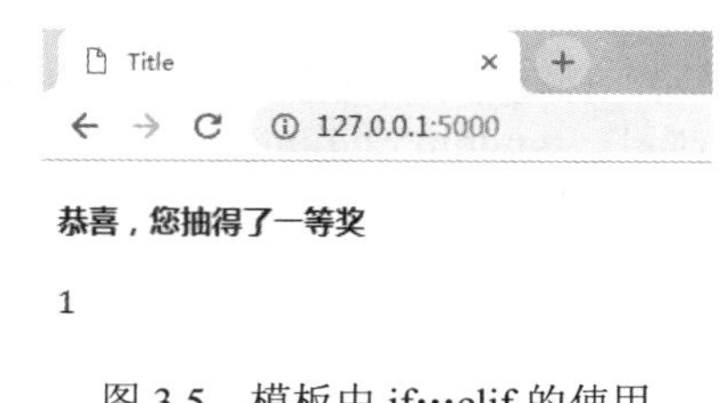

图 3.5　模板中 if…elif 的使用

3.4　模板中的控制语句之 for 语句

首先，我们回顾一下 Python 中的 for 循环语句。for 循环语句是 Python 中的一个循环控制语句，任何有序的序列对象内的元素都可以遍历，比如字符串、列表、元组等可迭代对像。for 循环的语法格式如下：

```
for 目标 in 对象:
    循环体
```

比如，使用 for 循环一个字符串，输出字符串中每位字符的操作方法如下：

```
01  #encoding:utf-8                            #指定编码
02  str='www.google.com'                       #定义字符串
03  for str1 in str:                           #for 循环进行遍历
04    print(str1)                              #打印输出
```

运行程序，屏幕上可以输出 www.google.com 中每一个字符。那么模板中的 for 循环又该如何使用呢？模板中的 for 语句定义如下：

```
01  {% for 目标 in 对象 %}
02  <p>目标</p>
03  {% endfor %}
```

Jinja 2 中 for 循环内置常量：

- loop.index：当前迭代的索引（从 1 开始）；
- loop.index0：当前迭代的索引（从 0 开始）；
- loop.first：是否是第一次迭代，返回 True 或 False；
- loop.last 是否是最后一次迭代，返回 True 或 False；
- loop.length：返回序列的长度。

注意：不可以使用 continue 和 break 表达式来控制循环的执行。

下面以视图函数定义一个字典 goods，在模板中使用 for 循环渲染输出。在 PyCharm 中新建一名称为 3-5 的工程。在工程中的 templates 文件夹下新建 shop.html 文件，代码如下：

例 3-5　Jinja 2 模板中 for 语句使用示例：shop.html

```
01  <!DOCTYPE html>
02  <html lang="en">
03  <head>
04      <meta charset="UTF-8">              <!-- 设定网页编码-->
05      <title>Title</title>                <!-- 设定网页标题-->
06  </head>
07  <body>
08  <table>                                 <!-- 定义表格-->
09      <thead>
10      <th>商品名称</th>
11      <th>商品价格</th>
12      </thead>
13      <tbody>
14      <meta charset="UTF-8">
15      {% for goods in goods %}            <!-- for 循环开始-->
16          <tr>
17              <td>{{ goods.name}}         </td><!-- 显示商品名-->
18              <td>{{ goods.price}}        </td><!-- 显示价格-->
19          </tr>      {% endfor %}         <!-- for 循环结束-->
20      </tbody>
21  </table>
22  </body>
23  </html>
```

上面的代码实现了一个静态页面，代码中定义了一个表格，表格分为 5 行 2 列进行显示，其中，第 1 行用来显示表格“商品名称”及“商品价格”等内容。

app.py 文件的内容如下：

例 3-5　Jinja 2 模板中 for 语句使用示例：app.py

```
01  #encoding:utf-8
02  from flask import Flask,render_template
                                            #导入 Flask 及 render_temlate 模块
03  app = Flask(__name__)                   #Flask 模块初始化
04  @app.route('/')                         #定义路由
05  def hello_world():                      #定义视图函数
06      goods = [{'name': '怪味少女开衫外套春秋韩版学生 bf 原宿宽松运动风 2018 新
        款秋装上衣', 'price': 138.00},
07              {'name': 'A7seven 复古百搭牛仔外套女秋季 2018 新款宽松显瘦休闲夹
              克衫上衣', 'price': 100.00},
08              {'name': '黑色时尚西装外套女春秋中长款 2018 新款韩版休闲薄款 chic
              西服上衣', 'price': 100.00},
09              {'name': 'HAVE RICE 饭馆 颜值超耐打 复古牛仔外套女短款 2018 春秋
              新款上衣', 'price': 129.00}
10             ]                            #定义列表 goods
11      return render_template('shop.html', **locals())      #渲染模板，并向
                                                              模板传递参数
12  if __name__ == '__main__':              #模块可以直接运行
13      app.run()
```

在 hello_world 视图函数中定义一列表 goods，其属性主要有 name 和 price，用 for 语句将其遍历出来。运行程序，运行结果如图 3.6 所示。

商品名称	商品价格
怪味少女开衫外套春秋韩版学生bf原宿宽松运动风2018新款秋装上衣	138.0
A7seven 复古百搭牛仔外套女秋季2018新款宽松显瘦休闲夹克衫上衣	100.0
黑色时尚西装外套女春秋中长款2018新款韩版休闲薄款chic西服上衣	100.0
HAVE RICE饭馆 颜值超耐打 复古牛仔外套女短款 2018春秋新款上衣	129.0

图 3.6 模板中 for 循环的使用

注意：在模板中，使用 if 条件判断语句或者是 for 循环语句可以帮助开发者更好地渲染模板。通过 {%逻辑表达式%} 可以实现代码的嵌套，其语法与 Python 语法基本一致，但是必须要包含在{% %}内部。

3.5 Flask 的过滤器

过滤器本质上是一个转换函数，有时候我们不仅需要输出变量的值，还需要把某个变量的值修改后再显示出来，而在模板中不能直接调用 Python 中的某些方法，这么这就用到了过滤器。

3.5.1 常见过滤器

1. 与字符串操作相关的过滤器

- <p>{{name|default('None',true)}}</p>

其中，name 为变量名，如果 name 为空，则用 None 这个值去替换 name。

- <p>{{'hello'|capitalize}}</p>

将字符串 hello 转化成 Hello，实现首字母大写的目的。

- <p>{{'HELLO'|lowere}}</p>

将字符 HELLO 全部转为小写。

- <p>{{'hello'|replace('h','x')}}</p>

将 hello 中的字母 h 替换成 x。

2．对列表进行操作相关的过滤器

- <p>{{[01,80,42,44,77]|first}}</p>

取得列表中的首个元素 01。

- <p>{{[01,80,42,44,77]|last}}</p>

取得列表中的最后一个元素 77。

- <p>{{[01,80,42,44,77]|count}}</p>

取得列表中的元素个素，统计个数为 5，count 也可以使用 length 替换。

- <p>{{[01,80,42,44,77]|sort}}</p>

列表中的元素重新排序，默认按照升序进行排序。

- <p>{{[01,80,42,44,77]|join(',')}}</p>

将列表中的元素合并为字符串，返回 1,80,42,44,77。

3．对数值进行操作相关的过滤器

- <p>{{18.8888|round}}</p>

四舍五入取得整数，返回 19.0。

- <p>{{18.8888|round(2,’floor’)}}</p>

保留小数点后 2 位，返回结果为 18.88。

- <p>{{-2|abs}}</p>

求绝对值运算，返回结果为 2。

下面以列表中的每间隔 2 行换颜色为例，详细说明模板中过滤器的使用方法。

在 PyCharm 中新建一名称为 3-6 的工程。在工程中的 templates 文件夹下新建 index.html 和 app.py 文件，index.html 文件代码如下：

例 3-6　Jinja 2 模板中常见过滤器使用示例：index.html

```
01 <!DOCTYPE html>
02 <html lang="en">
03 <head>
04     <meta charset="UTF-8">          <!--设置网页编码-->
05     <title>过滤器</title>            <!--设置网页标题-->
06 </head>
07 <body>
08 <p>{{ age|abs }}</p>                <!--对 age 进行绝对值运算-->
09 <p>{{'hello'|capitalize}}</p>       <!--将字符串 hello 转化成 Hello，实现首字母
                                       大写-->
10 <p>{{'hello'|replace('h','x')}}  </p><!--将 hello 中的字母 h 替换成 x-->
11 <p>{{[01,80,42,44,77]|first}}    </p><!--取得列表中的首个元素-->
12 <p>{{[01,80,42,44,77]|last}}     </p><!--取得列表中的最后一个元素-->
13 <p>{{[01,80,42,44,77]|count}}    </p><!--取得列表中的元素个数-->
14 <p>{{[01,80,42,44,77]|sort}}     </p><!--列表中的元素重新排序，默认按照升序
                                       进行排序   -->
```

```
15 <p>{{[01,80,42,44,77]|join(',')}}    </p><!--将列表中的元素合并为字符串-->
16 <p>{{18.8888|round(2,'floor')}} </p><!--保留小数点后 2 位,返回结果为 18.88-->
17 <p>{{18.8888|round}}</p>                <!--四舍五入取得整数 -->
18 <p>{{-2|abs}}</p>                       <!--进行绝对值运算 -->
19 </body>
20 </html>
```

app.py 文件的代码如下：

例 3-6　jinja 2 模板中常见过滤器使用示例：app.py

```
01 from flask import Flask,render_template  #导入 Flask 及 render_template
                                             模块
02 app = Flask(__name__)                    #Flask 初始化
03 @app.route('/')                          #定义路由
04 def hello_world():                       #定义视图函数
05     student={                            #定义字典
06         "name":"wangjie",
07         "age":-18
08     }
09     return render_template('index.html',**student)   #渲染模板，并向模板传
                                                          递值
10 if __name__ == '__main__':
11     app.run()
```

3.5.2　自定义过滤器

内置的过滤器不满足需求怎么办？过滤器的实质就是一个转换函数，我们其实完全可以写出属于自己的自定义过滤器。

通过调用应用程序实例的 add_template_filter 方法实现自定义过滤器。该方法第一个参数是函数名，第二个参数是自定义的过滤器名称。

有一个商品列表页，要求每 3 行输出一条分割线。在 PyCharm 中新建一名称为 3-7 的工程。在工程中的 templates 文件夹下新建 index.html 和 app.py 文件，index.html 文件代码如下：

例 3-7　Jinja 2 模板中自定义过滤器使用示例：index.html

```
01 <!DOCTYPE html>
02 <html lang="en">
03 <head>
04     <meta charset="UTF-8">              <!--设定网页编码-->
05     <title>Title</title>                <!--设定网页标题-->
06     <style>
07         .line{                          <!--定义分割线-->
08             display: inline-block;
09             height:1px;
10             width:100%;
11             background:#00CCFF;
12             overflow:hidden;
13             vertical-align: middle;
```

```
14         }
15     </style>
16 </head>
17 <body>
18     <meta charset="UTF-8">
19     {% for goods in goods %}              <!--对列表进行遍历-->
20         <li style="list-style-type:none">{{ goods.name }}<span class=
       "{{ loop.index | index_class }}"></span></li>   <!--每 3 条记录输
                                                        出一条分割线-->
21     {% endfor %}                          <!--for 循环完毕-->
22 </body>
23 </html>
```

上面的代码对传递过来的列表进行遍历，每 3 行输出一条分割线，分割线的样式由 07～13 行所对应的代码定义。

app.py 文件的代码如下：

例 3-7　Jinja 2 模板中自定义过滤器使用示例：app.py

```
01  #encoding:utf-8
02  import sys                          #导入 sys 模块
03  from flask import Flask,render_template
                                        #导入 Flask 和 render_template 模块
04  app = Flask(__name__)               #Flask 初始化
05  @app.route('/')                     #定义路由
06   #视图函数
07  def hello_world():
08      goods = [{'name': '怪味少女开衫外套春秋韩版学生 bf 原宿宽松运动风 2018 新
        款秋装上衣'},
09                {'name': 'A7seven 复古百搭牛仔外套女秋季 2018 新款宽松显瘦休闲夹
                克衫上衣'},
10                {'name': '黑色时尚西装外套女春秋中长款 2018 新款韩版休闲薄款 chic
                西服上衣'},
11                {'name': 'HAVE RICE 饭馆 颜值超耐打 复古牛仔外套女短款 2018 春秋
                新款上衣'}
12                ]#定义列表 goods
13      return render_template('index.html',**locals())
                                        #渲染模板，并向模板传递值
14  def do_index_class(index):          #定义函数
15      if index % 3==0:                #每间隔 3 行输出 line
16          return 'line'
17      else:
18          return ''
19  app.add_template_filter(do_index_class, 'index_class')
                                        #使用自定义过滤器添加 CSS
20  if __name__ == '__main__':
21     app.run()
```

02～05 行导入相应模块，有非 UTF-8 编码范围内的字符时就要使用 sys.setdefaultencoding()方法予以修正。04 行表示 Flask 初始化；05 行表示定义路由；06 行定义视图函数；08～12 行定义列表 goods；13 行表示渲染模板，并向模板传递参数；14 行定义函数；15、16 行表示每间隔 3 行返回一个 line；19 行表示使用自定义过滤器添加 CSS。

3.6　宏的定义及使用

Jinja 2 中的宏功能有些类似于传统程序语言中的函数，它跟 Python 中的函数类似，可以传递参数，但是不能有返回值，可以将一些经常用到的代码片段放到宏中，然后把一些不固定的值抽取出来作为一个变量。

3.6.1　宏的定义

宏(Macro)，有声明和调用两个部分。让我们先声明一个宏：

```
01 <!--定义宏-->
02 {% macro input(name, type='text', value= ' ') -%}
03     <input type="{{ type }}" name="{{ name }}" value="{{ value|e }}">
04 {%- endmacro %}
```

上面的代码定义了一个宏，定义宏要加 macro，宏定义结束要加 endmacro 标志。宏的名称就是 input，它有 3 个参数，分别是 name、type 和 value，后两个参数有默认值。我们可以使用表达式来调用这个宏：

```
01 <!--调用宏-->
02 {{ input('username')}}
03 {{ input('password',type='password')}}
```

在 Pycharm 中新建一名为 3-8 的工程。在工程中 templates 的文件夹下新建 index.html 文件，index.html 代码如下：

例 3-8　Jinja 2 模板中宏的定义及使用示例：index.html

```
01    <!DOCTYPE html>
02    <html lang="en">
03    <head>
04        <meta charset="UTF-8">                <!--设定网页编码-->
05        <title>宏的定义和使用                  </title><!--设定网页标题-->
06    </head>
07    <body>
08    {#宏的定义 #}
09    {% macro input(name, type='text', value= '') -%}
10        <input type="{{ type }}" name="{{ name }}" value="{{ value }}">
11    {%- endmacro %}
12    {#宏的使用#}
13    <div style="color:#0000FF">
14    <p> 用户名 : {{ input('username')}}</p>
15    <p> 密  码 : {{ input('password',type='password')}}</p>
```

```
16    <p> 登　录 : {{ input('submit',type='submit',value='登录')}}</p>
17    </div>
18    </body>
19    </html>
```

执行网页后，生成对应的代码如下：

```
<p> 用户名 : <input type="text" name="username" value=""></p>
<p> 密 码 : <input type="password" name="password" value=""></p>
<p> 登 录 : <input type="submit" name="submit" value="登录"></p>
```

上面的代码定义了一个宏，这个宏有 3 个参数，分别是 name、type 和 value，然后用这个宏定义了两个文本输入框，定义了一个提交按钮。

app.py 文件中需要引入模板文件，如下：

例 3-8　Jinja 2 模板中宏的定义及使用示例：app.py

```
01   from flask import Flask,render_template          #导入 Flask 和
                                                      render_template 模块
02    app = Flask(__name__)                           #Flask 初始化
03   @app.route('/')                                  #定义路由
04   def hello_world():                               #定义视图函数
05       return render_template('index.html')         #渲染模板
06    if __name__ == '__main__':   #当模块被直接运行时，代码将被运行，当模块是
                                   被导入时，代码不被执行
07       app.run(debug=True)                          #开启调试模式
```

01 行导入 Flask 和 render_template 模块；02 行表示 Flask 初始化；03 行表示定义路由；04 行表示定义视图函数；05 行渲染模板；06 行表示当模块被直接运行时，代码将被运行，当模块是被导入时，代码不被执行；07 行表示开启调试模式。

运行上面的程序，结果如图 3.7 所示。

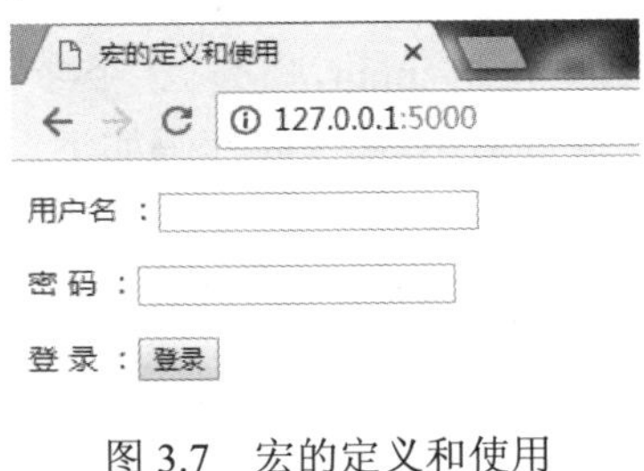

图 3.7　宏的定义和使用

注意： 上面将 input 标签定义成了一个宏，根据实际情况，还可以在宏的定义中加入 size 和 placeholder 等属性，如 {% macro input(name, type='text', value='' ,size=20, placeholder="请在这里输入用户名") -%}。<input type="{{ type }}" name= "{{ name }}" value="{{ value }}" size="{{ size }}",placeholder= "{{ placeholder }}">

3.6.2　宏的导入

一个宏可以被不同的模板使用，所以我们建议将其声明在一个单独的模板文件中。需要使用时导入即可，而导入的方法类似于 Python 中的 import。我们把 3.6.1 节中的宏定义部分单独放在一个文件中。

在 Pycharm 中新建一名称为 3-9 的工程。在工程中的 templates 文件夹下新建 index.html 文件和 form.html 文件。index.html 文件代码如下：

例 3-9　Jinja 2 模板中导入宏示例：index.html

```
01  <!DOCTYPE html>
02  <html lang="en">
03  <head>
04      <meta charset="UTF-8">                    <!--设定网页编码-->
05      <title>宏的导入</title>                     <!--设定网页标题-->
06  </head>
07  <body>
08  {% import 'form.html' as form %}             <!--导入宏-->
09   <div style="color:#0000FF">
10    <p> 用户名 : {{ form.input('username')}}        </p><!--使用宏定义用户
                                                        名输入框-->
11    <p> 密  码 : {{ form.input('password',type='password')}}
                                                 </p><!--使用宏定义密码输入框-->
12     <p> 登  录 : {{ form.input('submit',type='submit',value='登录')}}
                                                 </p><!--使用宏定义提交按钮-->
13    </div>
14  </body>
15  </html>
```

form.html 文件代码如下：

例 3-9　Jinja 2 模板中导入宏示例：form.html

```
01  {% macro input(name, type='text', value= '') -%}
02      <input type="{{ type }}" name="{{ name }}" value="{{ value|e }}">
03  {%- endmacro %}
```

上面的代码定义了一个宏，定义宏要加 macro，宏定义结束要加 endmacro 标志。宏的名称就是 input，它有 3 个参数，分别是 name、type 和 value，后两个参数有默认值。

app.py 文件的代码如下：

例 3-9　Jinja 2 模板中导入宏示例：app.py

```
01  from flask import Flask,render_template        <!--导入 Flask 及
                                                   render_template 模块-->
02  app = Flask(__name__)                          <!-- Flask 初始化-->
03  @app.route('/')                                <!-- 定义路由-->
04  def hello_world():                             <!-- 定义视图函数-->
05      return render_template('index.html')       <!-- 渲染模板-->
06  if __name__ == '__main__':
07      app.run()
```

01 行表示导入 Flask 及 render_template 模块；02 行表示 Flask 初始化；03 行表示定义路由；04 行定义视图函数；05 行渲染模板。

注意： {% import 'form.html' as form %}这种导入方法也可以使用{% from 'form.html' import input %}实现导入。<p> 用户名 ：{{ form.input('username')}}</p>中的 form 需要去掉了，直接写成<p> 用户名 ： {{ input('username')}}</p>。

3.6.3　include 的使用

宏文件中引用其他宏，可以使用 include 语句。include 语句可以把一个模板引入到另外一个模板中，类似于把一个模板的代码复制到另外一个模板的指定位置。下面通过一个实例来说明。

在 PyCharm 中新建一个名为 3-10 的工程。在工程中的 templates 文件夹下新建 index.html 文件、header.html 文件及 footer.html 文件。index.html 文件代码如下：

例 3-10　Jinja 2 模板中使用 include 示例：index.html

```
01  <!DOCTYPE html>
02  <html lang="en">
03  <head>
04      <meta charset="UTF-8">
05      <title>Title</title>
06      <style type="text/css">
07           .header{
08                  width: 100%;
09                  height:40px;
10                  margin:20px 20px;
11              }
12          .footer{
13                 width: 100%;
14                  height: 40px;
15                  margin:20px 20px;
16          }
17          .content{
18                  width: 100%;
19                  height: 40px;
20                  margin:20px 20px;
21          }
22        </style>
23
24  </head>
25  <body>
26  {% include "header.html" %}
27  <div class="content">
28  这是网页内容
29      </div>
30  {% include "footer.html" %}
31  </body>
32  </html
```

header.html 文件内容如下：

例 3-10　Jinja 2 模板中使用 include 示例：header.html

```
01  <!DOCTYPE html>
02  <html lang="en">
03  <head>
04      <meta charset="UTF-8">
05      <title>Title</title>
```

```
06   </head>
07   <div class="header">
08   这是网页头部
09   </div>
10   </body>
11   </html>
```

footer 文件内容如下：

例 3-10　Jinja 2 模板中使用 include 示例：footer.html

```
01   <!DOCTYPE html>
02   <html lang="en">
03   <head>
04       <meta charset="UTF-8">
05       <title>Title</title>
06   </head>
07   <body>
08   <div class="footer">
09   这是网页尾部
10       </div>
11   </body>
12   </html>
```

app.py 文件内容如下：

例 3-10　Jinja 2 模板中使用 include 示例：app.py

```
01   from flask import Flask,render_template          #导入 Flask 及
                                                        render_template 模块
02   app = Flask(__name__)                              #Flask 初始化
03   @app.route('/')                                    #定义路由
04   def hello_world():                                 #定义视图函数
05       return render_template('index.html')           #渲染模板
06   if __name__ == '__main__':
07       app.run()
```

01 行表示导入 Flask 及 render_template 模块；02 行表示 Flask 初始化；03 行定义路由；04 行定义视图函数；05 行表示渲染模板。

include 把一个模板的代码复制到另外一个模板的指定位置，这里的{% include "header.html" %}和{% include "footer.html" %}把头文件和尾部文件引入到 index.html 文件中。

注意：使用 include 标签时是在 templates 目录中寻找相应的文件，不要使用相对路径。

3.7　set 和 with 语句的使用

set 与 with 语句都可以在 Jinja 2 中定义变量并赋予值。set 定义的变量在整个模板范围内都有效，with 关键字在定义变量并赋值的同时，限制了 with 定义变量的作用范围。

首先介绍一下 set 关键字的使用方法：

（1）给变量赋值：

```
{% set telephone ='1388888888' %}
```

（2）给列表或数组赋值：

```
{% set nav = [('index.html', 'index'), ('product.html', 'product)] %}
```

可以在模板中使用{{ telephone }}和{{ nav }}来引用这些定义的变量。

接下来介绍 with 关键字的使用方法，例如：

```
{% with pass = 60 %}
 {{ pass }}
 {% endwith %}
```

with 定义的变量的作用范围在{% with %}和{% endwith %}代码块内，在模板的其他地方，引用此变量值无效。

在 PyCharm 中新建一名为 3-11 的工程。在工程中 templates 的文件夹下新建 index.html 文件，index.html 文件代码如下：

例 3-11　Jinja 2 模板中 set 和 with 使用示例：index.html

```
01  <!DOCTYPE html>
02  <html lang="en">
03  <head>
04      <meta charset="UTF-8">
05      <title>Title</title>
06  </head>
07  <br>
08  {% set telephone ='1388888888' %}
09  {% set nav = [('index.html', 'index'), ('product.html', 'product')] %}
10  {{ telephone }}</br>
11  {{ nav}} </br>
12  {% with pass = 60 %}
13   {{ pass }}
14   {% endwith %}
15  </body>
16  </html>
```

app.py 文件内容如下：

例 3-11　Jinja 2 模板中 set 和 with 使用示例：app.py

```
01  from flask import Flask,render_
    template
02  app = Flask(__name__)
03  @app.route('/')
04  def hello_world():
05      return render_template
        ('index.html')
06  if __name__ == '__main__':
07      app.run(debug=True)
```

运行上面的工程，结果如图 3.8 所示。

Title
127.0.0.1:5000

1388888888
[('index.html', 'index'), ('product.html', 'product')]
60

图 3.8　set 和 with 定义变量及使用

3.8　静态文件的加载

静态文件的加载一般需要先新建文件夹 static，在文件夹下再新建 css、js 和 images 文件夹，在这些文件夹中存放 css、js、images，同时要需要使用'url_for'函数。

在 PyCharm 中新建一个名为 3-12 的工程。找到 static 文件夹，在此文件夹下再新建 css、js 和 images 这 3 个文件夹，目录结构如图 3.9 所示。

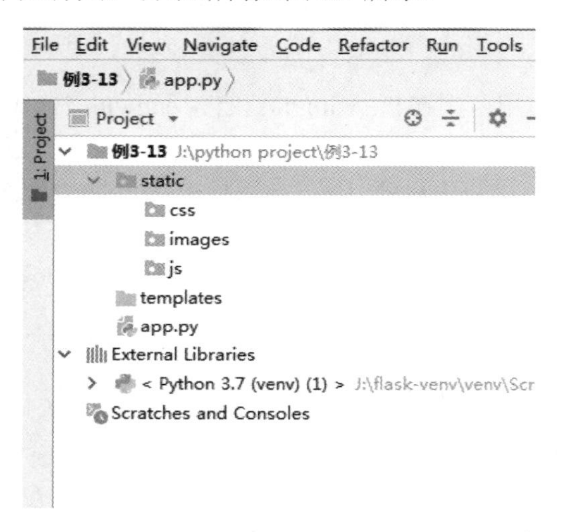

图 3.9　静态文件对应的目录结构

说明： PyCharm 创建的工程中已经帮我们建立了 static 文件夹，因此不需要我们手动创建 static 文件了。

在 templates 目录下新建一个名为 index.html 的文件， 在 app.py 的视图函数中使用 return render_template('index.html')方法来渲染模板。下面分别给出加载 JS、图片和 CSS 的方法。

（1）加载 JS 文件

在静态文件 index.html 中，在</head>之前引入 jquery-3.3.1.js 文件，具体代码如下：

```
<script src="{{ url_for('static', filename='js/jquery-3.3.1/jquery-3.3.1.js') }}">
</script>
```

可以使用下面代码测试 jquery-3.3.1.js 文件是否加载成功。

```
<script>
    if(jQuery) {
        alert('jQuery 已加载!');
    }
```

```
        else {
            alert('jQuery 未加载!');
        }
    </script>
```

通过测试，可以发现通过上述方法可以正常加载 js 文件。这里使用到了 url_for()函数来实现。事实上，还可以通过下面代码实现：

```
    <script type="text/javascript" src="static/js/jquery-3.3.1/jquery-3.3.1.js">
    </script>
```

不过，一般建议使用 url_for()函数形式。

（2）加载图片文件。

加载图片，可以使用下述代码实现：

```
    <img src="{{ url_for('static', filename='images/car.jpg') }}"></img>
```

（3）加载 CSS 文件。

加载外部 CSS 文件，可以使用下述代码实现：

```
    <link rel="stylesheet" href="{{ url_for('static',filename='css/car.css') }}">
```

car.css 的代码如下：

```
    .img{
    BORDER-RIGHT: #000 1px solid; BORDER-TOP: #000 1px solid; MARGIN: 10px 0px;
BORDER-LEFT: #000 1px solid; BORDER-BOTTOM: #000 1px solid
        }
```

在 index.html 文件中添加如下代码：

例 3-12　Jinja 2 模板中加载静态文件示例：index.html

```
01  <!DOCTYPE html>
02  <html lang="en">
03  <head>
04      <meta charset="UTF-8">
05      <title>Title</title>
06  {#    <script src="{{ url_for('static', filename='js/jquery-3.3.1/
    jquery-3.3.1.js') }}"></script>#}
07
08  <script type="text/javascript" src="static/js/jquery-3.3.1/jquery-
    3.3.1.js"></script>
09  <link rel="stylesheet" href="{{ url_for('static',filename='css/car.
    css') }}">
10  </head>
11  <body>
12  {#测试 jQuery 是否加载#}
13  <script>
14      if(jQuery) {
15          alert('jQuery 已加载!');
16      }
17      else {
18          alert('jQuery 未加载!');
19      }
20  </script>
```

```
21    <div class="img">
22    <img src="{{ url_for('static', filename='images/car.jpg') }}"></img>
23    </div>
24    </body>
```

app.py 文件的代码如下：

例 3-12　Jinja 2 模板中加载静态文件示例：app.py

```
01    from flask import Flask,render_template
02    app = Flask(__name__)
03    @app.route('/')
04    def hello_world():
05        return render_template('index.html')
06    if __name__ == '__main__':
07        app.run()
```

运行上述代码，效果如图 3.10 所示。

图 3.10　网页加载静态文件

3.9　模板的继承

一个系统网站往往需要统一的结构，这样看起来比较“整洁”。比如，一个页面中都有标题、内容显示、底部等几个部分。如果在每一个网页中都进行这几部分的编写，那么整个网站将会有很多冗余部分，而且编写的网页程序也不美观。这时可以采用模板继承，即将相同的部分提取出来，形成一个 base.html，具有这些相同部分的网页通过继承 base.html 来得到对应的模块。

1. 模板的继承语法

模板的继承语法如下：

```
{% extends "模板名称" %}
```

2. 块的概念

模板继承包含基本模板和子模板。其中，基本模板里包含了网站里基本元素的基本骨架，但是里面有一些空的或不完善的块（block）需要用子模板来填充。

在父模板中：

```
…
{% block block 的名称 %}
{% endblock %}
…
```

在子模板中：

```
…
{% block block 的名称 %}
子模板中代码
{% endblock %}
…
```

在 PyCharm 中新建一个名为 3-13 的工程。在 templates 目录中创建 index.html、base.html 和 product.html 3 个静态文件。base.html 文件作为基类，index.html 和 product.html 文件作为子类，子类去继承基类的基本内容。

base.html 文件内容如下：

例 3-13 Jinja 2 模板的继承示例：base.html

```
01   <html lang="en">
02   <head>
03   <meta charset="UTF-8">
04   <title>{% block title %}{% endblock %} -我的网站</title>
05   </head>
06   <body>
07   {% block body %}
08       这是基类中的内容
09   {% endblock %}
10   </body>
11   </html>
```

index.html 文件内容如下：

例 3-13 Jinja 2 模板的继承示例：index.html

```
01   {% extends "base.html" %}
02   {% block title %}网站首页{% endblock %}
03   {% block body %}
04       {{ super() }}
05   <h4>这是网站首页的内容!</h4>
06   {% endblock %}
07   Product.html 文件的内容为:
08   {% extends "base.html" %}
09   {% block title %}产品列表页{% endblock %}
10   {% block body %}
11   <h4>这是产品列表页的内容!</h4>
12    取得网页标题的内容：    <h4>{{ self.title() }}</h4>
13   {% endblock %}
```

product.html 文件的内容：

例 3-13　Jinja 2 模板的继承示例：product.html

```
01   {% extends "base.html" %}
02   {% block title %}产品列表页{% endblock %}
03   {% block body %}
04   <h4>这是产品列表页的内容!</h4>
05    取得网页标题的内容：    <h4>{{ self.title() }}</h4>
06   {% endblock %}
```

app.py 文件内容如下：

例 3-13　Jinja 2 模板的继承示例：app.py

```
01   from flask import Flask,render_template
02   app = Flask(__name__)
03   @app.route('/')
04   def index():
05       return render_template('index.html')
06   @app.route('/product')
07   def product():
08       return render_template('product.html')
09   if __name__ == '__main__':
10       app.run(debug=True)
```

默认情况下，子模板如果实现了父模板定义的 block，那么子模板 block 中的代码就会覆盖父模板中的代码。如果想要在子模板中仍然保持父摸板中的代码，那么可以使用{{super()}}来实现，如 index.html 中{% block body %}{% endblock %}代码块中使用了{{ super() }}方法，运行结果如图 3.11 所示：

图 3.11　子类调用父类中的内容

如果想要在一个 block 中调用其他 block 中的代码，可以通过{{self.其他 block 名称()}}实现。比如 product.html 文件中的<h4>{{ self.title() }}</h4>方法。运行此代码，结果如图 3.12 所示。

图 3.12　一个块中访问另外一个块中的内容

注意：模板的继承可以这么理解：就是在一个 html 文档中已经写好了框架，然后要往里面放东西时，先用<% block blockname %><% endblock %>放一个空的块在里面作为基础模块，接下来被别的子模块导入的时候，用子模块里相同名称的模块替代。

3.10 温故知新

1．学完本章内容后，读者需要回答：

（1）什么是模板？

（2）模板中如何写注释？

（3）模板中如何使用 if 语句？

（4）模板中如何使用 for 语句？

2．在下一章中将会学习：

（1）路由函数的使用。

（2）装饰器的基本使用。

（3）蓝图的定义和基本使用。

3.11 习　　题

通过下面的习题来检验本章的学习情况，习题答案请参考本书配套资源。

【本章习题答案见配套资源\源代码\C3\习题】

1．使用 for 语句，新建一个工程，打印出九九乘法表。

2．在视图函数中定义一个字典 books，请在模板中遍历出字典的所有属性。

第 4 章　Flask 视图高级技术

如何自己定义视图函数？如何定义和使用装饰器？如果功能代码过多，如何实现程序的模块化编程？本章将围绕这些问题，主要介绍路由函数、Flask 类视图、基于方法的类视图、装饰器、蓝图的概念和基本使用，并且会详细介绍如何使用装饰器。

本章主要涉及的知识点有：

- 路由函数 app.route 和 add_url_rule 函数的使用；
- 标准类视图的基本使用；
- 基于方法的类视图的基本使用；
- 装饰器的基本使用，以及带参数的函数使用装饰器的方法；
- 蓝图的定义、作用及应用。

4.1　app.route 与 add_url_rule 简介

在 Flask 应用中，路由是指用户请求的 URL 与视图函数之间的映射，处理 URL 和函数之间关系的程序称为路由。Flask 框架根据 HTTP 请求的 URL 在路由表中匹配预定义的 URL 规则，找到对应的视图函数，并将视图函数的执行结果返回给服务器。

4.1.1　app.route 的使用

在 Flask 框架中，默认是使用@app.route 装饰器（装饰器只是一种接收函数的函数，并返回一个新的函数，更多装饰器的知识，请参阅 4.3 节的内容）将视图函数和 URL 绑定，例如：

```
@app.route('/')
def hello_world():
retrun 'hello world'
```

上述代码中，视图函数为 hello_world()，使用 app.route 装饰器会将 URL 和执行的视图函数的关系保存到 app.url_map 属性上。

上述代码实现了将 URL '/'与视图函数 hello_world()的绑定，我们可以通过 url_for('hello_world')反转得到 URL '/'，实际上我们可以给这个装饰器再加上 endpoint 参数

（给这个 URL 命名）。

```
@app.route('/',endpoint='index')
def hello_world():
    return 'hello world'
```

一旦我们使用了 endpoint 参数，在使用 url_for()反转时就不能使用视图函数名了，而是要用我们定义的 URL 名。

```
url_for('index')
```

4.1.2　add_url_rule 的使用

除了使用@app.route 装饰器，我们还可以使用 add_url_rule 来绑定视图函数和 URL，下面给出代码：

```
01  #encoding:utf-8
02  from flask import Flask              #导入 Flask 类
03  app = Flask(__name__)               #程序实例化
04  @app.route('/')                     #定义路由
05  def hello_world():                  #定义视图函数
06      return 'Hello World!'           #hello_world()函数的返回值成为响应,是客户
                                         端接收到的内容
07  def my_test():                      #定义 my_test()视图函数
08      return '这是测试页'               #my_test()函数的返回值成为响应，是客户端接
                                         收到的内容
09  app.add_url_rule('/test/',endpoint='my_test',view_func=my_test)
                                        #这里 endpoint 可以不填,view_func 一定要是
                                         函数名
10  if __name__ == '__main__':          #该源码所在的.py 文件被直接执行时，会执行下
                                         面 10 行以下代码，该文件被作为模块导入时，
                                         10 行以下代码不会被执行
11      app.run()
```

在 09 行代码中，使用 app.add_url_rule()函数进行视图函数和 URL 的绑定，这里将路由“/test/”和视图函数 my_test()进行了绑定。要熟悉 app.add_url_rule()函数的使用方法，可以查看该函数的原型，首先按住 Ctrl 键，光标滑过 add_url_rule 出现超链接时候单击，就可以查看源码了，如图 4.1 所示。

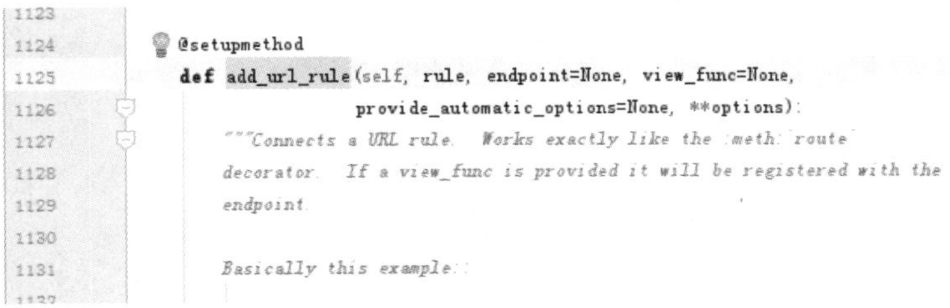

```
1123
1124        @setupmethod
1125        def add_url_rule(self, rule, endpoint=None, view_func=None,
1126                         provide_automatic_options=None, **options):
1127            """Connects a URL rule.  Works exactly like the :meth:`route`
1128            decorator.  If a view_func is provided it will be registered with the
1129            endpoint.
1130
1131            Basically this example::
```

图 4.1　查看 app.add_url_rule 的源码

- rule：设置的 URL。
- endpoint：给 URL 设置的名称。
- view_func：指定视图函数的名称。

因此，我们可以这样用：

```
def my_test():
        return '这是测试页面'
    app.add_url_rule(rule='/test/',endpoint='test',view_func=my_test)
```

上面的代码中 endpoint 其实只是指定了此 URL 的名称，view_func 里面指定视图函数的名称。如果已经指定了 endpoint，url_for 指定的时候，就不能用视图函数的名称，直接用 endpoint 的名称。如果想用 url_for 反转的话，也是 url_for(endpoint)。

实际上我们看@app.route 这个装饰器的源码，也是用 add_url_rule，如图 4.2 所示。

注意：如要查看@app.route 装饰器的源码，可以按住鼠标左键不放，选中@app.route 部分代码，再按快捷键 Ctrl+B，就可以查看源代码的内容了。

```
1224    def route(self, rule, **options):
1225        """A decorator that is used to register a view function for a
1226        given URL rule.  This does the same thing as :meth:`add_url_rule`
1227        but is intended for decorator usage::
1228
1229            @app.route('/')
1230            def index():
1231                return 'Hello World'
1232
1233        For more information refer to :ref:`url-route-registrations`.
```

图 4.2　查看 app.route 的源码

下面在工程中验证一下 add_url_rule 的使用。在 PyCharm 中新建一名为 4-1 的工程，在 app.py 文件中写入如下代码：

例 4-1　app.add_url_rule 和 app.route 使用实例：app.py

```
01  # -*- coding:utf-8 -*-
02  from flask import Flask,url_for              #导入相应模块
03  app = Flask(__name__)                        #Flask 初始化
04  @app.route('/',endpoint='index')             #定义路由
05  #底层其实是使用 add_url_rule 实现的
06  def hello_world():                           #定义视图函数
07      return 'Hello World!'                    #返回值
08  def my_test():                               #定义视图函数
09    return '这是测试页面'                        #返回值
10  app.add_url_rule(rule='/test/',endpoint='test',view_func=my_test)
                                                 #定义路由、endpoint 等
11  with app.test_request_context():             #构建了一个虚拟的请求上下文环境
12      print(url_for('test'))                   #打印输出
```

```
13  if __name__ == '__main__':                 #当模块被直接运行时，代码将被运行，
                                                当模块是被导入时，代码不被执行
14      app.run(debug=True)                    #开启调试模式
```

02 行导入相应模块；03 行表示 Flask 初始化；04 行定义路由；06 行定义视图函数；07 行表示返回值；08 行表示定义视图函数；09 行定义返回值；10 行定义路由、endpoint 端点为 test，视图函数为 my_test；11 行表示构建了一个虚拟的请求上下文环境；12 行表示打印输出；13 行表示当模块被直接运行时，代码将被运行，当模块被导入时，代码不被执行；14 行表示开启调试模式。

注意： Flask 是通过 endpoint 找到 viewfunction（视图函数）的。

运行上面的代码，结果如图 4.3 所示。

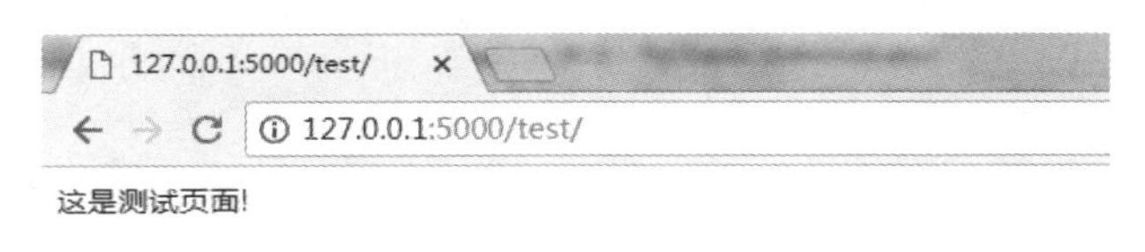

图 4.3　app.add_url_rule 和 app.route 的使用

4.2　Flask 类视图

之前我们接触的视图都是函数，所以一般简称为视图函数。其实视图函数也可以基于类来实现，类视图的好处是支持继承，编写完类视图需要通过 app.add_url_rule(url_rule, view_func)来进行注册。Flask 类视图一般分为标准类视图和基于调度方法的类视图。

4.2.1　标准类视图

标准类视图的特点：

- 必须继承 flask.views.View。
- 必须实现 dispatch_request 方法，以后请求过来后，都会执行这个方法，这个方法的返回值相当于之前的视图函数，也必须返回 Response 或者子类的对象，或者是字符串、元祖。
- 必须通过 app.add_url_rule(rule, endpoint, view_func)来做 URL 与视图的映射，view_func 参数需要使用 as_view 类方法转换。
- 如果指定了 endpoint，那么在使用 url_for 反转时就必须使用 endpoint 指定的那个值。如果没有指定 endpoint，那么就可以使用 as_view(视图名称)中指定的视图名称来作

为反转。

注意： 使用类视图的好处是支持继承，可以把一些共性的东西放在父类中，其他子类可以继承，但是类视图不能跟函数视图一样，写完类视图还需要通过 app.add_url_rule(url_rule,view_func)进行注册。

如果一个网站有首页、注册页和登录页面，每个页面要求放置一个同样的对联广告，使用类视图函数如何实现呢？

在 PyCharm 中新建一名称为 4-2 的工程。新建 login.html、register.html、index.html 及 app.py 文件。app.py 文件内容如下：

例 4-2　标准视图函数使用实例：app.py

```
01  from flask import Flask,render_template,views  #导入相应模块
02  app = Flask(__name__)                           #Flask 初始化
03  class Ads(views.View):                          #定义视图类 Ads
04      def __init__(self):                         #实例化
05          super().__init__()                      #继承自__init__()方法
06          self.context = {                        #设置
07              'ads': '这是对联广告！'
08          }
09  class Index(Ads):                               #定义 Index 类,继承自 Ads
10      def dispatch_request(self): #使用 dispatch_reuqest()方法，定义类视图
11          return render_template('index.html', **self.context) #渲染模板
12  class Login(Ads):                               #定义 Login 类,继承自 Ads
13      def dispatch_request(self): # 使用 dispatch_reuqest 方法，定义类视图
14          return render_template('login.html', **self.context) #渲染模板
15  class Register(Ads):                            #定义 Login 类,继承自 Ads
16      def dispatch_request(self): #使用 dispatch_reuqest 方法，定义类视图
17          return render_template('register.html', **self.context)
18  app.add_url_rule(rule='/', endpoint='index', view_func=Index.as_view
    ('Index'))                                      #添加路由
19  app.add_url_rule(rule='/login/', endpoint='login', view_func=Login.
    as_view('login'))                               #添加路由
20  app.add_url_rule(rule='/register/', endpoint='register', view_func=
    Register.as_view('register'))
21  if __name__ == '__main__':             #当模块被直接运行时，代码将被运行，当模
                                            块是被导入时，代码不被执行
22      app.run(debug=True)                         #开启调试模式
```

在 app.py 文件的 03～08 行定义了一个视图函数 Ads()，该函数继承自 flask.views.View，在该函数中，我们返回一个元祖作为 Response 对象。

04 行是一个初始化方法，__init__方法的第一个参数永远是 self，表示创建的实例本身，因此，在__init__方法内部就可以把各种属性绑定到 self，因为 self 就指向创建的实例本身。

09 行表示定义 Index 类，继承自 Ads；10 行表示使用 dispatch_reuqest()方法，定义类

视图；11 行表示渲染模板；18～20 行添加路由，指定 endpoint 和对应的视图函数。

index.html 文件内容如下：

例 4-2　标准视图函数使用实例：index.html

```
01   <!DOCTYPE html>
02   <html lang="en">
03   <head>
04       <meta charset="UTF-8">                    <!--指定网页编码-->
05       <title>Title</title>                      <!--指定网页标题-->
06   </head>                                       <!--head 区域完毕-->
07   <body>                                        <!--body 区域开始-->
08   这是首页！{{ ads }}                            <!--显示广告-->
09   </body>                                       <!--body 区域完毕-->
10   </html>
```

login.html 文件内容如下：

例 4-2　标准视图函数使用实例：login.html

```
01   <!DOCTYPE html>
02   <html lang="en">
03   <head>
04       <meta charset="UTF-8">                    <!--指定网页编码-->
05       <title>Title</title>                      <!--指定网页标题-->
06   </head>                                       <!--head 区域完毕-->
07   <body>                                        <!--body 区域开始-->
08   这是登录页面！{{ ads }}                        <!--显示广告-->
09   </body>                                       <!--body 区域完毕-->
10   </html>
```

register.html 文件内容如下：

例 4-2　标准视图函数使用实例：register.html

```
01   <!DOCTYPE html>
02   <html lang="en">
03   <head>
04       <meta charset="UTF-8">                    <!--指定网页编码-->
05       <title>Title</title>                      <!--指定网页标题-->
06   </head>                                       <!--head 区域完毕-->
07   <body>                                        <!--body 区域开始-->
08   这是注册页面！！{{ ads }}                      <!--显示广告-->
09   </body>                                       <!--body 区域完毕-->
10   </html>
```

4.2.2　基于方法的类视图

利用视图函数实现不同的请求执行不同的逻辑时比较复杂，需要在视图函数中进行判断，如果利用方法视图实现就比较简单。Flask 提供了另外一种类视图 flask.views.MethodView，对每个 HTTP 方法执行不同的函数（映射到对应方法的小写的同名方法上）。

在 PyCharm 中新建一个名为 4-3 的工程，新建 index.html 及 app.py 文件。app.py 文件内容如下：

例 4-3　标准视图函数使用实例：app.py

```
01  #encoding:utf-8
02  from flask import Flask,render_template,request,views  #导入相应模块
03  app = Flask(__name__)                                  #Flask 初始化
04  @app.route('/')                                        #定义路由
05  def hello_world():                                     #定义视图函数
06      return render_template('index.html')               #渲染模板
07  class LoginView(views.MethodView):        #定义 LoginView 类
08      # 当用户通过 get 方法进行访问的时候执行 get 方法
09      def get(self):                                     #定义 get()函数
10          return render_template("index.html")           #渲染模板
11      # 当用户通过 post 方法进行访问的时候执行 post 方法
12      def post(self):                                    #定义post()函数
13          username = request.form.get("username")
                                              #接收表单中传递过来的用户名
14          password = request.form.get("pwd")        #接收表单中传递过来的密码
15          if username == 'admin' and password == 'admin':
                                              #用户名和密码是否为 admin
16              return "用户名正确，可以登录！"  #if 语句为真的话，返回可以登录信息
17          else:
18              return "用户名或密码错误,不可以登录！"    #否则，返回不可以登录信息
19  # 通过 add_url_rule 添加类视图和 URL 的映射关系
20  app.add_url_rule('/login',view_func=LoginView.as_view('loginview'))
21  if __name__ == '__main__':                #当模块被直接运行时，代码将被运行，
                                               当模块是被导入时，代码不被执行
22      app.run(debug=True)                                #开启调试模式
```

02 行表示导入相应模块；03 行表示 Flask 初始化；04 行表示定义路由；05 行表示定义视图函数；06 行表示渲染模板；07 行表示定义 LoginView 类；09 行表示定义 get()函数；10 行表示渲染模板；12 行表示定义 post()函数；13 行表示接收表单中传递过来的用户名；14 行表示接收表单中传递过来的密码；15 行判断用户名和密码是否为 admin；16 行表示 i f 语句为真的话，返回可以登录信息；18 行表示否，返回不可以登录信息；19 行表示通过 add_url_rule 添加类视图和 URL 的映射关系；21 行表示当模块被直接运行时，代码将被运行，当模块是被导入时，代码不被执行；22 行表示开启调试模式。

index.html 文件内容如下：

例 4-3　标准视图函数使用实例：index.html

```
01  <!DOCTYPE html>
02  <html lang="en">
03  <head>
04      <meta charset="UTF-8">                  <!--设定网页编码-->
05      <title>Title</title>                    <!--设定网页标题-->
06  <style type="text/css">                     <!--自定义 CSS-->
07   .div1 {                                    <!--定义 div1 容器-->
```

```
08        height:180px;                     <!--高度为 180px-->
09        width:380px;                      <!--宽度为 380px-->
10        border:1px solid #8A8989;         <!--边框实线-->
11        margin:0 auto;                    <!--使元素水平对齐-->
12          }
13    .input{                               <!--定义容器 input-->
14       display: block;                    <!--让对象成为块级元素-->
15        width: 350px;                     <!--宽度为 350px-->
16        height: 40px;                     <!--高度为 40px-->
17        margin: 10px auto;                <!--使元素水平对齐-->
18    }
19     .button                              <!--定义容器 button-->
20        {
21        background: #2066C5;              <!--背景颜色-->
22        color: white;                     <!--设置字体颜色-->
23        font-size: 18px;                  <!--设置字体大小-->
24        font-weight: bold;                <!--字体加粗-->
25        height: 50px;                     <!--容器高度为 50px-->
26        border-radius: 4px;               <!--所有角都使用半径为 4px 的圆角-->
27        }
28       </style>
29    </head>                               <!--head 区域完毕-->
30    <body>                                <!--body 区域开始-->
31    <div class="div1"><form action="login" method = "post">
                                            <!--表单开始-->
32       <input type="text" class="input" name="username" placeholder=
         "请输入用户名">
33       <input type="password" class="input"  name="pwd" placeholder=
         "请输入密码">
34       <input type="submit" value="登录"  class="input button">
                                            <!--定义登录 submit-->
35    </form></div>                         <!--表单定义完毕-->
36    </body>
37    </html>
```

04 行定义设定网页编码；06 行表示自定义 CSS；07 行定义 div1 容器；08 行定义高度为 180px；09 行定义宽度为 380px；10 行定义边框实线；11 行定义元素水平对齐；13 行表示定义容器 input；14 行表示让对象成为块级元素；15 行表示宽度为 350px；16 行表示高度为 40px；17 行表示使元素水平对齐；19 行定义容器 button；21 行定义背景颜色；22 行表示设置字体颜色；23 行表示设置字体大小；24 行表示字体加粗；25 行表示容器高度为 50px；26 行表示所有角都使用半径为 4px 的圆角；29 行表示 head 区域完毕；30 行表示 body 区域开始；31 行表示表单开始；32、33 行表示定义文本输入框；34 行表示定义登录按钮；35 行表示表单定义完毕。

在地址栏输入 http://127.0.0.1:5000/，并输入用户名和密码（用户名和密码都为 admin），然后单击“登录”按钮，运行结果如图 4.4 所示。

图 4.4　基于方法视图的用户登录

4.3　Flask 装饰器

装饰器本质上是一个 Python 函数，它可以让其他函数在不需要做任何代码变动的前提下增加额外的功能，装饰器的返回值也是一个函数对象。装饰器经常用于有切面需求的场景，比如插入日志、性能测试、事务处理、缓存和权限校验等场景。装饰器是解决这类问题的绝佳设计，有了装饰器，可以抽离出大量与函数功能无关的雷同代码并继续重用。

4.3.1　装饰器的定义和基本使用

有这样一个应用场景：一个新闻站点，新闻列表页、新闻详情页均要求用户登录才能够浏览。下面定义一个函数 user_login()，它的实质就是一个装饰器。

```
01  def user_login(func):                #定义函数 user_login()
02      def inner():                     #定义 inner()函数
03          print('登录操作')             #打印输出，模拟登录操作
04          func()                       #func()函数
05      return inner                     #返回 inner
```

user_login()函数使用 func 接收参数，这里 func 接收到的实际上是函数，在该函数内部定义了一个名为 inner()的函数，在该函数中执行了登录操作，我们使用 print('登录操作')来模拟登录操作，然后执行了一次 func()函数，最后返回 inner 函数。

注意： 装饰器其实就是一个函数，其参数是一个函数，返回值也是一个函数。返回值返回的不是函数的结果，return inner()表示返回的是函数的结果，return inner 表示返回的是函数，读者一定要注意区分。

接着我们给出新闻详情页函数，并实现要求用户登录才能浏览新闻详情页的功能。

```
01  def news():                          #定义函数 news()
02      print('这是新闻详情页')            #打印输出
03  show_news=user_login(news)           #将 news 作为 user_login()函数的参数
04  show_news()
```

第 03 行代码调用了 user_login()函数，将函数 news()作为参数传递过去。此时 inner 函数因为只有定义没有被调用，故不会被执行，直接返回 inner()的函数名，所以

show_news=inner()；第 04 行代码 show_news()调用函数执行，也就是执行了 inner()函数。inner()函数的执行，先打印输出“登录操作”，func()函数就是这里的 news()函数。此时，我们增加一句代码 print(show_news.__name__)，.__name__方法是取得这里 show_news 对应的函数名，由测试可以知道，此时调用的函数实际上是 inner()函数。

```
01  from flask import Flask                #导入 Flask 模块
02  app = Flask(__name__)                  #Flask 初始化
03  @app.route('/')                        #定义路由
04  def hello_world():                     #定义视图函数
05      return 'Hello World!'              #返回值
06  def user_login(func):                  # 定义函数，使用 func 接收函数作为参数
07      def inner():                       #定义 inner()函数
08          print('登录操作!')               #打印输出
09          func()                         #执行 func()函数
10      return inner                       #返回 inner()函数，不是返回函数的结果
11  def news():                            #定义函数 news()
12      print('这是新闻详情页!')             #打印输出
13  show_news=user_login(news)             #news 作为参数传递给 user_login()函数
14  show_news()                            #执行 show_news()函数
15  print(show_news.__name__)              #打印此时 show_news 的真实函数名
16  if __name__ == '__main__':
17      app.run()
```

01 行表示导入 Flask 模块；02 行表示 Flask 初始化；03 行表示定义路由；04 行表示定义视图函数；05 行表示返回值；06 行表示定义视图函数；07 行表示定义 inner()函数；08 行表示打印输出；09 行表示执行 func 函数；10 行表示返回 inner()函数；11 行表示定义函数 news()；12 行打印输出；13 行表示 news 作为参数传递给 user_login()函数；14 行表示执行 show_news()函数；15 行表示打印此时 show_news 的真实函数名。

02～13 行定义了多个函数，这些函数给出了定义，但是没有被调用，最终函数是不会被执行的；14 行开始执行 show_news()函数，show_news()函数此时的值为 inner()函数，那么实质为执行 inner()函数，首先打印“登录操作”，然后再执行 func()函数，func()函数其实就是 news()函数，打印输出“这是新闻详情页”。

运行上面的程序，输出结果如下：

```
登录操作!
这是新闻详情页!
inner
```

把上面的代码写成标准的装饰器形式如下：

例 4-4　装饰器的基本定义和使用：app.py

```
01  from flask import Flask                #导入 Flask 模块
02  app = Flask(__name__)                  #Flask 初始化
03  @app.route('/')                        #定义路由
04  def hello_world():                     #定义函数
05      return 'Hello World!'              #返回值
```

```
06  def user_login(func):                  #定义函数，使用 func()接收函数作为参数
07      def inner():                       #定义 inner()函数
08          print('登录操作')                #打印输出
09          func()                         #执行 func()函数
10      return inner                       #返回 inner()函数，不是返回函数的结果
11  @user_login                            #使用了装饰器
12  def news():                            #定义函数 news()
13      print('这是新闻详情页')              #打印输出
14  news();                                #调用 news()来执行
15  # show_news=user_login(news)
16  # show_news()
17  # print(show_news.__name__)
18  if __name__ == '__main__':
19      app.run()
```

上面的代码已经在前面详细解释过，这里不再赘述。在视图函数 news()之前直接加@user_login，就实现了装饰器的使用。

注意：14 行代码同 01~04 行代码一样，在源代码文件中没有缩进。但由于这里加上了行号的缘故，读者看到的是 01~19 行的代码都被整体缩进了。

4.3.2　对带参数的函数使用装饰器

有时给函数加装饰器的时候，这个函数是需要传递参数的，那么就涉及对带参数的函数使用装饰器的问题。首先来看 Python 中函数的可变参数的例子。

1. 函数的可变参数

def func(*args, **kwargs):

- *：代指元组，长度不限；
- **：代表键值对，个数不限。
- *args：代表元祖，长度不限制。
- **kwargs：代表按键值对，个数不限。

```
01  def func(*args, **kwargs):                         #定义函数 func()
02      print(len(args))                               #打印输出 args 参数的长度
03      print(args)                                    #打印输出 args 参数
04      for i in kwargs:                               #遍历 kwargs
05          print(kwargs[i])                           #打印输出
06  func(1,'a',2,username='zhangsan', score=98)        #调用函数
```

01 行表示定义函数 func()，该函数可接收可变参数；02 行打印输出 args 参数的长度；03 行打印输出 args 参数；04 行遍历 kwargs 参数；打印输出 kwargs 参数的值；06 行表示给 func()函数传递参数，传递了 3 个 args 参数，传递了 2 个键值对作为 kwargs 参数。

输出结果如下：

```
3
(1, 'a', 2)
zhangsan
98
```

2．对带参数的函数使用装饰器

带参数的函数使用装饰器示例如下：

例 4-5　带参数的函数使用装饰器实例：app.py

```
01   from flask import Flask                  #导入 Flask 模块
02   app = Flask(__name__)                    #Flask 初始化
03   @app.route('/')                          #定义路由
04   def hello_world():                       #定义视图函数
05       return 'Hello World!'                #返回值
06   def user_login(func):                    #定义函数 user_login()
07       def inner(*args,**kwargs):           #定义内部函数 inner()
08           print('登录操作!')                 #打印输出
09           func(*args,**kwargs)
10       return inner                         #返回 inner()
11   @user_login                              #使用装饰器
12   def news():                              #定义函数 news()
13       print(news.__name__)                 #打印输出此时的函数名称
14       print('这是新闻详情页!')               #打印输出
15   news();
16   @user_login                              #使用装饰器
17   def news_list(*args):                    #定义函数 news_list()
18       page=args[0]                         #元祖 args[0]赋值给 page
19       print(news_list.__name__)            #打印输出函数名
20       print('这是新闻列表页的第'+str(page)+'页! ')        #打印输出
21   news_list(5)                             #调用函数 news_list()
22   if __name__ == '__main__': 当模块被直接运行时，代码将被运行，当模块是被导入
      时，代码不被执行
23       app.run()
```

01 行表示导入 Flask 模块；02 行表示 Flask 初始化；03 行定义路由；04 行定义视图函数；05 行表示返回值；06 行表示定义函数 user_login()；07 行表示定义内部函数 inner()；08 行表示打印输出；10 行定义返回 inner()；11 行表示使用装饰器；12 行定义函数 news()；13 行表示打印输出此时的函数名称；14 行表示打印输出；16 行表示使用装饰器；17 行表示定义函数 news_list；18 行表示元祖 args[0]赋值给 page；19 行表示打印输出函数名；20 行表示打印输出；21 行表示调用函数 news_list()；22 行表示当模块被直接运行时，代码将被运行，当模块是被导入时，代码不被执行。

输出结果如下：

```
登录操作!
inner
```

```
这是新闻详情页！
登录操作！
inner
这是新闻列表页的第 5 页！
```

以上代码还存在一点问题，在调用过程中会改变原来的名称，不管是 news()函数还是 news_list()函数，最终执行时被替换成了 inner()函数。为避免出现此种情况，可以使用 functools.wraps 在装饰器的函数上对传进来的函数进行包裹，这样就不会丢失原始函数了。

注意： 导入包 wraps，使用命令为 from functools import wraps。

改造以后的代码如下：

例 4-6　带参数的函数使用装饰器优化实例：app.py

```
01  from flask import Flask           #导入 Flask 模块
02  from functools import wraps       #导入相应模块
03  app = Flask(__name__)             #Flask 初始化
04  @app.route('/')                   #定义路由
05  def hello_world():                #定义函数
06      return 'Hello World!'         #返回值
07  def user_login(func):             #定义登录用函数，使用 func 接收函数作为参数
08      @wraps(func)                  #使用 functools.wraps 在装饰器的函数上，对
                                       传进来的函数进行包裹
09      def inner(*args,**kwargs):    #定义 inner()函数
10          print('登录操作！')        #打印输出
11          func(*args,**kwargs)      #执行 func()函数
12      return inner                  #返回 inner()函数
13  @user_login                       #使用装饰器
14  def news():                       #定义 news()函数
15      print(news.__name__)          #打印输出函数名
16      print('这是新闻详情页！')      #打印输出
17  news();                           #执行 news
18  @user_login                       #使用装饰器
19  def news_list(*args):             #定义函数
20      page=args[0]                  #元祖 args[0]赋值给 page
21      print(news_list.__name__)     #打印输出
22      print('这是新闻列表页的第'+str(page)+'页！')
23  news_list(5)
24  if __name__ == '__main__':
25      app.run()
```

输出结果如下：

```
登录操作！
news
这是新闻详情页！
登录操作！
news_list
这是新闻列表页的第 5 页！
```

4.4 蓝　图

随着业务代码的增加，将所有代码都放在单个程序文件中是非常不合适的。这不仅会让阅读代码变得困难，而且会给后期维护带来麻烦。Flask 蓝图提供了模块化管理程序路由的功能，使程序结构清晰、简单易懂。

一个程序执行文件中，如果功能代码过多，是不方便后期维护的。如何实现程序代码模块化，根据具体不同功能模块的实现，划分成不同的分类，降低各功能模块之间的耦合度呢？这时 flask.Blueprint（蓝图）就派上用场了。

蓝图的定义：在蓝图被注册到应用之后，所要执行的操作的集合。当分配请求时，Flask 会把蓝图和视图函数关联起来，并生成两个端点之前的 URL。

注意：蓝图可以极大地简化大型应用，并为扩展提供集中的注册入口。Blueprint 对象与 Flask 应用对象的工作方式类似，但不是一个真正的应用。

在 PyCharm 中新建一名为 4-7 的工程，新建 app.py、news.py、produt.py 三个文件。app.py 文件内容如下：

例 4-7　蓝图使用实例：主路由视图函数 app.py

```
01  # -*- coding:utf-8 -*-
02  from flask import Flask                         # 导入 Flask 模块
03  import news,products                            #导入相应模块
04  app = Flask(__name__)                           # 创建 Flask()对象:app
05  @app.route('/')                                 # 使用了蓝图,app.route()这种模式
                                                      就仍可以使用，注意路由重复的问题
06  def hello_world():                              #定义函数
07      return 'hello my world !'                   #返回值
08  app.register_blueprint(news.new_list)           #将 news 模块里的蓝图对象 new_list
                                                      注册到 app
09  app.register_blueprint(products.product_list)   #将 products 模块里的蓝
                                                      图对象 product_list 注
                                                      册到 app
10  if __name__ == '__main__':
11      app.run(debug=True)                         #调试模式开启，服务器运行在默认的
                                                      5000 端口
```

01 行表示导入 Flask 模块；03 行表示导入相应模块；04 行表示创建 Flask()对象，进行初始化；05 行定义路由；06 行定义函数；07 行是返回值；08 行表示将 news 模块里的蓝图对象 new_list 注册到 app；09 行表示将 products 模块里的蓝图对象 product_list 注册到 app。

news.py 文件内容如下：

例 4-7　蓝图使用实例：分路由视图函数 news.py

```
01  # -*- coding:utf-8 -*-
02  from flask import Blueprint                #导入 Blueprint 模块
03  new_list = Blueprint('news', __name__) #创建一个 Blueprint 对象。第一个参
                                             数可看作该 Blueprint 对象的姓名
04  # 在一个 app 里，姓名不能与其余的 Blueprint 对象姓名重复
05  # 第二个参数__name__用作初始化
06  @new_list.route("/news")                   # 将蓝图对象当作'app'那样使用
07  def new():                                 #定义函数 news()
08      return '这是新闻模块！'
```

02 行表示导入 Blueprint 模块；03 行表示创建一个 Blueprint 对象，其中第一个参数可看作该 Blueprint 对象的姓名；06 行表示将蓝图对象当作'app'那样使用；08 行是返回值。

products.py 文件内容如下：

例 4-7　蓝图使用实例：分路由视图函数 products.py

```
01  # -*- coding:utf-8 -*-
02  from flask import Blueprint                #导入 Blueprint 模块
03  product_list = Blueprint('products', __name__) # 创建一个 Blueprint 对
                                                     象。第一个参数可看作该
                                                     Blueprint 对象的名称
04  # 在一个 app 里，对象名不能与其余的 Blueprint 对象名重复
05  # 第二个参数__name__用作初始化
06  @product_list.route("/products")           #将蓝图对象当作'app'那样使用
07  def product():
08      return '这是产品模块！'
```

02 行表示导入 Blueprint 模块；03 行表示创建一个 Blueprint 对象，其中，第一个参数可看作该 Blueprint 对象的名称；06 行表示将蓝图对象当作'app'那样使用。

请读者朋友依次输入 http://127.0.0.1:5000/news、http://127.0.0.1:5000/products 查看蓝图设置是否生效。

蓝图的目的是实现各个模块的视图函数写在不同的 py 文件中。在主视图中导入分路由视图的模块，并且注册蓝图对象。

注意：视图函数的名称不能和蓝图对称的名称一样。

4.5　温故知新

1．学完本章内容后，读者需要回答：

（1）什么是类视图？

（2）什么是装饰器？装饰器的作用是什么？

（3）对带参数的函数使用装饰器应该注意什么？

2．在下一章中将会学习：

（1）表单的处理的方法。

（2）Cookie 和 Session 的作用和使用。

（3）全局属性 G 对象的使用。

（4）常用钩子函数的使用。

4.6　习　　题

通过下面的习题来检验本章的学习情况，习题答案请参考本书配套资源。

【本章习题答案见配套资源\源代码\C4\习题】

1．请在路由中指定请求的方法为 GET 和 POST 方法。

```
@app.route('/login', methods=['GET', 'POST'])
```

2．请用装饰器相关知识，编程实现统计一段程序中多个函数各自执行所花的时间。

第 5 章　Flask 数据交互

Flask 中如何使用表单？Flask 如何对表单进行数据验证？Flask 框架下 Cookie 和 Session 如何使用？本章将围绕这些问题，主要介绍使用 Flask 和 Flask-WTF 处理表单的方法、Flask 文件的上传、Flask 的 Cookie 技术等内容，以及 Flask 的 Session 技术的概念和基本使用，其中会详细介绍 Cookie 和 Session 的使用方法。

本章主要涉及的知识点有：

- 表单处理及 Flask-WTF 的使用；
- 上传文件的验证、重命名、保存等方法；
- Flask 下 Cookie 技术的基本使用；
- Session 的初始化和基本使用。

5.1　使用 Flask 处理表单

什么是表单（Form）?表单是搜集用户数据信息的各种表单元素的集合区域。它的作用是实现用户和服务器的数据交互。通过表单搜集客户端输入的数据信息，然后提交到网站服务器端进行处理（搜集录入/比对验证等）。Form 表单是 Web 应用中最基础的一部分。为了能处理 Form 表单，Flask-WTF 扩展提供了良好的支持。本节主要介绍使用 Flask 处理通用表单和 Flask-WIF 表单处理的方法。

5.1.1　使用 Flask 处理通用表单

Flask 请求对象包含客户端发出的所有请求信息。其中，request.form 能获取 POST 请求中提交的表单数据。尽管 Flask 的请求对象提供的信息足够用于处理 Web 表单，但有些任务很单调，而且需要重复操作。

例 5-1　使用 Flask 处理普通表单：app.py

```
01   #encoding:utf-8                                          #指定编码
02   from flask import Flask,render_template,request          #导入相应模块
03   app = Flask(__name__)                                    #Flask 初始化
04   @app.route('/')                                          #定义路由
05   def hello_world():                                       #定义视图函数
```

```
06        return render_template('index.html')     #使用render_template()函数
                                                      渲染模板
07    @app.route('/login',methods=['GET','POST'])      #定义路由，指定访问方法
08    def login():                                     #定义视图函数
09        if request.method=='GET':                    #如果访问方法为 GET 方法
10            return '这是 get 请求'                   #返回应答信息
11        else:
12            return '这是 POST 请求'                  #返回应答信息
13    if __name__ == '__main__':                  # 当模块被直接运行时，代码将被运行，当模
                                                    块是被导入时，代码不运行
14        app.run(debug=True)                          #开启调试模式
```

02 行导入相应模块；03 行表示 Flask 初始化；04 行表示定义路由；05 行表示定义视图函数；06 行表示使用 render_template 函数渲染模板；07 行表示定义路由，指定访问方法；08 行表示定义视图函数；09 行表示如果访问方法为 GET 方法；10 行表示返回应答信息；12 行表示返回应答信息；13 行表示当模块被直接运行时，代码将被运行，当模块是被导入时，代码不被运行；14 行表示开启调试模式。

例 5-1　使用 Flask 处理普通表单：index.html

```
01    <!DOCTYPE html>
02    <html lang="en">
03    <head>
04        <meta charset="UTF-8">                <!--指定网页编码-->
05        <title>Title</title>                  <!--指定网页标题-->
06    <style type="text/css">                   <!--定义 CSS-->
07     .div1 {                                  <!--定义容器 div1-->
08         height:180px;                        <!--高度 180px-->
09         width:380px;                         <!--宽度 380px-->
10         border:1px solid #8A8989;            <!--实线边框-->
11         margin:0 auto;                       <!--实现水平居中-->
12             }
13    .input{                                   <!--定义容器 input-->
14        display: block;                       <!--让对象成为块级元素-->
15         width: 350px;                        <!--宽度 350px-->
16         height: 40px;                        <!--高度 40px-->
17         margin: 10px auto;                   <!--实现水平居中-->
18    }
19     .button                                  <!--定义容器 button-->
20         {
21         background: #2066C5;                 <!--设置背景颜色-->
22         color: white;                        <!--字体颜色为白色-->
23         font-size: 18px;                     <!--字体大小为 18px-->
24         font-weight: bold;                   <!--字体加粗-->
25         height: 50px;                        <!--高度为 50px-->
26         border-radius: 4px;                  <!--所有角都使用半径为 4px 的圆角-->
27         }
28        </style>
29    </head>                                   <!--head 区域完毕-->
```

```
30   <body>                                      <!--body 区域开始-->
31   <div class="div1"><form action="login" method = "post">
                                                 <!--定义表单开始-->
32       <input type="text" class="input" placeholder="请输入用户名">
                                                 <!--输入文本框-->
33        <input type="password" class="input" placeholder="请输入密码">
                                                 <!--输入文本框-->
34       <input type="submit" value="登录"  class="input button">
                                                 <!--定义登录用 button-->
35   </form></div>                               <!--form 表单结束-->
36   </body>                                     <!--body 区域完毕-->
37   </html>
```

04 行定义指定网页编码；05 行定义指定网页标题；06 行定义 CSS；07 行定义容器 div1；08 行定义高度 180px；09 行定义宽度 380px；10 行定义实线边框；11 行实现水平居中；13 行定义容器 input；14 行定义让对象成为块级元素；15 行定义宽度 350px；16 行定义高度 40px；17 行实现水平居中；19 行定义容器 button；21 行定义设置背景颜色；22 行定义字体颜色为白色；23 行定义字体大小为 18px；24 行定义字体加粗；25 行定义高度为 50px；26 行定义所有角都使用半径为 4px 的圆角；29 行表示 head 区域完毕；30 行表示 body 区域开始；31 行表示定义表单开始；32、33 行表示输入文本框；34 行表示定义登录用 button；35 行表示 form 表单结束；36 行表示 body 区域完毕。

运行结果如图 5.1 所示。

图 5.1　表单的渲染

在上面的工程中，对表单没有进行必要的保护措施，很容易被人利用，控制用户在当前已登录的 Web 应用程序上执行非本意的操作。因此，在实际部署服务器上的代码时，不建议使用这个方式处理表单，推荐使用 Flask-WTF 方式进行表单处理。

5.1.2　使用 Flask-WTF 处理表单

1．Flask-WIF的安装

Flask-WTF 的安装方法如下：

```
(venv)pip install flask-wtf
```

2．启用CSRF保护

Flask-WTF 提供了对所有 Form 表单免受跨站请求伪造（Cross-Site Request Forgery，CSRF）攻击的技术支持（通过添加动态 token 令牌的方式）。

我们在 Flask 根目录下新增 config.py 配置文件，要启用 CSRF 保护，可以在 config.py 中定义两个变量：

```
CSRF_ENABLED = True
SECRET_KEY = 'x1x2x3x4x5x6'
```

其中，SECRET_KEY 用来建立加密的令牌，用于验证 Form 表单提交，在自己编写应用程序时，可以尽可能设置得复杂一些，这样恶意攻击者将很难猜到密钥值。在 app.py 文件中添加如下代码：

```
01    from flask import Flask,flash                          #导入相应模块
02    from flask import url_for,render_template              #导入相应模块
03    from flask_wtf.csrf import CSRFProtect                 #导入 CSRFProtect 模块
04    #导入定义的 BaseLogin
05    from forms import BaseLogin                            #导入 BaseLogin 模块
06    import config                                          #导入配置文件
07    app = Flask(__name__)                                  #Flask 初始化
08    app.config.from_object(config)                         #配置文件初始化
09    CSRFProtect(app) CSRFProtect 模块初始化
```

第 03 行代码导入 CSRFProtect 模块，第 09 行初始化 CSRF 模块。也可以直接在 config.py 文件中启动 CSRF 模块。

```
CSRF_ENABLED = True
```

最后，我们需要在响应的 html 模板的 Form 表单中加上如下语句：

```
{{form.csrf_token}}
```

或者：

```
{{form.hidden_tag()}}
```

其中的 form 是 views.py 中对应处理函数传递过来的 Form 对象名称，根据具体情况会有所变化。通过上面的配置，我们就启动了 CSRF 保护。

3．WTF表单登录实例

运用上面所介绍的知识，接下来我们在工程中使用 Flask-WTF 进行表单验证。

例 5-2　使用 Flask-WTF 进行表单验证：config.py

```
01    #coding:utf8                                           #指定编码
02    import os                                              #导入 os 模块
03    SECRET_KEY = os.urandom(24)                            #生成 SECRET_KEY（密钥）
04    CSRF_ENABLED = True                                    #开启 CSRF 保护
```

01 行表示指定编码；02 行表示导入 os 模块；03 行表示生成 SECRET_KEY（密钥）；04 行表示开启 CSRF 保护。

例 5-2　使用 Flask-WTF 进行表单验证：form.py

```
01   # -*- coding:utf-8 -*-
02   #引入 Form 基类
03   from flask_wtf import Form
04   #引入 Form 元素父类
05   from wtforms import StringField,PasswordField
06   #引入 Form 验证父类
07   from wtforms.validators import DataRequired,Length
08   #登录表单类，继承于 Form 类
09   class BaseLogin(Form):
10       #用户名
11       name=StringField('name',validators=[DataRequired(message=
         "用户名不能为空")
12           ,Length(6,16,message='长度位于 6~16 之间')],render_kw={'placeholder':
             '输入用户名'})
13       #密码
14       password=PasswordField('password',validators=[DataRequired
         (message="密码不能为空")
15           ,Length(6,16,message='长度位于 6~16 之间')],render_kw=
             {'placeholder':'输入密码'})
```

02 行表示引入 Form 基类；05 行表示导入 StringField 及 PasswordField 模块；06 行表示引入 Form 验证父类；09 行定义登录表单类；11 行设定用户名验证条件；14 行表示对密码项的验证条件。

例 5-2　使用 Flask-WTF 进行表单验证：app.py

```
01   from flask import Flask,flash                    #导入 Flask 和 flash 模块
02   from flask import url_for,render_template        #导入相应模块
03   # from flask_wtf.csrf import CSRFProtect
04   #导入定义的 BaseLogin
05   from forms import BaseLogin                      #导入 BaseLogin 模块
06   import config                                    #导入配置文件
07   app = Flask(__name__)                            #Flask 初始化
08   app.config.from_object(config)                   #配置文件初始化
09   # CSRFProtect(app)
10   #定义处理函数和路由规则，接收 GET 和 POST 请求
11   @app.route('/login',methods=('POST','GET'))
12   def baselogin():                                 #定义视图函数
13       form=BaseLogin()                             #进行表单验证
14       #判断验证提交是否通过
15       if form.validate_on_submit():
16           #消息闪现
17           flash(form.name.data+'|'+form.password.data) #flash 进行消息闪现
18           return '表单数据提交成功！'                #返回数据
19       else:
20           #渲染
```

```
21        return render_template('login.html',form=form)      #渲染模板
22  @app.route('/')                                    #定义路由
23  def hello_world():                                 #定义视图函数
24      return 'Hello World!'
25  if __name__ == '__main__':                         #当模块被直接运行时，代码将被运行，
                                                       当模块是被导入时，代码不运行
26      app.run(debug=True)                            #开启调试模式
```

01 行表示导入 Flask 和 flash 模块；02 行表示导入相应模块；05 行表示导入 BaseLogin 模块；06 行表示导入配置文件；07 行表示 Flask 初始化；08 行表示配置文件初始化；11 行表示定义处理函数和路由规则，接收 GET 和 POST 请求；12 行表示定义视图函数；13 行表示进行表单验证；14 行判断验证提交是否通过；17 行表示 flash 进行消息闪现；18 行表示返回数据；21 行表示渲染模板；22 行表示定义路由；23 行表示定义视图函数；25 行表示当模块被直接运行时，代码将被运行，当模块是被导入时，代码不运行；26 行表示开启调试模式。

例 5-2　使用 Flask-WTF 进行表单验证：login.html

```
01  <!DOCTYPE html>
02    <html lang="en">
03    <head>
04        <meta charset="UTF-8">             <!--指定网页编码-->
05       <title>Flask_WTF</title>            <!--指定网页标题-->
06    <style type="text/css">                <!--自定义 CSS-->
07   .div1 {                                 <!--定义容器 div1-->
08        height:180px;                      <!--高度为 180px-->
09        width:380px;                       <!--宽度为 380px-->
10       border:1px solid #8A8989;           <!--实线边框-->
11        margin:0 auto;                     <!--使元素水平居中-->
12          }
13  .input{                                  <!--指定容器 input-->
14       display: block;                     <!--让对象成为块级元素-->
15     width: 350px;                         <!--宽度为 350px-->
16     height: 40px;                         <!--高度为 40px-->
17     margin: 10px auto;                    <!--使元素水平居中-->
18    }
19    .button                                <!--定义容器 button-->
20     {
21       background: #2066C5;                <!--定义背景颜色-->
22     color: white;                         <!--设置字体颜色为白色-->
23     font-size: 18px;                      <!--字体大小为 18px-->
24     font-weight: bold;                    <!--字体加粗-->
25     height: 50px;                         <!--容器高度为 50px-->
26     border-radius: 4px;                   <!--所有角都使用半径为 4px 的圆角-->
27     }
28        </style>
29    </head>                                <!--head 区域结束-->
30    <body>                                 <!--body 区域开始-->
31    <div class="div1"><form action="login" method = "post">
```

```
                                                <!--定义表单-->
32     <!--启动 CSRF-->
33             {{form.hidden_tag()}}        <!--CSRF 表单-->
34        {{form.name(size=16,id='name',class='input' )}}
                                                <!--输入用户名表单-->
35        {%for e in form.name.errors%}
36                <span style="color: red">{{e}}</span> <!--错误显示-->
37                {%endfor%}
38      {{form.password(size=16,id='password',class='input')}}
                                                <!--输入密码表单-->
39     {%for e in form.password.errors%}
40                <span style="color: red">{{e}}</span> <!--错误显示-->
41                {%endfor%}
42        <input type="submit" value="登录"  class="input button">
                                                <!--登录用按钮-->
43     </form></div>                            <!--表单定义结束-->44
45     </body>
46    </html>
```

04 行指定网页编码，05 行指定网页标题；06 行定义 CSS；07 定义容器 div1；08 行定义高度为 180px；09 行定义宽度为 380px；10 行定义实线边框；11 行定义元素水平居中；13 行定义容器 input；14 行定义让对象成为块级元素；15 行定义宽度为 350px；16 行定义高度为 40px；17 行定义元素水平居中；19 行定义容器 button；21 行定义背景颜色；22 行定义字体颜色为白色；23 行定义字体大小为 18px；24 行定义字体加粗；25 行定义高度为 50px；26 行定义所有角都使用半径为 4px 的圆角；29 行表示 head 区域完毕；30 行表示 body 区域开始；33 行表示 CSRF 表单；34 行定义输入表单；35～37 行表示进行错误提示；38 行表示输入密码表单；39～41 行表示进行错误提示。

在登录框中，用户名和密码都输入 6 个 1，单击“提交”按钮，出现如图 5.2 所示结果。

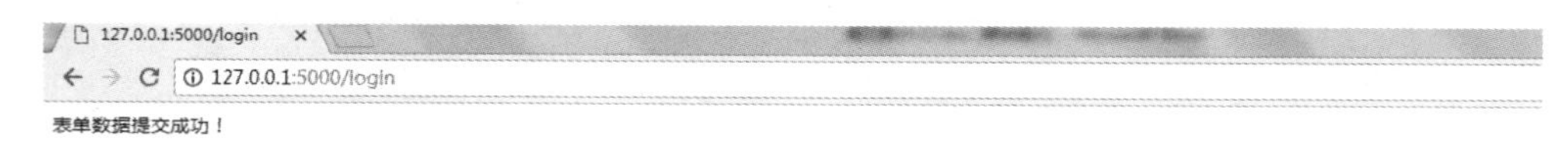

图 5.2　表单提交数据成功

5.2　使用 Flask 上传文件

在 Web 开发时，经常需要实现文件上传功能。可以以普通方式进行文件的上传，上传过程一般要检查上传的文件格式是否符合要求，文件保存时注意绝对路径和相对路径问题。

5.2.1　使用 Flask 上传文件的简单实现

Flask 文件上传比较简单，需要注意以下 3 点要求：

- 一个<form>标签被标记有 enctype=multipart/form-data，并且在里面包含一个<input type=file> 标签。
- 服务端应用通过请求对象上的 files 字典访问文件。
- 使用文件的 save()方法将文件永久地保存在文件系统上的某处。

注意：表单中必须要有 enctype="multipart/form-data"，否则上传文件无效。一般可以写成<form action="" method="post" enctype="multipart/form-data">这种形式。

```
01    from flask import Flask,render_template,request
02    import os
03    from os import path
04    from werkzeug.utils import secure_filename
```

“inport os，import os import path”指的是导入 os 模块及 os 模块下的 path 方法。path 方法下相关属性如下：

- os.path.sep：windows 下路径分隔符是反斜杠'\';
- os.path.altsep：linux 下路径分隔符是'/';
- 根目录：os.path.curdir;
- 当前目录：os.path.pardir;
- 父目录：os.path.abspath(path);
- 绝对路径：os.path.join()。

注意：什么是文件分隔符？将表格转换为文本时，用分隔符标识文字分隔的位置，或在将文本转换为表格时，用其标识新行或新列的起始位置。不同操作系统下文件分隔符不同，Windows 中是“\”，Linux 中是“/”。

在 Windows 下的路径分隔符和 Linux 下的路径分隔符是不一样的，当直接使用绝对路径时，跨平台会弹出 No such file or diretory 的异常提示。

from werkzeug.utils import secure_filename：导入 secure_filename 方法，将中文文件名传给 secure_filename 方法时所有的中文名都会被过滤掉，只剩下文件后缀名。

```
01    @app.route('/',methods=['POST', 'GET'])         #定义路由，限制其访问方法
02      def hello_world():                            #定义视图函数
03          if request.method == 'GET':               #如果访问方法为 GET 方法
04            return render_template('upload.html') #渲染模板
05          else:
06              f = request.files['file']      # 通过 request_files['file']方
                                                 法获取文件流
07              filename = secure_filename(f.filename)    # 去掉其中文命名
```

```
08          f.save(path.join('static/uploads', filename))
                                                  #使用.save 方法将文件保存
09          return "上传文件成功！！"             #返回数据
10    if __name__ == '__main__':                  # 当模块被直接运行时，代码将被运行，
                                                    当模块是被导入时，代码不会运行
11      app.run(debug=True)                       #开启调试模式
```

第 06 行代码通过 request_files['file']方法获取文件流；第 07 行代码用 secure_filename 将文件包裹一下，进行文件内容安全检测，去掉其中文命名；第 08 行代码使用.save 方法将文件保存， path.join('static/uploads',filename)形成文件保存的绝对路径，其中第一个参数为绝对路径，第二个参数为保存文件的名称，将第一个参数和第二个参数所代表的路径组合后返回。

结合上面的阐述，给出一个 Flask 框架下实现文件上传的范例：

例 5-3　Flask 文件上传：app.py

```
01  from flask import Flask,render_template,request      #导入相应模块
02  import os                                           #导入 os 模块
03  from os import path                                 #导入 path 模块
04  from werkzeug.utils import secure_filename          #导入 secure_filename 模块
05  app = Flask(__name__)                               #Flask 进行初始化
06  @app.route('/',methods=['POST', 'GET'])             #定义路由，限制其访问方法为
                                                         POST 和 GET
07  def hello_world():                                  #定义视图函数
08      if request.method == 'GET':                     #如果访问方法为 GET 方法
09        return render_template('upload.html')         #渲染模板
10      else:
11          f = request.files['file']                   #获取文件流
12          filename = secure_filename(f.filename)      #去掉其中文命名
13          f.save(path.join('static/uploads', filename))
                                                        #使用.save 方法保存文件
14          return "上传文件成功！！"                   #返回数据
15  if __name__ == '__main__':                  #当模块被直接运行时，代码将被运行，当模
                                                 块是被导入时，代码不会运行
16      app.run(debug=True)                             #开启调试模式
```

第 11 行代码通过 request_files['file']方法获取文件流；第 12 行代码用 secure_filename 将文件包裹一下，进行文件内容安全检测，去掉其中文命名；13 行代码使用.save 方法保存文件，path.join('static/uploads',filename)形成文件保存的绝对路径，其中，第一个参数为绝对路径，第二个参数为保存文件的名称，将将第一个参数和第二个参数所代表的路径组合后返回。

例 5-3　Flask 文件上传：upload.html

```
01  <!DOCTYPE html>
02  <html lang="en">
03  <head>
04      <meta charset="UTF-8">              <!--设定网页编码-->
05      <title>文件上传</title>             <!--设定网页标题-->
```

```
06        <style type="text/css">                    <!--自定义CSS-->
07            .div1{                                 <!--定义容器div1-->
08                height:180px;                      <!--高度为180px-->
09            width:380px;                           <!--宽度为380px-->
10                border:1px solid #8A8989;          <!--实线边框-->
11                margin:0 auto;                     <!--使元素水平居中-->
12            }
13             .input{                               <!--定义容器input-->
14          display: block;                          <!--让对象成为块级元素-->
15      width: 250px;                                <!--宽度为250px-->
16      height: 30px;                                <!--高度为30px-->
17          margin: 10px auto;                       <!--使得元素水平居中-->
18      }
19      .button                                      <!--定义容器button-->
20          {
21          background: #2066C5;                     <!--设定背景颜色-->
22          color: white;                            <!--字体颜色为白色-->
23          font-size: 18px;                         <!--字体大小为18px-->
24      font-weight: bold;                           <!--字体加粗-->
25          height: 30px;                            <!--高度为30px-->
26      border-radius: 4px;                     <!--所有角都使用半径为4px的圆角-->
27          }
28       </style>
29   </head>                                         <!--head区域完毕-->
30   <body>                                          <!--body区域开始-->
31   <div class="div1">                              <!--div1开始-->
32       <form action="" method = "post" enctype='multipart/form-data'>
                                                     <!--表单开始-->
33           <input type="file" name="file" class="input">35
                                                     <!--文本输入框-->
34            <input type="submit" value="上传" class="input button">
                                                     <!--上传按钮-->
35       </form>
36   </div>
37   </body>
38   </html>
```

04 行指定网页编码，05 行定义网页标题；06 行定义 CSS；07 定义容器 div1；08 行定义高度为 180px；09 行定义宽度为 380px；10 行定义实线边框；11 行定义元素水平居中；13 行定义容器 input；14 行定义让对象成为块级元素；15 行定义宽度为 350px；16 行定义高度为 40px；17 行定义实现水平居中；19 行定义容器 button；21 行定义背景颜色；22 行定义字体颜色为白色；23 行定义字体大小为 18px；24 行定义字体加粗；25 行定义高度为 30px；26 行定义所有角都使用半径为 4px 的圆角；29 行表示 head 区域完毕；30 行表示区域开始；32～37 行定义表单。

运行上面的程序之前，请先确保根目录下的 static 目录下已经创建好 uploads 目录，然后就可以运行本工程代码了。本工程可以实现任意文件的上传，但是以中文命名的文件上传时，会出现中文名的丢失。

5.2.2 改进上传功能

在 5.2.1 节中实现了基本的文件上传功能，但是存在一些问题：

- 文件没有进行重新命名，多个用户可能可能会存在上传同名文件的问题；
- 没有实现文件目录的自动创建，如果网站部署时忘记创建文件保存目录，则会出现文件保存失败问题，影响用户体验；
- 文件上传时，没有进行必要的文件格式检验，用户可以直接将可执行文件上传到服务器上，影响到服务器的数据安全性。

例 5-4 Flask 文件上传功能改进 1：app.py

```
01   from flask import Flask,render_template,request,send_from_directory
                                                    #导入相应模块
02   import time                                    #导入 time 模块
03   import os                                      #导入 os 模块
04   from os import path                            #导入 path 模块
05   from werkzeug.utils import secure_filename #导入 secure_filename 模块
06   import platform                                #导入 secure_filename 模块
07   app = Flask(__name__)                          #Flask 初始化
08   if platform.system() == "Windows":             #如果是 Windows 操作系统
09       slash = '\\'
10   else:
11       platform.system()=="Linux"                 #如果是 Linux 操作系统
12       slash = '/'
13   # UPLOAD_PATH = os.path.curdir + os.path.sep + 'uploads' + os.path.sep
14   UPLOAD_PATH = os.path.curdir + slash + 'uploads' + slash
```

01 行定义导入相应模块；02 行表示导入 time 模块；03 行表示导入 os 模块；04 行表示导入 path 模块；05 行表示导入 secure_filename 模块；07 行表示 Flask 初始化。

07～13 行是利用 Python 判断当前运行的环境对应的操作系统类型。由前一节知识知道，在 Windos 和 Linux 两种操作系统下，文件分割符是不一样的。为了一份代码能够在两种系统下运行，先对当前环境对应的操作系统进行判定，赋予 slash 为当前操作系统下的文件分割符。

第 14 行代码取得当前 Web 系统的根目录拼接上 uploads，形成文件的保存路径'./uploads'。

例 5-4 Flask 文件上传功能改进 2：app.py

```
01   @app.route('/',methods=['POST', 'GET'])           #定义路由，限制其访问方法
02   def hello_world():                                #定义视图函数
03       if request.method == 'GET':                   #如果是 GET 方法访问
04         return render_template('upload.html')       #渲染模板
05       else:
06           if not os.path.exists(UPLOAD_PATH):       #判断文件保存路径是否存在
07               os.makedirs(UPLOAD_PATH)              #没有目录则创建目录
```

```
08          form = UploadForm(CombinedMultiDict([request.form, request.files]))
                                                            #表单验证
09          if form.validate():
10              f = request.files['file']                   #获取文件流
11              filename = secure_filename(f.filename)  #取得文件名称
12              ext = filename.rsplit('.', 1)[1]        # 获取文件后缀
13              unix_time = int(time.time())            #获取时间
14              new_filename = str(unix_time) + '.' + ext
                                                            # 对文件进行重新命名
15              file_url=UPLOAD_PATH+new_filename
16              f.save(path.join(UPLOAD_PATH, new_filename))    #文件保存
17              return "上传文件成功！！"
18          else:
19              return "只支持 jpg、png 以及 gif 格式的文件！"
```

第 06、07 行使用 os.path.exists()判断文件保存路径是否存在，如果不存在，则在根目录下自动创建此目录。

第 08 行使用 CombinedMultiDict 把 form 和 file 的数据组合起来，一起验证。需要命令 from werkzeug.datastructures import CombinedMultiDict 来导入 CombinedMultiDict 模块。

第 12 行使用 ext = filename.rsplit('.', 1)[1]来取得文件的后缀。第 13、14 行产生时间戳，以时间戳加文件后缀，重新命名新文件。

本程序中使用 Flask-WTF 验证上传的文件格式，只支持.jpg、.png 及.gif 格式的文件，表单验证文件的内容如下：

例 5-4　Flask 文件上传功能改进之表单验证：form.py

```
01  # -*- coding:utf-8 -*-
02  from wtforms import Form,FileField,StringField #导入 Form、FileField 和
                                                     StringField 模块
03  from wtforms.validators import InputRequired   #导入 InputRequired 模块
04  from flask_wtf.file import FileRequired,FileAllowed
                                       #导入 FileRequired 和 FileAllowed 模块
05  class UploadForm(Form):                        #定义 UploadForm 类
06      file= FileField(validators=[FileRequired(),#FileRequired 验证是否
                                                    为空
07      FileAllowed(['jpg','png','gif'])    #FileAllowed:指定文支持的件格式
```

02 行表示导入 Form、FileField 和 StringField 模块；03 行表示导入 InputRequired 模块；04 行表示导入 FileRequired 和 FileAllowed 模块；05 行表示定义 UploadForm 类；06 行表示 FileRequired 验证是否为空；07 显示上传文件的格式。

flask_wtf.file.FileRequired 是用来验证文件上传是否为空。flask_wtf.file.FileAllowed 用来验证上传文件的后缀名。

文件上传后，可以进行浏览或下载，下面为 images 视图函数：

例 5-4　Flask 文件上传功能改进 3：app.py

```
01  #访问上传的文件
02  #浏览器访问：http://127.0.0.1:5000/images/xxx.jpg/  就可以查看文件了
```

```
03   @app.route('/images/<filename>/',methods=['GET','POST'])
                                                          #定义路由和访问方法
04   def get_image(filename):                             #定义视图函数
05       dirpath = os.path.join(app.root_path, 'uploads')
                       #得到绝对路径，比如 J:\python project\例 5-3-2\uploads
06       #return send_from_directory(dirpath,filename,as_attachment=
         True)                                            #为下载方式
07       return send_from_directory(dirpath,filename)    #为在线浏览方式
08   if __name__ == '__main__':
09       app.run(debug=True)
```

第 05 行使用 os.path.join(app.root_path, 'uploads')得到保存文件的绝对路径，第 07 行使用 send_from_directory(dirpath,filename)函数将文件进行在线浏览访问，如果要实现文件的下载，可以使用 send_from_directory(dirpath,filename,as_attachment=True)这个方法，这里的 as_attachment=True 必须设置为 True。

运行本工程代码，运行效果如图 5.3 所示。

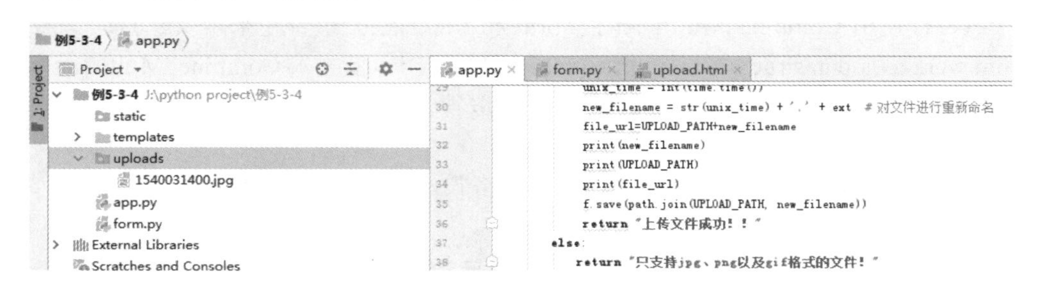

图 5.3　文件上传成功

5.3　Cookie 的使用

Cookie 有时也记作 Cookies，它现在经常被大家提到，那么到底什么是 Cookies？它有什么作用呢？Cookies 是一种能够让网站服务器把少量数据储存到客户端的硬盘或内存，或是从客户端的硬盘读取数据的一种技术。当你再次浏览某网站时，浏览器将存放于本地的用户身份信息递交给服务器，服务器就可以识别用户的身份了。

5.3.1　Cookie 的基本概念

在网站中，http 请求是呈无序状态的。无状态是指协议对于事务处理没有记忆能力，打开一个服务器上的网页和你之前打开这个服务器上的网页之间没有任何联系，你的当前请求和上一次请求究竟是不是一个用户发出的，服务器也无从得知。为了解决这一问题，就出现了 Cookie 技术。当用户访问服务器并登录成功后，服务器向客户端返回一些数据

（Cookie），客户端将服务器返回的 Cookie 数据保存在本地，当用户再次访问服务器时，浏览器自动携带 Cookie 数据给服务器，服务器便知道访问者的身份信息了。单个 Cookie 数据大小一般规定不超过 3KB。

Cookie 基本的语法如下：

```
set_cookie(name,value,expire,path,domain,secure)
```

Cookie 参数设置说明如表 5.1 所示。

表 5.1　Cookie参数设置表

参　　数	描　　述
name	必需项，规定 Cookie 的名称
value	必需项，规定 Cookie 的名称
expire	可选项，规定 Cookie 的有效期
path	可选项，规定 Cookie 在当前Web下哪些目录有效
domain	可选项，规定 Cookie 作用的有效域名
secure	可选项，规定是否通过安全的 HTTPS 连接来传输 Cookie

注意：表 5.1 中的 name 和 value 参数必须进行设置，后 4 个参数是按项目需要进行设置。

5.3.2　Cookie 的基本使用

我们在 Flask 中自定义 Cookie，实际上就是在相应 Response 的 Set-Cookie 字段中增加自定义的键值对。而获取 Cookie，就是在请求 Request 中通过键获取其对应的值。所以，在工程中必须引入 Request 和 Response 模块。

1．设置Cookie

设置 Cookie 主要有两种方法，一种是通过 Response 对象设置，另一种是通过直接设置表单头来实现。

（1）通过 Response 对象设置的示例代码如下：

```
01  from flask import Flask,request,Response          #导入相应模块
02  app = Flask(__name__)                             #Flask 初始化
03  @app.route('/')                                   #定义路由
04  def set_cookie():                                 #定义视图函数
05      # 先创建响应对象
06      resp=Response("设置 Cookie!")
07      #设置 cookie 名为 username，cookie 名称为 zhangsan，默认关闭浏览器失效
08      resp.set_cookie(''username'', ''zhangsan'')#存入 cookie
09      return resp                                   #返回相应的对象
10  if __name__ == '__main__':        #当模块被直接运行时，代码将被运行，当模块是
                                       被导入时，代码不会运行
11      app.run()
```

第 06～09 行先创建一个 Response 对象 resp，然后通过 set_cookie 进行设置，这里 username 为 key（键），zhangsan 为键的值，设置完毕后需要返回 resp。

在浏览器下查看 Cookie 是否设置成功的方法有多种，这里介绍一个最基本的查看方法。以 Google 浏览器为例，首先在 127.0.0.1:5000 这个 URL 前面单击网站信息图标，如图 5.4 所示。

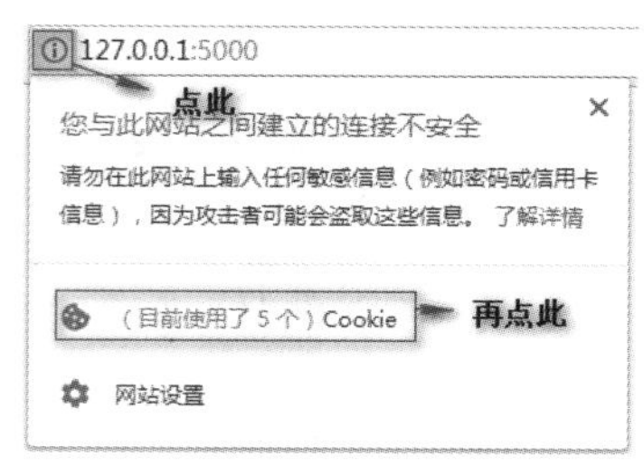

图 5.4　在 Chrome 浏览器中单击 URL 查看网站信息图标

单击（目前使用了 5 个）Cookie 图标后，弹出现如图 5.5 所示的对话窗口，再依次打开 127.0.0.1 | Cookie 文件夹，就可以找到已经设置好的 Cookie 值了。

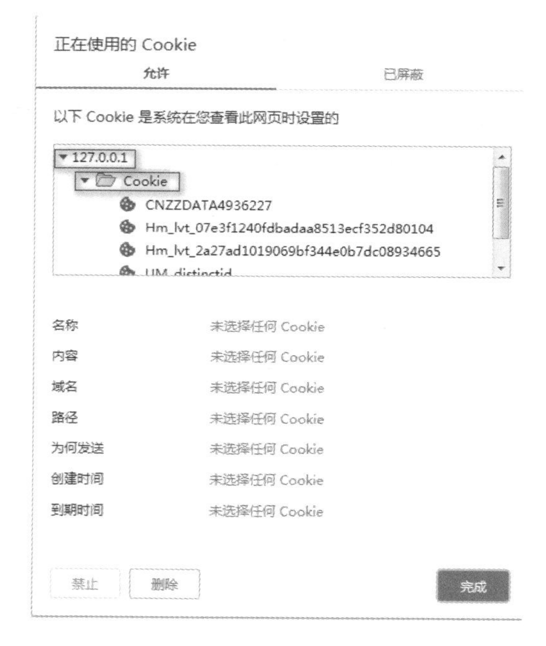

图 5.5　查看 Cookie 详情

注意：在浏览器下查看 Cookie 设置的方法还有多种，读者可以自行查阅相关资料学习。

（2）通过设置表单头来实现，示例代码如下：

```
01    from flask import Flask,request,Response                #导入相应模块
02    app = Flask(__name__)                                   #Flask 初始化
03    @app.route('/')                                         #定义路由
04    def set_cookie():                                       #定义视图函数
05        # 先创建响应对象
06        resp=Response("设置 Cookie!")
07        #设置 Cookie 名为 username，Cookie 名称为 zhangsan，默认关闭浏览器失效
```

```
08      resp.headers["Set-Cookie"] = "username=zhangsan; Expires=SUN,
01-Nov-2020 05:10:02 GMT; Max-Age=3600; Path=/"
09      return resp#返回 Response
10  if __name__ == '__main__':
                #当模块被直接运行时，代码将被运行，当模块是被导入时，代码不会运行
11      app.run()
```

01 行导入相应模块；02 行表示 Flask 初始化；03 行定义路由；04 行定义视图函数；06 行表示先创建响应对象；08 行表示设置 Cookie 名为 username，Cookie 名为 zhangsan，默认关闭浏览器失效；09 行表示返回 Response；10 行表示当模块被直接运行时，代码将被运行，当模块是被导入时不会运行。

通过 resp.headers["Set-Cookie"]设定了 Cookie 的值，包括 Cookie 名、Cookie 的值、失效日期（resp.headers["Set-Cookie"]）、有效时间（Max-Age）、作用范围（path）等。指定了 Cookie 的生存期，默认情况下 Cookie 是暂时存在的，它们存储的值只在浏览器会话期间存在，当关闭浏览器后这些值也会丢失。如果想让 Cookie 存在一段时间，就要为 expires 属性设置未来的一个过期日期。该属性现在已经被 Max-age 属性所取代，Max-age 用秒来设置 Cookie 的生存期。

2. 查看Cookie

查看已经设置好的 Cookie，可以通过 request.cookies.get 来得到。

```
01  @app.route('/get_cookie')                          #定义路由
02  def get_cookie():                                  #定义视图函数
03      username = request.cookies.get('username')    #获取 Cookie
04      return username                                #返回用户名
```

01 行定义路由；02 行定义视图函数；03 行获取 Cookie；04 行表示返回用户名。

注意：查看 Cookie 的值时，需要注意其值是否存在，注意判断处理。

3. 删除Cookie

删除已经设置好的 Cookie，可以通过 delete_cookie()来完成。delete_cookie 括号中对象为被删除的对象名，比如 delete_cookie("username")。

```
01  @app.route("/del_cookie")                #定义路由
02  def delete_cookie():                     #定义视图函数
03      resp = Response("删除 Cookie!")      #创建响应对象
04      resp.delete_cookie("username")       #删除 Cookie
05      return resp                          #返回 Response
```

01 行表示定义路由；02 行定义视图函数；03 行表示创建响应对象；04 行表示删除 Cookie；05 行表示返回 Response。

下面通过一个综合的例子，进一步说明 Cookie 的上述操作。

例 5-5　Cookie 的基本操作：app.py

```
01   from flask import Flask,request,Response          #导入相应模块
02   app = Flask(__name__)                              #Flask 初始化
03   @app.route('/')                                    #定义路由
04   def set_cookie():                                  #定义视图函数
05       # 先创建响应对象
06       resp=Response("设置 Cookie!")
07       #设置 Cookie 名为 username，Cookie 名称为 zhangsan，保持 120 分钟失效
08       resp.set_cookie("username", "zhangsan", max_age=7200)
09       return resp                                    #返回 Response
10   @app.route('/get_cookie')                          #定义路由
11   def get_cookie():                                  #定义视图函数
12       if  request.cookies.get('username'):           #判断 Cookie 是否存在
13           username= request.cookies.get('username')    #获取 Cookie
14       else:
15           username="Cookie 不存在!"                   #Cookie 不存在的处理
16       return username                                #返回 username
17   @app.route("/del_cookie")                          #定义路由
18   def delete_cookie():                               #定义视图函数
19       resp = Response("删除 Cookie!")
20       resp.delete_cookie("username")                 #删除 Cookie 对象
21       return resp                                    #返回 Response
22   if __name__ == '__main__':      #模块被直接运行时，代码将被运行，当模块是被
                                      导入时，代码不会运行
23     app.run(debug=True)
```

01 行表示导入相应模块；02 行表示 Flask 初始化；03 行表示定义路由；04 行表示定义视图函数；06 行表示先创建响应对象；08 行表示设置 Cookie 名为 username，Cookie 名称为 zhangsan，保持 120 分钟失效；09 行表示返回 Response；10 行表示定义路由；11 行表示定义视图函数；12 行表示判断 Cookie 是否存在；13 行表示获取 Cookie；15 行表示 Cookie 不存在的处理；16 行表示返回 username；17 行定义路由；18 行表示定义视图函数；19 行和 20 行表示删除 Cookie 对象；21 行表示返回 Response；22 行表示当模块被直接运行时，代码将被运行，当模块是被导入时，代码不会运行。

上面的程序在 set_cookie()函数中，设置了 Cookie，Cookie 的 key=username，value=shagnsan，Cookie 的作用时间 7200 秒。在 get_cookie()函数中取得 Cookie 的值，在 def delete_cookie()函数中删除了 Cookie。读者可以依次通过 http://127.0.0.1:5000/、http://127.0.0.1:5000/get_cookie、http://127.0.0.1:5000/del_cookie 和 http://127.0.0.1:5000/get_cookie 的次序来逐一验证。

5.3.3　设置 Cookie 的作用域

Cookie 默认只能在主域名下使用，如果想要在子域名下使用 Cookie，该怎么办呢？我们要在子域名下调用主域名的 Cookie，首先需要创建一个子域名，如何创建子域名？

```
01  # -*- coding:utf-8 -*-
02  from flask import Blueprint, request                #导入相应模块
03  bp = Blueprint("admin_bp", __name__, subdomain="admin")    #定义蓝图
04  @bp.route("/")                                      #定义路由
05  def get_cookie():                                   #定义视图函数
06      username = request.cookies.get("username")  #获取 Cookie
07      # 如果有 username 这个 key，则返回 username 对应的值，否则返回没有获取到
        username 值
08      return username or "没有获取到 name 值"
```

第 3 行 bp = Blueprint("admin_bp", __name__, subdomain="admin")定义了一个子域名，蓝图写好了，我们在 app.py 文件中将其导入进来。代码如下：

```
from blue_admin import bp
```

蓝图导入到主 app 文件后，还需要将蓝图注册到 app 中。

```
app.register_blueprint(bp)
```

接下来注册服务器的域名。

```
app.config['SERVER_NAME'] = 'baidu.com:5000'
```

注意： app.config 设置 SERVER_NAME 的时候不要忘记写端口号，一旦设置了 app.config['SERVER_NAME']的值，请用设置的域名进行访问。

接着修改域名重定向对应的 host 文件，找到 C:\Windows\System32\drivers\etc 的 host 文件，增加两条记录如下：

```
127.0.0.1  admin.baidu.com
127.0.0.1  baidu.com
```

注意： host 文件可以用 Notepad++等编辑器软件打开，不建议用 Windows 自带的记事本打开，增加这两条记录后，需要进行保存。

例 5-6　Cookie 在子域名有效：app.py

```
01 from flask import Flask,Response                      #导入相应模块
02 from blue_admin import bp                             #导入 bp 模块
03 app = Flask(__name__)                                 #Flask 初始化
04 app.register_blueprint(bp)                            #注册蓝图
05 app.config['SERVER_NAME'] = 'baidu.com:5000'#SERVER_NAME 设置为网站的域名
06 @app.route('/')                                       #定义路由
07 def set_cookie():                                     #定义视图函数
08       # 先创建响应对象
09       resp=Response("设置 Cookie!")
10       #设置 Cookie 名为 username，Cookie 名称为 zhangsan，Cookie 作用域名
11       resp.set_cookie("username", "zhangsan", domain=".baidu.com")
12       return resp#返回 Response
13 if __name__ == '__main__':           #模块被直接运行时，代码将被运行，当模块是被
                                         导入时，代码不会运行
14     app.run(debug=True)#开启调试模式
```

01 行导入相应模块；02 行导入 bp 模块；03 行表示 Flask 初始化；04 行表示注册蓝图；05 行表示 SERVER_NAME 设置为网站的域名；06 行表示定义路由；07 行表示定义视图函数；09 行表示创建响应对象；11 行表示设置 Cookie 名为 username，Cookie 名称为 zhangsan，以及 Cookie 作用域名；12 行表示返回 Response；13 行表示模块被直接运行时，代码将被运行，当模块是被导入时，代码不会运行；14 行表示开启调试模式。

```
01 # -*- coding:utf-8 -*-
02 from flask import Blueprint, request                #导入相应模块
03 bp = Blueprint("admin_bp", __name__, subdomain="admin")
                                                  #定义蓝图，注册子域名 domain
04 @bp.route("/")                                      #定义路由
05 def get_cookie():                                   #定义视图函数
06     username = request.cookies.get("username")      #获取 Cookie 的值
07     # 如果有 username 这个 key，则返回 username 对应的值，否则返回没有获取到
       username 值
08     return username or "没有获取到 name 值"
```

使用子域名，需要在配置文件中配置 SERVER_NAME，比如：app.config ['SERVER_NAME'] = 'baidu.com:5000'，在 app.config['SERVER_NAME'] = 'baidu.com: 5000'，在注册蓝图的时候，还需要添加一个名称为 subdomain 的参数。

5.4　Session 的使用

Session 是基于 Cookie 实现的，保存在服务端的键值对（session['name']='value'）中。同时，在浏览器的 Cookie 中也对应一个相同的随机字符串，用来再次请求的时验证。

注意：Session 是储存在服务器中的，Cookies 是储存在浏览器本地中，而 Flask 的 Session 是基于 Cookies，Session 是经过加密保存在 Cookies 中。

5.4.1　Session 的基本配置

因为 Flask 的 Session 是通过加密之后放到了 Cookie 中。有加密就有密钥用于解密，所以，用到了 Flask 的 Session 模块就一定要配置 SECRET_KEY 这个全局宏。一般将 SECRET_KEY 设置为 24 位的字符。我们可以自己设定一个随机字符串，例如：

```
app.config['SECRET_KEY'] = 'XXXXX'
```

我们也可以引入 OS 模块中，自动产生一个 24 位的随机字符串函数。这种方法有个不足之处，就是服务器每次启动之后这个 SECRET_KEY 的值是不一样的，会造成 Session 验证失效，用户只有重新登录。

5.4.2　Session 的基本使用

1．设置Session

设置 Session 主要是通过 session['name']='value'方法来完成，name 代表的是变量名称，value 代表的是变量的值。

```
01   # 设置 session
02   app.config['SECRET_KEY'] = os.urandom(24)          #产生 SECRET_KEY 配置
03   @app.route('/')                                    #定义路由
04   def set_session():                                 #定义视图函数
05       session['username']='zhangsan'  #将 username=zhangsan 存于 Session 中
06       return 'Session 设置成功!'                      #返回数据
```

需要导入 Session 模块和 OS 模块，分别使用指令：

```
from flask import Flask,session                         #返回相应模块
import  os                                              #导入 OS 模块
```

第 04～06 行：os.urandom(24)表示系统产生 24 位随机数，然后通过 session['name']=value 设置 Session。

2．获取Session的值

获取 Session 的值有两种方法，推荐使用第 2 种方法。

- result = session['name'] ：如果内容不存在，将会报异常。
- result = session.get('name') ：如果内容不存在，将返回 None。

```
01   #获取 Session
02   @app.route('/get_session')                  #定义路由
03   def get_session():                          #定义视图函数
04       username=session.get('username')        #从 Session 中取得 username 的值
05       return username or 'Session 为空! '     #返回值
```

02 行表示定义路由；03 行表示定义视图函数；04 行表示从 Session 中取得 username 的值；05 行是返回值。

3．删除Session的值或清空Session所有值

删除单个 Session 的值，可以使用 Session.pop('key')这个方法，如果清除多个 Session 的值，可以使用 Session.clear 方法。

```
01   #清除 Session
02   @app.route('/del_session')                  #定义路由
03   def del_session():                          #定义视图函数
04       session.pop('username')                 #删除 username 的值
```

```
05      #session.clear                          #清空 Session
06      return  'Session 被删除！'               #返回值
```

02 行表示定义路由；03 行表示定义视图函数；04 行表示删除 username 的值；05 行表示清空 Session；06 行表示返回值。

4．设置Session的过期时间

如果没有指定 Session 的过期时间，那么默认是浏览器关闭后就自动结束，即关闭浏览器失效。session.permanent = True 在 Flask 下则可以将有效期延长至一个月。下面的方法可以配置具体多少天的有效期。

- 如果设置了 Session 的 permanent 属性为 True，那么过期时间是 31 天。
- 可以通过给 app.config 设置 PERMANENT_SESSION_LIFETIME 来更改过期时间。

在实际项目开发中可能还有一种需求，就是指定 Session 的失效时间为 3 天、7 天、10 天等整数天数的情况。那么该如何设置呢？这里主要用到了一个持续久化的会话生成时间（实质就是 Session 会话的有效期）PERMANENT_SESSION_LIFETIME，作为一个 datetime.timedelta 对象。其使用方法如下：

（1）导入包：

```
from datetime import timedelta
```

（2）配置有效期限：

```
app.config['PERMANENT_SESSION_LIFETIME'] = timedelta(days=3) # 配置 3 天有效
```

（3）设置 session.permanent 属性：session.permanent = True：

```
01  app.config['PERMANENT_SESSION_LIFETIME'] = timedelta(days=7)
                                                  # 配置 7 天有效
02  @app.route('/')                               #定义路由
03  def set_session():                            #定义视图函数
04      session['username']='zhangsan'#username=zhangsan 的值存于 Session 中
05      session.permanent = True                  #设置 Session 的过期时间
06      return 'Session 设置成功！'                #返回值
```

01 行设置 Session 过期时间为 7 天；02 行定义路由；03 行定义视图函数；04 行设置将 username=zhangsan 的值存于 Session 中；05 行设置 Session 的过期时间；06 行表示返回值。

例 5-7　Session 的基本操作：app.py

```
01  from flask import Flask,session               #导入 Flask 及 Session 模块
02  from datetime import timedelta                #导入 timedelta 模块
03  import os                                     #导入 os 模块
04  app = Flask(__name__)                         #Flask 初始化
05  # 设置 Session
06  app.config['SECRET_KEY'] = os.urandom(24)  #产生 SECRET_KEY 的配置
07  app.config['PERMANENT_SESSION_LIFETIME'] = timedelta(days=7)
                                                  # 配置 7 天有效
```

```
08   @app.route('/')                                  #定义路由
09   def set_session():                               #定义视图函数
10       session['username']='zhangsan'  #将 username=zhangsan 存于 Session 中
11       session.permanent = True                     #设置过期时间有效
12       return 'Session 设置成功!'                    #返回值
13   #获取 session
14   @app.route('/get_session')                       #定义路由
15   def get_session():                               #定义视图函数
16       username=session.get('username')             #从 Session 中获取 username 的值
17       return username or 'Session 为空! '           #返回值
18   #清除 session
19   @app.route('/del_session')                       #定义路由
20   def del_session():                               #定义视图函数
21       session.pop('username')                      # 从 Session 中获取 username 的值
22       #session.clear                                #清空 Session
23       return  'Session 被删除! '                    #返回值
24   if __name__ == '__main__':                       #当模块被直接运行时，代码将被运行，
                                                       当模块是被导入时，代码不会运行
25       app.run()
```

01 行表示导入 Flask 及 Session 模块；02 行表示导入 timedelta 模块；03 行表示导入 OS 模块；04 行表示 Flask 初始化；06 行表示产生 SECRET_KEY 的配置；07 行表示 Session 过期时间为 7 天；08 行定义定义路由；09 行表示定义视图函数；10 行表示将 username=zhangsan 存于 Session 中；11 行表示设置过期时间有效；12 行表示返回值；13～17 行表示获取 Session；19～23 行表示清除 Session。

5.5　钩子函数的使用

根据需要，有时候需要在正常执行代码的前、中、后时期，强行执行一段我们想要执行的功能代码，实现这种功能的函数，就称为钩子函数。钩子函数的实质就是用特定装饰器装饰的函数。下面对常用的几种钩子函数进行介绍。

（1）before_first_request()函数

before_first_request()的中文意思为“处理第一次请求之前”，它实际指定的是在第一次请求之前可以执行的函数。

注意：该函数只会执行一次，以后就不会执行了。

（2）before_request()函数

before_request 钩子函数表示的每一次请求之前可以执行某个特定功能的函数。一般可以用来检验用户请求是否合法、权限检查等场景。

注意：before_request()函数每次请求之前都会被执行。

（3）after_request()函数

after_request 钩子函数表示的每一次请求之后可以执行某个特定功能的函数。一般可以用来产生 csrf_token 验证码等场景。

注意：该钩子函数要求必须给出响应对象（response）。

（4）teardown_request()函数

teardown_request 钩子函数表示的是每一次请求之后都会调用，会接受一个参数，参数是服务器出现的错误信息。

下面通过一个具体的例子来说明。

例 5-8　钩子函数的基本使用：app.py

```
01 from flask import Flask                              #导入 Flask 模块
02 import time                                          #导入 time 模块
03 app = Flask(__name__)                                #Flask 初始化
04 #before_first_request 函数一般用来作一次初始化工作
05 @app.before_first_request                  #使用 before_first_request 钩子函数
06 def before_first_request():                #定义 before_first_request()函数
07     print("这是 before_first_request 钩子函数") #打印输出
08 @app.before_request                        #使用 before_request 钩子函数
09 def before_request():                      #定义 before_reques()函数
10     print("这是 before_request 钩子函数")            #打印输出
11 @app.after_request                         #使用 after_request 钩子函数
12 def after_request(response):               #定义 after_request()函数
13     print("这是 after_request 钩子函数")
14     response.headers["Content-Type"] = "application/json"
15     return response                        #返回响应对象
16 @app.teardown_request                      #使用 teardown _request 钩子函数
17 def teardown_request(e):                   #定义 teardown_request()函数
18     print("这是 teardown_request 钩子函数")         #打印输出
19 @app.route('/')                            #定义路由
20 def hello_world():                         #定义视图函数
21     print("您访问了首页！")                  #打印输出
22     time.sleep(5)                          #休眠 5 秒
23     return 'Hello World!'                  #返回响应对象
24 if __name__ == '__main__':
25     app.run()
```

上面的代码定义并使用了 4 个钩子函数，其中，before_first_request()钩子函数会在第一次请求之前被执行，before_reques()钩子函数对每次请求都会执行，after_request()和 teardown_request()会在每次请求之后执行。

在地址栏中输入如下地址：

http://127.0.0.1:5000/

然后回车，运行结果如下：

```
 * Running on http://127.0.0.1:5000/ (Press CTRL+C to quit)
这是before_first_request钩子函数
这是before_request钩子函数
您访问了首页!
这是after_request钩子函数
/*刷新一次网页，构成第二次访问*/
127.0.0.1 - - [09/Feb/2019 11:25:46] "GET / HTTP/1.1" 200 -
这是teardown_request钩子函数
这是before_request钩子函数
您访问了首页!
这是after_request钩子函数
这是teardown_request钩子函数
127.0.0.1 - - [09/Feb/2019 11:26:38] "GET / HTTP/1.1" 200 -
```

5.6　温故知新

1. 学完本章内容后，读者需要回答：

（1）什么是 Cookie？Cookie 的参数有哪些？

（2）什么是 Session？Session 的基本使用步骤是什么？

（3）如何用蓝图设定子域名？

（4）文件上传如何取得上传文件的后缀名？

2. 在下一章中将会学习：

（1）python-MySQL 的基本使用。

（2）flask-sqlalchemy 的使用。

（3）Flask 循环引用问题。

（4）flask-migrate 工具的使用。

5.7　习　　题

通过下面的习题来检验本章的学习情况，习题答案请参考本书配套资源。

【本章习题答案见配套资源\源代码\C5\习题】

1. 创建一个项目，实现文件的上传，上传目录可以自动创建，上传的文件目录为 images，可以上传允许的文件类型为.jgp 和.gif。

2. 创建一个用户登录程序，用户名为 admin，密码为 123456，使用 Session 保存登录用户名，保存期限 10 天有效。

第 6 章　访问数据库

本章介绍操作 MySQL 数据库的方法，主要从 MySQL 的安装、ORM 概念、Flask-SQLAlchemy 操作、数据库的迁移等方面进行介绍。其中，重点内容是 Flask-SQLAlchemy 的操作和数据库的迁移方法。

数据库按照一定规则保存程序数据，程序再发出请求，取回所需的数据。如果表和表、表和字段、数据和数据之间存在着关系，就称为关系数据库，反之称为非关系数据库。典型的关系型数据库主要有 Oracle 和 MySQL 等。非关系型数据库主要通过使用键值对存储数据，主要代表有 MongoDb、Redis 和 HBase 等。本书主要以 MySQL 为例进行介绍。本章重点介绍 Flask-SQLAlchemy 工具的使用、flask-migrate 工具的使用，以及如何使用 Flask-SQLAlchemy 操作 MySQL 数据库。

本章主要涉及的知识点有：

- MySQL 的安装及配置；
- Python-MySQL 的基本使用；
- Flask-SQLAlchemy 的使用；
- Flask-Script 工具的使用；
- 解决 Flask 循环引用问题；
- 使用 Flask-Migrate 实现数据库的迁移。

6.1　MySQL 数据库安装

安装 MySQL 时要先要安装.NET Framework 4，同时要求安装 Microsoft Visual C++ ，这些软件请读者自行安装。

6.1.1　下载及安装 MySQL

MySQL 是免费开源软件，大家可以自行搜索其官网（https://www.MySQL.com/downloads/），选择对应的版本下载（若你的计算机是 64 位操作系统，就选择下载 64 位的安装包，若是 32 位操作系统，就选择下载 32 位的 MySQL 安装包）。

6.1.2　测试 MySQL 是否安装成功

（1）使用 MySQL 自带的命令行工具验证

在所有程序中，找到 MySQL→MySQL Server 5.6 下面的命令行工具，然后单击，如图 6.1 所示。

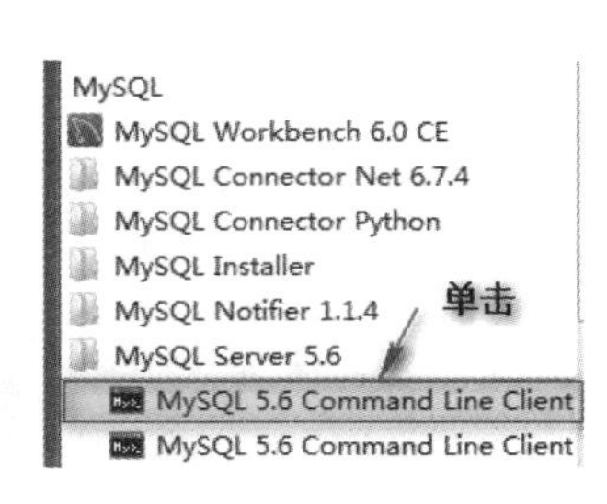

图 6.1　完成 MySQL 安装

输入 MySQL 的登录密码，如图 6.2 所示。

图 6.2　输入 MySQL 的登录密码

输入密码后回车，就可以知道 MySQL 数据库是否链接成功。

（2）使用 Windows 的命令行工具

右击桌面上的“计算机”，在弹出的快捷键菜单中选择“属性”｜“高级系统设置”｜“环境变量”，在 path 里面添加 MySQL bin 目录的路径。选择环境变量，在环境变量中的 path 路径下输入你的 MySQL 路径就行了。默认安装的路径是 C:\ MySQL\MySQL Server 5.6\bin，如图 6.3 所示。

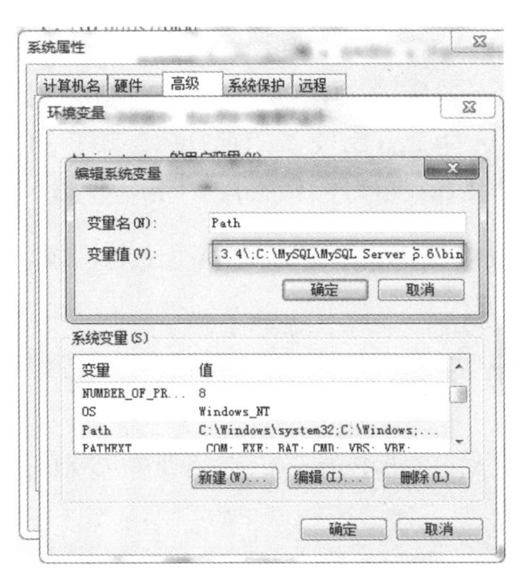

图 6.3　配置 MySQL 环境变量

配置 MySQL 环境变量完毕后，单击任务栏，在输入框中输入 CMD，进入 Windows 命令行窗口，在命令行窗口中输入 MySQL -h 127.0.0.1 -u root –p，然后输入密码，就可以连接到本地的 MySQL 数据库了，如图 6.4 所示。

```
Administrator: C:\Windows\system32\cmd.exe - mysql -h 127.0.0.1 -u root -p
Microsoft Windows [Version 6.1.7601]
Copyright (c) 2009 Microsoft Corporation.  All rights reserved.

C:\Users\Administrator>mysql -h 127.0.0.1 -u root -p
```

图 6.4　登录 MySQL

接下来可以使用 create database zzz;命令创建一名称为 zzz 的数据库，如图 6.5 所示。还可以使用 show databases;命令进行查看，如图 6.6 所示。

```
mysql> create database zzz;
Query OK, 1 row affected (0.00 sec)
```

图 6.5　创建数据库

```
mysql> show databases;
+--------------------+
| Database           |
+--------------------+
| information_schema |
| mysql              |
| performance_schema |
| sakila             |
| test               |
| world              |
| zzz                |
+--------------------+
7 rows in set (0.00 sec)
```

图 6.6　显示所有数据库

6.2　Python 数据库框架 MySQL-Python

大多数的数据库引擎都有对应的 Python 包，有免费使用的和付费使用的两种。Flask 比较灵活，让用户在数据库选择上有比较多的选择性。用户可以根据自己的喜好选择使用 MySQL 或 SQLite 等任意一款适合自己的数据库。本节介绍 MySQL-Python 数据库框架。

注意： Python 2.x 用 MySQL-Python，从 Python 3.x 起，不再支持 MySQL-Python。

6.2.1　MySQL-Python 安装

在 Python 2.x 下要使用 MySQL-Python，必须要安装 MySQL-Python 模块。可以使用以下命令：

```
(venv) pip install MySQL-python
```

🔔注意：如果安装报错，出现诸如 fatal error C1083: Cannot open include file: 'config-win.h': No such file or directory 这样的错误，可以到 http://www.lfd.uci.edu/~gohlke/pythonlibs/下载 MySQL_python-1.2.5-cp27-none-win_amd64.whl，然后运行：pip install MySQL_python-1.2.5-cp27-none-win_amd64.whl。

在 Python 3.x 中要使用 MySQLdb,可以使用 PyMySQL，在 Python 3.x 中 PyMySQL 替代了 MySQLdb。安装 PyMySQL 可以使用下面命令：

```
(venv) pip install pyMySQL
```

此外，在数据库初始化代码中，需要配置编写下面代码：

```
01  import pyMySQL
02  pyMySQL.install_as_MySQLdb()          #手动指定将 MySQLdb 转给 PyMySQL 处理
```

6.2.2　通过 Python 操作数据库对象

1．创建MySQL连接对象

开启 MySQL 自带命令行，输入密码后，开始创建一名称为 demo_01 的数据库，输入命令 create database demo_01; 然后使用命令 show databases;进行查看，如图 6.7 所示。

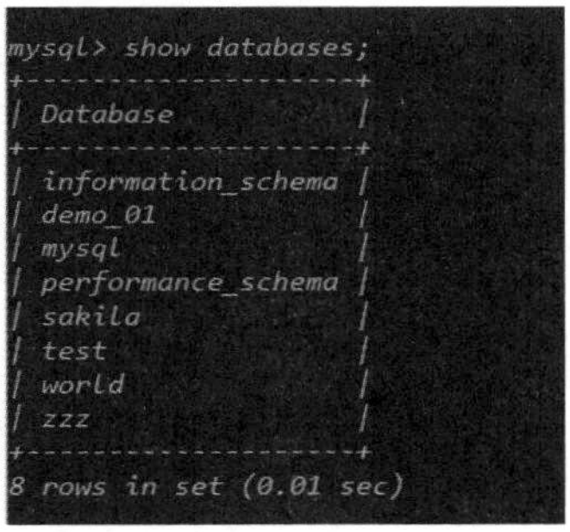

```
mysql> show databases;
+--------------------+
| Database           |
+--------------------+
| information_schema |
| demo_01            |
| mysql              |
| performance_schema |
| sakila             |
| test               |
| world              |
| zzz                |
+--------------------+
8 rows in set (0.01 sec)
```

图 6.7　创建 demo_01 的数据库

查看创建 demo_01 的数据库成功后，开始建立一张 user 表，字段为 username 和 email，先使用命令 use demo_01，表示使用数据库 demo_01，再使用 create table user(username varchar(30)，email varchar(50));命令创建两个字段，如图 6.8 所示。

```
mysql> use demo_01;
Database changed
mysql> create table user(username varchar(30),email varchar(50));
Query OK, 0 rows affected (0.01 sec)
```

图 6.8　数据库中创建表格

🔔注意：use demo_01 命令后可以不用;号。查看刚刚创建的表格，可以使用命令“show tables; ”。

添加测试数据，使用命令 insert into user values（'zhangsan'，'74444@qq.com'）;，如图 6.9 所示。

```
mysql> insert into user values('zhangsan','744444@qq.com');
Query OK, 1 row affected (0.01 sec)
```

图 6.9　向表中添加数据

检测数据是否添加成功，使用命令 select * from user;，效果如图 6.10 所示。

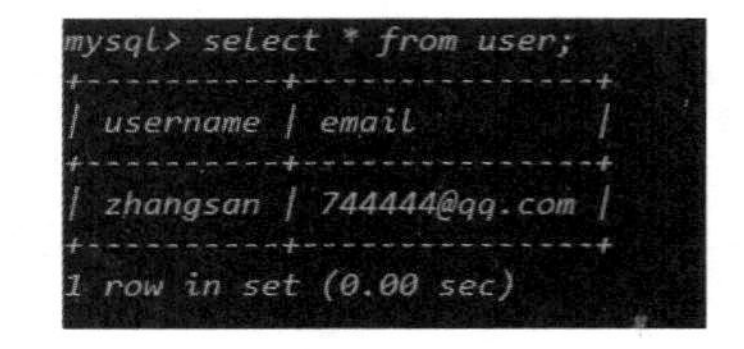

图 6.10　查询数据

使用 PyCharm 新建一 flask 工程，用我们前面章节配置好的虚拟环境，默认生成 的 app.py 对应的代码如下：

```
01    #encoding:utf-8
02    from flask import Flask
03    app = Flask(__name__)
04    @app.route('/')
05    def hello_world():
06        return 'Hello World!'
07    if __name__ == '__main__':
08        app.run()
```

01 设定编码；02 行表示导入 Flask 模块；03 行表示实例化；04 行表示设定路由；05 行表示定义视图函数 hello_world()；06 行表示返回 Hello World!；07、08 行表示指定程序的入口地址，当直接运行文件时才会执行。

在 from flask import Flask 下面添加如下代码：

```
import MySQLdb#导入 MySQLdb 类
```

或者是：

```
import pyMySQL
pyMySQL.install_as_MySQLdb()                #手动指定将 MySQLdb 转给 PyMySQL 处理
```

在 app = Flask(__name__)下添加下面代码：

```
01    conn = MySQLdb.Connect(                #配置数据库连接
02        host='127.0.0.1',
03        port=3306,
04        user='root',
05        passwd='root',
06        db=demo_01',
07        charset='utf8'
08    )
```

01～08 行设置数据连接，指定主机地址、端口号，设置用户名、密码和数据库名，设置数据库编码为 UTF8 等。

注意：01 行给出的是 Python 2.x 连接数据库的写法，Python 3.x 下面应该写为'conn = pyMySQL.Connect#配置数据库连接'这种形式。

使用 import 导入 MySQLdb，然后建立数据库连接对象 conn。连接参数如表 6.1 所示。

表 6.1　连接参数说明

数据库连接参数	数据库连接参数含义
host	数据库服务器所在地址，本地一般可以填写localhost，远程的一般填写对应的IP地址，该参数不能为空

（续）

数据库连接参数	数据库连接参数含义
user	登录数据库的用户名，该参数不能为空
passwd	登录数据库的用户名对应的密码，该参数可以为空
db	连接的数据库的名称，需要指定连接的是哪一个数据库，该参数不能为空
charset	设定连接数据的字符集编码，一般选择国际化编码UTF8。注意此处不是UTF-8，该参数不能为空

Python 建立了与数据的连接，其实是建立了一个 MySQLdb.connect()的连接对象，Python 就是通过连接对象和数据库进行数据交互。connection 常用的方法有 4 种，具体参阅表 6.2。

表 6.2　Connection支持的方法

方　法　名	说　　明
cursor()	创建一游标对象并且返回
commit()	提交当前事务操作，对数据库的增、删、改、查先保存到缓存里，当执行此方法之后再提交给数据库
rollback()	回滚当前事务操作，取消前面会话中的增、删、改、查等操作
close()	关闭数据库连接操作

2．获取游标对象

Python 使用 Connection 方法建立连接后，要操作数据库就需要让 Python 对数据库执行 SQL 语句。Python 是通过游标执行 SQL 语句的。所以连接建立之后，就要利用连接对象得到游标对象，方法如下：

```
cursor = conn.cursor()
```

在 conn 数据连接下面继续编写如下代码：

```
01   cursor = conn.cursor()
02   sql = "select *from user"
03   cursor.execute(sql)
```

01 行表示设定游标对象；02 行表示进行 SQL 查询；03 行表示执行 SQL 语句。

3．获取所有记录列表

在上面的代码基础上继续编写如下代码：

```
01   results = cursor.fetchall()                    #接收全部的返回结果行
02   for row in results:                            #遍历整个结果行
03       username = row[0]                          # 把用户名赋给变量 username
04       email= row[1]                              #用户 email 赋给 email 变量
05     #打印结果
06     print "email=%s,username=%s" %   (email, username ) #打印输出结果
07   cursor.close()                                 #关闭游标
08   conn.close()                                   #关闭连接
```

01 行表示接收全部的返回结果行；02 行表示遍历整个结果行；03 行表示把用户名赋给变量 username；04 行表示把用户 email 赋给 email 变量；06 行表示打印输出结果；07 行表示关闭游标；08 行表示关闭数据库连接。

Cursor 游标对象用于执行查询和获取结果，它支持的方法如表 6.3 所示。

表 6.3　Cursor对象支持的方法

方法名	说明
execute()	用于执行一个数据库的查询命令
fetchone()	获取结果集中的下一行
fetchmany(size)	获取结果集中的下（size）行
fetchall()	获取结果集中剩下的所有行
rowcount	最近一次执行数据库查询命令后，返回数据/影响的行数
close()	关闭游标

例 6-1　利用 PyMySQL 框架访问数据库：app.py

```
01  from flask import Flask                  #导入 Flask 模块
02  import pyMySQL                           #导入 PyMySQL 模块
03  pyMySQL.install_as_MySQLdb()             #手动指定将 MySQLdb 转给 PyMySQL 处理
04  app = Flask(__name__)                    #实例化
05  conn = pyMySQL.Connect(                  #配置数据库连接
06      host='127.0.0.1',
07      port=3306,
08      user='root',
09      passwd='root',
10      db='demo_01',
11      charset='utf8'
12  )
13  cursor = conn.cursor()                   #获取游标
14  sql = "select *from user"   #全连接的 SQL 语句，要查询出 user 表中所有的数据
15  cursor.execute(sql)                      # 执行单条 SQL 语句
16  results = cursor.fetchall()              #接收全部的返回结果行
17  for row in results:                      #for 循环进行遍历
18        username = row[0]
19        email= row[1]
20       # 打印结果
21        print(username)                    #打印输出
22  cursor.close()                           #关闭游标
23  conn.close()                             #关闭连接
24  @app.route('/')
25  def hello_world():
26      return 'Hello World!'
27  if __name__ == '__main__':
28      app.run()
```

01、02 行导入所需模块；03 行表示手动指定将 MySQLdb 转给 PyMySQL 处理；04 行表示 app 实例化；05～12 行表示配置数据库连接；13 行表示获取游标；14 行表示全连接的 SQL 语句，要查询出 user 表中所有的数据；15 行表示执行单条 SQL 语句，接收的参

数为 SQL 语句本身和使用的参数列表；16 行表示接收全部的返回结果行；17 行使用 for 循环进行遍历并打印输出；22 行表示关闭游标；23 行表示关闭连接。

```
输出结果为：zhangsan
```

由以上代码输出结果可以知道，使用 PyMySQL 成功连接上了数据库，并且查询到了数据库中的一条记录。

6.3　通过 MySQL-Python 进行更新数据操作

通过 MySQL-Python 对数据库的增、删、改、查等操作，都是要先建立 connection 连接对象，然后获取 cursor，最后需要关闭 cursor 对象和 conneciton 连接。在程序中使用 cursor.execute()方法来执行相关更新数据的操作，如果没有出现异常，则使用 conn.commit()方法提交事务，让数据真正生效。如果出现异常，则需要使用 conn.rollback()方法回滚事务。

6.3.1　增加数据

向数据库中插入数据，必须先建立数据库连接，然后获取游标对象，通过 cursor.execute()来执行 SQL 语句，使用 conn.commit()方法来提交事务，让数据插入操作真正生效。

例 6-2　利用 PyMySQL 框架向数据库中添加数据：app.py

```
01  # -*- coding: UTF-8 -*-
02  from flask import Flask                       #导入 Flask 模块
03  import pyMySQL                                #引入 MySQL 库
04  pyMySQL.install_as_MySQLdb()                  #手动指定将 MySQLdb 转给 PyMySQL 处理
05  app = Flask(__name__)                         #初始化
06  conn = pyMySQL.Connect                        #建立数据库连接
07          host='127.0.0.1',                     #指定主机地址
08          port=3306,                            #设定端口
09          user='root',                          #设定用户名
10          passwd='root',                        #指定登录密码
11          db='demo_01',                         #指定使用的数据库
12          charset='utf8'                        #设定字符编码
13     )
14  cursor=conn.cursor()                          #使用 cursor()方法获取操作游标
15                                                #使用 try---except 进行异常处理
16  try:
17          sql_insert="insert into user(username,email) values ('yanghong1',
            '22222@qq.com')"
18          sql_insert1="insert into user(username,email) values ('caoxiao1',
            '33333@qq.com')"
19          cursor.execute(sql_insert)    #执行 SQL 语句
```

```
20          cursor.execute(sql_insert1)          #执行 SQL 语句
21          conn.commit()                        #提交事务
22      except Exception as e:                   #抛出异常
23                                               #print e
24          print(e)                             #打印异常
25      conn.rollback()                          #事务回滚
26      cursor.close()                           #关闭游标
27      conn.close()                             #关闭数据库连接
28      @app.route('/')
29      def hello_world():
30          return 'Hello World!'
31      if __name__ == '__main__':
32          app.run()
```

02、03 行导入所需模块；04 行表示手动指定将 MySQLdb 转给 PyMySQL 处理；05～12 行表示配置数据库连接；13 行表示获取游标；14 行表示使用 cursor()方法获取操作游标；15～22 行表示向数据库中插入数据，并使用使用 try---except 进行异常处理；25 行表示回滚事务操作；26 行表示关闭游标操作；27 行表示关闭数据库连接。运行效果如图 6.11 所示。

```
mysql> select * from user;
+----------+---------------+
| username | email         |
+----------+---------------+
| zhangsan | 744444@qq.com |
| dingding | 33333@qq.com  |
| yanghong | 22222@qq.com  |
| caoxiao  | 33333@qq.com  |
+----------+---------------+
4 rows in set (0.00 sec)
```

图 6.11　向数据库增加数据

与其他语言相同，在 Python 中，try/except 语句主要是用于处理程序正常执行过程中出现的一些异常情况，最典型的比如除数为 0，导致整个程序终止或崩溃。为此，我们有必要把可能发生错误的语句放在 try 模块里，用 except 来捕获异常并进行处理，保证程序可以朝着我们设计的方向顺利执行。

注意： try/except 语句必须配对使用，也就是说每一个 try 都必须至少有一个 except 与之对应。

conn.commit()语句放在两条插入语句执行之后，并放在 try 语句块内，如果产生异常，可以使用：

```
conn.rollback()
```

该语句可以使事务回滚，退回到没有执行数据插入之前。

cursor.execute("sql 语句")表示使用 execute 方法执行 SQL 语句。所用的 SQL 操作都放在 cursor.execute()方法中来执行。

6.3.2　修改数据

修改数据库中某条记录，同样是先建立数据库连接，然后获取游标对象，通过 cursor.execute()来执行 SQL 语句，使用 conn.commit()方法来提交事务，让修改数据操作真正生效。

注意： 数据修改完毕，需要关闭游标操作和数据库连接操作。

例如，把 try... except Exception as e:中的代码替换成下面的代码：

```
01  try:
02      sql_update="update user set username='keke' where email=
        '22222@qq.com'"                      #更新
03      cursor.execute(sql_update)           #执行 SQL 语句
04      conn.commit()                        #提交事务
05  except Exception as e:                   #抛出异常
```

02 行使用 update 方法更新指定记录；03 行执行 SQL 语句；04 行提交事务；05 行抛出异常。

sql_update="update user set username='keke' where username='yanghong'"将 email= '22222@qq.com'的用户名修改为 keke。修改成功与否，可以使用 select * from user;进行查看，如图 6.12 所示。

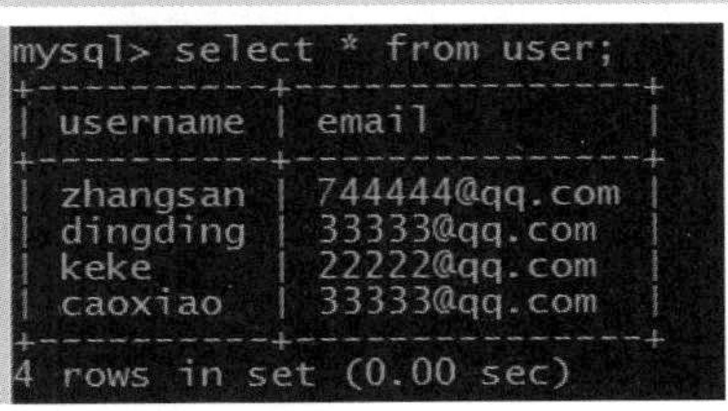

图 6.12　修改数据库中的数据

6.3.3　删除数据

要删除数据库中的某条记录，同样是先建立数据库连接，然后获取游标对象，通过 cursor.execute()来执行 SQL 语句，使用 conn.commit()方法来提交事务，让删除数据操作真正生效。

下面要把数据表中的 username='caoxiao'的这条记录删除，那么代码该如何写呢？参考代码如下：

```
01  try:
02      sql_delete = "delete from user where username='caoxiao'"
                                              #删除指定记录
03      cursor.execute(sql_delete)            #执行 SQL 操作
04      conn.commit()                         #提交事务
05  except Exception as e:                    #抛出异常
```

02 行使用 delete 方法更新指定记录；03 行执行 SQL 语句；04 行提交事务；05 行抛出异常。

该代码成功执行后，进入 MySQL 进行查询，如图 6.13 所示。

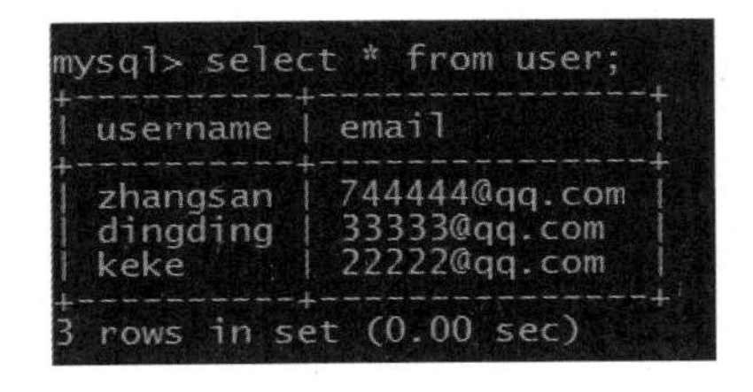

图 6.13　数据的删除

6.4　初识 Flask-SQLAlchemy

SQLAlchemy 是一个基于 Python 实现的 ORM（Object Relational Mapping，对象关系映射）框架。该框架建立在 DB API 之上，使用关系对象映射进行数据库操作。简言之便是将类和对象转换成 SQL，然后使用数据 API 执行 SQL 并获取执行结果。它的核心思想于在于将关系数据库表中的记录映射成为对象，以对象的形式展现，程序员可以把对数据库的操作转化为对对象的操作。

注意：Flask-SQLAlchemy 框架的实质在于以操作对象的方式对数据库操作。

6.4.1　SQLAlchemy 的安装

安装 Flask-SQLAlchemy 框架可以使用下面的命令：

```
(venv) pip install flask-sqlalchemy
```

也可以直接在 PyCharm 中输入 Flask-SQLAlchemy 完成安装。

注意：如果连接的是 MySQL 数据库，需要确保 PyMySQL 已经安装。可以使用 pip list 查看有哪些已经安装的 Python 软件包和版本。

PyMySQL 的安装步骤如下：

（1）执行 File | Settings 命令，如图 6.14 所示。

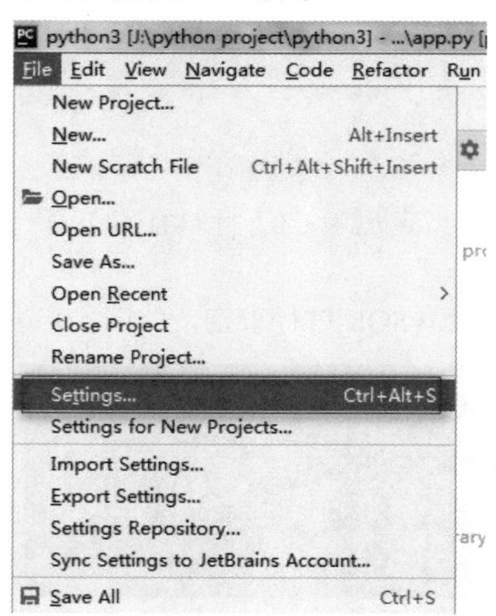

图 6.14　进入工程设置

（2）在面板上单击右边的“+”号按钮，如图 6.15 所示。

Project: python3 › Project Interpreter　For current project

Project Interpreter: Python 3.7 (python3) F:\python project\python3\venv\Scripts\python.exe

Install (Alt+Insert)

Package	Version	Latest version
Flask	1.0.2	1.0.2
Flask-SQLAlchemy	2.3.2	2.3.2
Jinja2	2.10	2.10
MarkupSafe	1.0	1.0
PyMySQL	0.9.2	0.9.2
SQLAlchemy	1.2.11	1.2.11
Werkzeug	0.14.1	0.14.1

点击“+”号

图 6.15　选择+号按钮

（3）在弹出窗口的搜索栏中输入 PyMySQL，然后选择 PyMySQL，如图 6.16 所示。

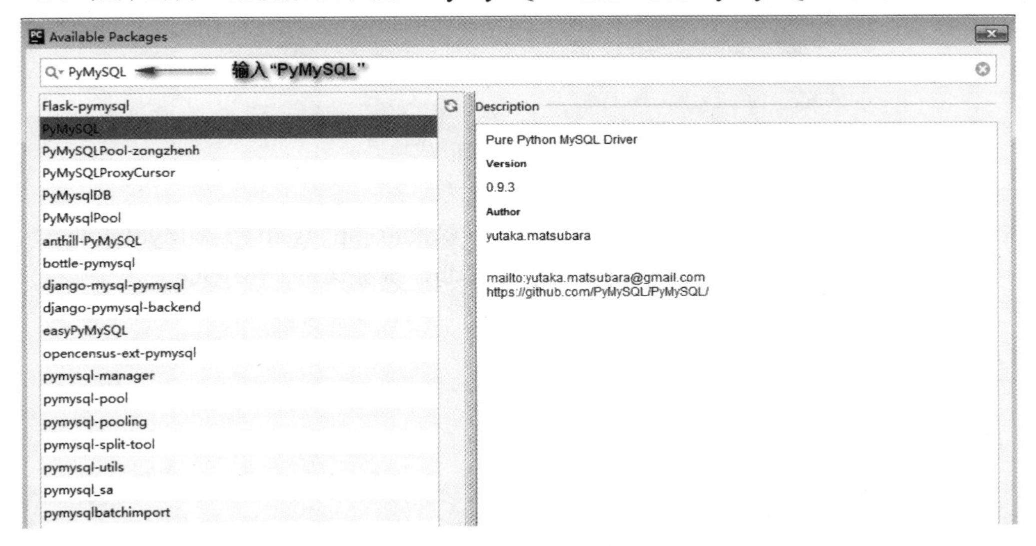

图 6.16　输入 PyMySQL

（4）单击 Install Package 按钮完成安装，如图 6.17 所示。

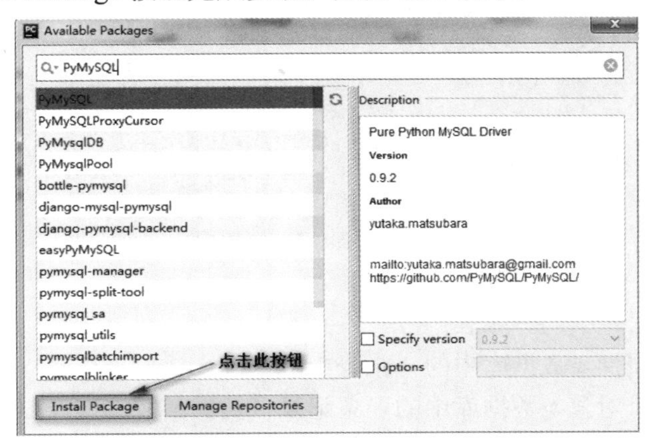

图 6.17　安装 PyMySQL

（5）安装成功后如图 6.18 所示。

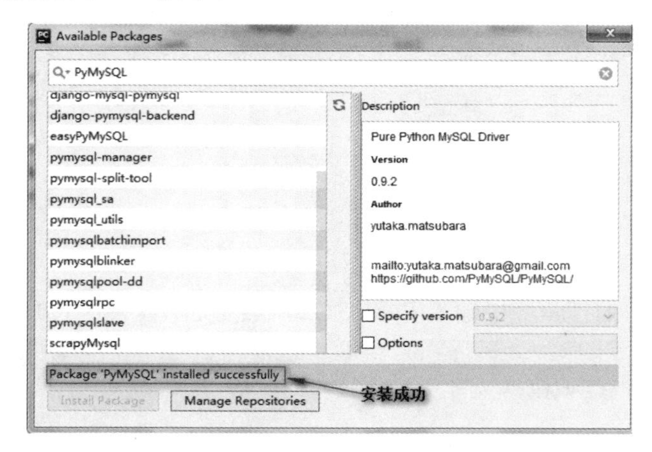

图 6.18　安装 PyMySQL 成功提示

注意： Python 2 版本中需要安装 MySQLdb，可以使用 pip install flask-MySQLdb 命令来完成安装。Python 3 中不再支持 MySQLdb，推荐使用 PyMySQL。

6.4.2　对象-关系映射实质

现在有一个 SQL 语句如下：

```
01  create table book(`id` int(11) NOT NULL AUTO_INCREMENT,' tiltle
02   ' varchar(50),' publishing_office '  varchar (100) ,' isbn'
     varchar(4));                                               #建立表 book
```

还有一个 book 对象：

```
01  class Book(db.Model):使用 SQLALchemy 创建表 book
02      __tablename__='book'                                    #别名
03      id=db.Column(db.Integer,primary_key=True,autoincrement=True)
                                                                #定义 id 字段
04      tiltle=db.Column(db.String(50),nullable=False)  #定义 title 字段
05      publishing_office=db.Column(db.String(100),nullable=False)
                                                                #定义出版社字段
06      isbn=db.Column(db.String(100),nullable=False)   #定义 isbn 号字段
```

能否建立下列 3 点对应关系呢？

- book 类->数据库中的一张表；
- book 类中的属性->数据库中的一张表中的字段；
- book 类的一个对象->数据库中的一条记录（数据）。

答案是显而易见的。flask-sqlalchemy 能帮我们建立这几种对应关系，如图 6.19 所示。

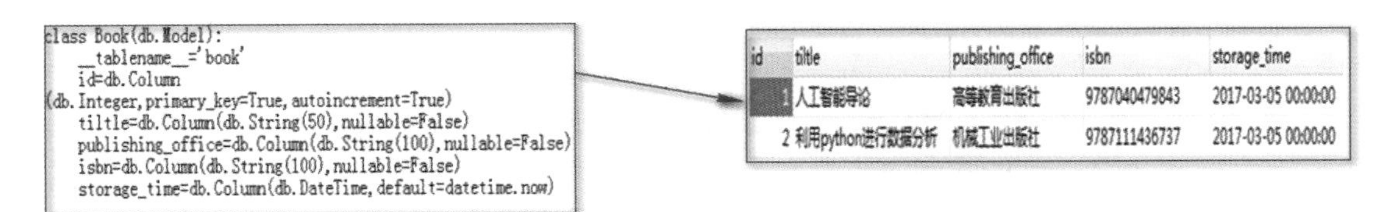

图 6.19　关系数据库的表与对象的映射

Flask-SQLALchemy 这个 ORM 框架使我们操作数据库变成了操作对象，一个表被抽象成了一个类，一个表中的字段被抽象成一个类的多个属性，一条数据就抽象成该类的一个对象，不用再写烦琐的底层的 SQL 语句了。

关系数据库的表与对象的映射还可以用表 6.4 进一步概括。

表 6.4　对象映射与关系

面向对象概念	面向关系概念
类	表
对象	表的行（记录）
属性	表的列（字段）

6.4.3　为什么使用 ORM

当需要实现一个应用程序时（不使用 O/R Mapping），我们可能会写特别多的数据访问层的代码，从数据库保存、删除、读取对象信息，而这些代码都是重复的。而使用 ORM 则会大大减少重复性代码。对象关系映射（Object Relational Mapping，ORM），主要实现程序对象到关系数据库数据的映射。

- 简单：ORM 以最基本的形式建模数据。比如 ORM 会将 MySQL 的一张表映射成一个类（模型），表的字段就是这个类的成员变量。
- 精确：ORM 使所有的 MySQL 数据表都按照统一的标准精确地映射成一个类，使系统在代码层面保持准确统一。
- 易懂：ORM 使数据库结构文档化，程序员可以把大部分精力用在 Web 功能的开发和实现上，而不需要花费时间和精力在底层数据库驱动上。
- 易用：ORM 包含对持久类对象进行 CRUD 操作的 API，例如 create()、update()、save()、load()、find()、find_all()和 where()等，也就是将 SQL 查询全部封装成了编程语言中的函数，通过函数的链式组合生成最终的 SQL 语句。通过这种封装避免了不规范、冗余、风格不统一的 SQL 语句，可以避免很多人为 Bug，方便编码风格的统一和后期维护。

综上所述，使用 ORM 框架的最大优点是解决了重复读取数据库的问题，使程序员高效开发成为可能。最大的不足之处在于会牺牲程序的执行效率，特别是处理多表联查、where 条件复杂之类的查询时，ORM 的语法会变得复杂。

6.5　Flask-SQLAlchemy 初始化

SQLAlchemy 作为操作关系型数据库的对象关系映射框架，是我们快速开发的一个重要工具，要使用 SQLAlchemy，必须要进行必要的初始化配置后才能使用。

在 Flask-SQLAlchemy 中，插入、修改、删除操作均由数据库会话管理，会话用 db.session 表示。在准备把数据写入数据库前，要先将数据添加到会话中，然后调用 commit()方法提交会话。

数据库会话是为了保证数据的一致性，避免因部分更新导致数据不一致。提交操作把会话对象全部写入数据库，如果写入过程发生错误，整个会话都会失效。数据库会话也可以回滚，通过 db.session.rollback()方法实现会话提交数据前的状态。在 Flask-SQLAlchemy 中，查询操作是通过 query 对象操作数据。最基本的查询是返回表中的所有数据，可以通过过滤器进行更精确的数据库查询。

在 PyCharm 中新建一 flask 工程，使用配置好的虚拟环境，工程结构如图 6.20 所示。

```
db_demo1  J:\python project\db_demo1
    static
    templates
        index.html
    venv
    config.py
    db_demo1.py
External Libraries
Scratches and Consoles
```

图 6.20　工程结构图

在 config.py 文件中编写如下代码：

```
01  #encoding:utf-8                                    #设定编码
02  DIALECT='MySQL'                                    #访问 MySQL 数据库
03  DRIVER='MySQLdb'                                   #驱动为 MySQLdb
04  USERNAME='root'                                    #登录账号
05  PASSWORD=''                                        #登录密码
06  HOST='127.0.0.1'                                   #主机地址
07  PORT='3306'                                        #端口号
08  DATABASE='db_demo1'                                #使用的数据库
09  SQLALCHEMY_DATABASE_URI="{}+{}://{}:{}@{}:{}/{}?charset=utf8".
    format(DIALECT,DRIVER,USERNAME,PASSWORD,HOST,PORT,DATABASE)
                                                       #固定格式实例化
10  SQLALCHEMY_TRACK_MODIFICATIONS=False               #关闭动态跟踪
11  #查询时会显示原始 SQL 语句
12  SQLALCHEMY_ECHO = True
```

上述代码为配置数据库连接信息。01 行设定编码；02 行设定访问的是 MySQL 数据库，DIALECT='MySQL'是数据库的实现，比如 MySQL\SQLite 等，并且要求转换成小写；03 行表示使用的驱动为 MySQLdb；04 行指定用户名；05 行指定登录 MySQL 数据库的密码；06 行指定 MySQL 服务器所在的地址；07 行指定端口号；08 行表示使用的数据库；09 行使用 SQLALCHEMY_DATABASE_URI 的固定格式进行数据库连接的实例化；10 行表示关闭 SQLAlchemy 追踪对象的修改并且发送信号功能；12 行表示查询时会显示原始

SQL 语句。

注意：数据库配置文件一般要求独立成一个文件，便于管理和移置，此文件为 Python 2.x 下的数据库配置文件。

在 Python 3.x 下的数据库配置文件应该如下：

例 6-3　使用 Flask-SQLAlchemy 框架初始化实例：config.py

```
01  USERNAME = 'root'                             #设置登录账号
02  PASSWORD = 'root'                             #设置登录密码
03  HOST = '127.0.0.1'                            #设置主机地址
04  PORT = '3306'                                 #设置端口号
05  DATABASE = 'db_demo1'                         #设置访问的数据库
06  DB_URI = 'MySQL+pyMySQL://{}:{}@{}:{}/{}?charset=utf8'. format
    (USERNAME, PASSWORD, HOST, PORT, DATABASE)       #准备创建数据库连接示例
07  SQLALCHEMY_DATABASE_URI = DB_URI              #创建数据库连接示例
08  #动态追踪修改设置，如未设置只会提示警告
09  SQLALCHEMY_TRACK_MODIFICATIONS=False
10  #查询时会显示原始 SQL 语句
11  SQLALCHEMY_ECHO = True
```

注意：SQLALCHEMY_TRACK_MODIFICATIONS=False 必须设置，可以为 Flase 或者 True，表示动态追踪修改设置。如果没有设置，会给出警告信息。

SQLALCHEMY_DATABASE_URI="{}+{}://{}:{}@{}:{}/{}?charset=utf8".format(DIALECT,DRIVER,USERNAME,PASSWORD,HOST,PORT,DATABASE)是固定写法。

例 6-3　使用 Flask-SQLAlchemy 框架初始化实例：db_demo1.py

```
01  #encoding:utf8
02  from flask import Flask                          #导入 Flask 模块
03  from flask_sqlalchemy import SQLAlchemy          #导入 SQLAlchemy 模块
04  import config                                    #导入配置文件
05  app = Flask(__name__)                            #Flask 初始化
06  app.config.from_object(config)                   #配置文件实例化
07  #初始化一个对象
08  db=SQLAlchemy(app)
09  #测试数据库连接是否成功
10  db.create_all()                                  #创建数据库
11  @app.route('/')
12  def index():
13      return 'index'
14  if __name__ == '__main__':
15      app.run(debug=True)
```

01 行设定编码；02 行导入 Flask 模块；03 行导入 SQLAlchemy 模块；04 行导入配置文件；06 行表示配置文件实例化；08 行表示初始化一个数据库连接对象；10 行创建数据库。

运行上述代码，如果没有报错，则说明配置成功。可以将 DATABASE='db_demo1'的

内容修改为一个不存在的数据库，则可以看到有报错信息输出。

6.6　Flask-SQLAlchemy 模型与表映射方法 1

SQLAlchemy 允许我们根据数据库的表结构来创建数据模型，反之亦可。所以一般无须手动的登录到数据库中使用 SQL 语句来创建表，只需把数据模型定义好了之后，表结构也就有了。

在 MySQL 中新建一名称为 demo2 的数据库，使用命令 create database demo_02，然后使用命令 show databases 查看创建成功与否。在 PyCharm 软件中创建一 flask 工程，工程目录结构如图 6.21 所示。

```
Flask-sqlalchemy J:\python project\Flask
    static
    templates
  > venv
    app.py
    config.py
> External Libraries
  Scratches and Consoles
```

图 6.21　工程结构

app.py 文件的内容如下：

例 6-4　使用 Flask-SQLAlchemy 框架创建数据库表：app.py

```
01  #encoding:utf8
02  from flask import Flask                          #导入 Flask 模块
03  from flask_sqlalchemy import SQLAlchemy          #导入 SQLAlchemy 模块
04  import config                                    #导入配置文件
05  from datetime import datetime                    #导入 datetime 模块
06  app = Flask(__name__)                            #Falsk 初始化
07  app.config.from_object(config)                   #配置文件实例化
08  #初始化一个数据库连接对象
09  db=SQLAlchemy(app)
10  #测试数据库连接是否成功
11  #建立表
12  class Book(db.Model):
13     __tablename__='book'                          #表的别名
14     id=db.Column(db.Integer,primary_key=True,autoincrement=True)
                                                     #id 号
15     title=db.Column(db.String(50),nullable=False)         #书名
16     publishing_office=db.Column(db.String(100),nullable=False)#出版社
17     isbn=db.Column(db.String(100),nullable=False)         #isbn 号
18  storage_time=db.Column(db.DateTime,default=datetime.now)   #入库时间
19  db.create_all()                                  #对象映射
20  @app.route('/')
21  def index():
22    return "index"
23  if __name__ == '__main__':
24     app.run(debug=True)
```

02 行导入 Flask 模块；03 行表示导入 SQLAlchemy；04 行导入 config 配置文件；05 行表示导入 datetime 模块；07 行表示配置文件实例化；09 行表示读取 app 的配置参数，

将和数据库相关的配置加载到 SQLAlchemy 对象中；12～18 行表示创建表；13 行表示表的别名；14 行创建 id 为自增字段，且为主键；15 行创建书名称段；16 行创建出版社字段；17 行创建 isbn 号字段；18 行创建入库时间字段；19 行进行对象映射。

例 6-4　使用 Flask-SQLAlchemy 框架创建数据库表：config.py

```
#encoding:utf8
USERNAME = 'root'                                         #访问数据库的账号
PASSWORD = 'root'                                         #访问数据库的密码
HOST = '127.0.0.1'                                        #访问数据库的主机地址
PORT = '3306'                                             #访问数据库对应的端口号
DATABASE = 'db_demo1'                                     #连接的数据库
DB_URI = 'MySQL+pyMySQL://{}:{}@{}:{}/{}?charset=utf8'.format(USERNAME,
PASSWORD, HOST, PORT, DATABASE)
SQLALCHEMY_DATABASE_URI = DB_URI
#动态追踪修改设置，如未设置只会提示警告
SQLALCHEMY_TRACK_MODIFICATIONS=False
#查询时会显示原始 SQL 语句
SQLALCHEMY_ECHO = True
```

Python 语言的 3.x 完全不向前兼容，导致在 Python 2.x 中可以正常使用的库到了 Python 3 中就不支持 MySQLdb 数据库驱动了。给出的解决方法是，使用 PyMySQL 作为 Python 3 环境下 MySQLdb 的替代数据库驱动，可以进入命令行，使用 pip 安装 PyMySQL。安装完毕后，如果你继续要使用 MySQLdb，那么请加上一句 pyMySQL.install_as_ MySQLdb()即可。

注意：添加 pyMySQL.install_as_MySQLdb();一般是主 app 对应的文件中。

SQLAlchemy 有一些常用的数据类型，和关系数据库的类型有对应关系，详见表 6.5 所示。

表 6.5　Flask-SQLAlchemy常用数据类型

类 型 名 称	Python类型	描　　述
Integer	int	整型，通常为32位，映射到数据库中是int类型
SmallInteger	int	短整型，通常为16位，映射到数据库中是int类型
BigInteger	int或long	整型，精度不受限制，映射到数据库中是int类型
Float	float	浮点数，映射到数据库中是float类型
Numeric	decimal	定点数
String	str	可变长度字符串，映射到数据库中是varchar类型
Text	str	可变长度字符串，适合大量文本
Unicode	unicode	可变长度Unicode字符串
Boolean	bool	布尔值，映射到数据库中的是tinyint类型
Date	datetime.data	日期类型
Time	datetime.time	时间类型

（续）

类 型 名 称	Python类型	描　　述
Datetime	datetime.datetime	日期时间类型
Interval	Datetime.timedata	时间间隔
Enum	str	字符列表
PickleType	任意Python对象	自动Pickle序列化
LargeBinary	str	二进制

Flask-SQLAlchemy 中字段的声明可选参数描述，例如用来指定是否是表的主键、表的一列中是否允许有相同值、是否允许某列的值为空等，如表 6.6 所示。

表 6.6　Flask-SQLAlchemy声明可选参数

可 选 参 数	描　　述
Primary_key	如果设置为True，该列为表的主键
unique	如果设置为True，该列不允许有相同值
index	如果设置为True，为提高查询效率，为该列创建索引
nullable	如果设置为True，该列允许为空。设置为False,该列不允许为空值
default	定义该列的默认值

db 是 SQLAlchemy 的实例化对象，包含了 SQLAlchemy 对数据库操作的支持类集。执行创建表命令以后，可以查看到表格已经创建成功，如图 6.22 所示。

图 6.22　Flask-SQLALchemy 创建表

如想再新增一条记录，可以使用下面的方法。在执行下面的方法之前先把 db.create_all()这行注释掉。注释以后变为：

```
#db.create_all()                                    #对象映射
```

注释完成以后开始增加下面的代码：

```
01   book1= Book(id='001',title='人工智能导论', publishing_office ='高等教育
     出版社',isbn='9787040479843')
02   db.session.add(book1)                          #把对象添加到会话中
03   db.session.commit()                            #提交事务
```

上面的代码了产生了一个 book1 对象，它的属性包含 id='001'，title='人工智能导论'，publishing_office ='高等教育出版社'，isbn='9787040479843'，通过 db.session.add(book1)把对象添加到会话中，然后通过 db.session.commit()完成事务的提交。

例 6-5　使用 Flask-SQLAlchemy 框架添加数据实例之配置文件：config.py

```
01  # -*- coding:utf-8 -*-                              #设定编码
02  DIALECT='MySQL'                                     #指定访问 MySQL 数据库
03  DRIVER='MySQLdb'                                    #驱动使用 MySQLdb
04  USERNAME='root'                                     #指定登录账号
05  PASSWORD='root'                                     #指定登录密码
06  HOST='127.0.0.1'                                    #指定 MySQL 主机地址
07  PORT='3306'                                         #指定端口号
08  DATABASE='demo_02'                                  #指定连接的数据库
09  SQLALCHEMY_DATABASE_URI="{}+{}://{}:{}@{}:{}/{}?charset=utf8".
    format(DIALECT,DRIVER,USERNAME,PASSWORD,HOST,PORT,DATABASE)
                                                        #进行数据库连接的实例化
10  SQLALCHEMY_TRACK_MODIFICATIONS=False                #关闭动态连接
11  #查询时会显示原始 SQL 语句
12  SQLALCHEMY_ECHO = True
```

01 行设定编码；02 行设定访问的是 MySQL 数据库，DIALECT='MySQL'是数据库的实现，比如 MySQL\SQLite 等，并且要求转换成小写；03 行表示使用的驱动为 MySQLdb；04 行指定用户名；05 行指定登录 MySQL 数据库的密码；06 行指定 MySQL 服务器所在的地址；07 行指定端口号；08 行表示使用的数据库；09 行使用 SQLALCHEMY_DATABASE_URI 的固定格式进行数据库连接的实例化；10 行表示关闭动态跟踪功能；12 行表示查询时会显示原始 SQL 语句。

例 6-5　使用 Flask-SQLAlchemy 框架添加数据实例：app.py

```
01  from flask import Flask                             #导入 Flask 模块
02  from datetime import datetime                       #导入 datetime 模块
03  import config                                       #导入配置文件
04  from flask_sqlalchemy import SQLAlchemy             #导入 SQLAlchemy 模块
05  import pyMySQL                                      #导入 PyMySQL
06  pyMySQL.install_as_MySQLdb()                        #PyMySQL 替代 MySQLdb
07  app = Flask(__name__)                               #Flask 初始化
08  app.config.from_object(config)                      #配置文件初始化
09  db = SQLAlchemy(app)                   #读取配置参数，将和数据库相关的配置加载到
                                            SQLAlchemy 对象中
10  db.init_app(app)                                    #初始化数据库连接文件
11  #建立表
12  class Book(db.Model):
13      __tablename__='book'                            #表的别名
14      id=db.Column(db.Integer,primary_key=True,autoincrement=True)
15      title=db.Column(db.String(50),nullable=False)   #书名
16      publishing_office=db.Column(db.String(100),nullable=False)
                                                        #出版社
17      isbn=db.Column(db.String(100),nullable=False)   #isbn 号
18  storage_time=db.Column(db.DateTime,default=datetime.now)   #入库时间
19  db.create_all()                                     #对象映射
20  #以上代码同样创建了一个表，下面试着增加一条记录，再增加下面的代码
21  book1= Book(id='005',title='人工智能导论', publishing_office ='高等教育
```

```
       出版社',isbn='9787040479843')
   22  db.session.add(book1)                               #把对象添加到会话中
   23  db.session.commit()                                 #提交事务
   24  @app.route('/')
   25  def hello_world():
   26      return 'Hello World!'
   27  if __name__ == '__main__':
   28      app.run()
```

01 行导入 Flask 模块；02 行表示导入 datetime 模块；03 行表示导入配置文件；04 行表示导入 SQLAlchemy；05 行表示导入 PyMySQL；06 行表示用 PyMySQL 替代 MySQLdb；07 行表示 Flask 初始化；08 行表示配置文件初始化；09 行表示读取 app 的配置参数，将和数据库相关的配置加载到 SQLAlchemy 对象中；12～18 行创建表 book；19 行表示对象映射；21 行表示创建一个类型为 Book 的对象 book1，赋予成员变量值；22 行表示将把对象添加到会话中；23 行表示提交事务。

运行 app.py 文件，会在数据库中创建一条记录，该记录如图 6.23 所示。

图 6.23　Flask-SQLALchemy 创建记录成功

6.7　Flask-SQLAlchemy 模型与表映射方法 2

在上一节中，我们实际上使用了 MySQLdb 驱动在 Python 下驱动数据库，如果不使用 MySQLdb 驱动数据库，直接用 PyMySQL 也是可以的。这里底层驱动使用了 PyMySQL，使用 Flask-SQLAlchemy 创建数据库，并成功地向数据库中增加了数据。

例 6-6　使用 Flask-SQLAlchemy 框架初始化实例：config.py

```
   01  #encoding:utf-8                                     #设定编码
   02  HOST = '127.0.0.1'                                  #MySQL 服务器地址
   03  PORT = '3306'                                       #端口号
   04  USERNAME = 'root'                                   #指定登录账号
   05  PASSWORD = 'root'                                   #指定登录密码
   06  DATABASE = 'books'                                  #指定连接的数据库
   07  DB_URI = 'MySQL+pyMySQL://{username}:{password}@{host}:{port}/{db}?
       charset-utf8'.format(username=USERNAME,
   08
password=PASSWORD,
host=HOST,
port=PORT,
db=DATABASE)
   09  SQLALCHEMY_DATABASE_URI = DB_URI                    #数据库连接的实例化
   10  SQLALCHEMY_TRACK_MODIFICATIONS = False              #关闭动态跟踪
```

上面是数据库配置文件，前面章节中已经详细讲过了，这里就不再赘述。

app.py 文件的内容如下：

例 6-6　使用 Flask-SQLAlchemy 框架初始化实例：app.py

```
01  from flask import Flask                                  #导入 Flask 模块
02  from datetime import datetime                            #导入 datetime 模块
03  import config                                            #导入配置文件
04  from flask_sqlalchemy import SQLAlchemy       #导入 SQLAlchemy 模块
05  app = Flask(__name__)                                    #实例化
06  app.config.from_object(config)                           #初始化配置文件
07  db = SQLAlchemy(app)          #db = SQLAlchemy(app)需要放在 config 的后面，
                                  否则会有警告
08  db.init_app(app)                                         #数据库连接初始化
09  #建立表
10  class Book(db.Model):
11      __tablename__='book'                                 #别名
12      id=db.Column(db.Integer,primary_key=True,autoincrement=True)
                                                             #创建 id 字段
13      title=db.Column(db.String(50),nullable=False)        #书名称段
14      publishing_office=db.Column(db.String(100),nullable=False)
                                                             #出版社字段
15      isbn=db.Column(db.String(100),nullable=False)        #isbn 号字段
16  storage_time=db.Column(db.DateTime,default=datetime.now)
                                                             #入库时间字段
17  db.create_all()                                          #对象映射
18  以上代码创建了一个表，下面试着增加一条记录
19  book1= Book(id='001',title='人工智能导论', publishing_office ='高等教育
    出版社',isbn='9787040479843')
20  db.session.add(book1)                                    #把对象添加到会话中
21  db.session.commit()                                      #提交事务
```

01 行导入 Flask 模块；02 行导入 datetime 模块；03 行导入配置文件；04 行导入 SQLAlchemy 模块；05 行表示实例化；06 行表示初始化配置文件；07、08 行表示数据库连接初始化；10～16 行创建表；17 行表示对象映射；19 行创建 book1 对象；20 行把对象添加到会话中；21 行提交事务。

保存并执行 app.py 文件，然后进入数据库查看数据是否插入成功。

6.8　数据的增、删、改、查

6.8.1　数据添加

数据的增、删、改、查等操作，必须确保数据库已经实现建立好，然后使用

db.session.add(对象名称)方法，就可以实现数据的插入操作。

在此工程中新建一个 cofing.py 文件，该文件为数据库连接配置文件，其内容见 6.7 节。主要文件为：

```
/___app.py
/___config.py
```

app.py 文件的内容如下：

例 6-7　使用 Flask-SQLAlchemy 框架添加多条数据实例：app.py

```
01   from flask import Flask                              #导入 Flask 模块
02   from flask_sqlalchemy import SQLAlchemy              #导入 SQLAlchemy 模块
03   from datetime import datetime                        #导入 datetime 模块
04   import config                                        #导入配置文件
05   app = Flask(__name__)                                #实例化 Flask
06   app.config.from_object(config)                       #配置文件初始化
07   db=SQLAlchemy(app)  #读配置参数，将和数据库相关的配置加载到 SQLAlchemy 对象中
08   class Book(db.Model):                                #定义表
09       __tablename__='book'                             #表的别名
10       id=db.Column(db.Integer,primary_key=True,autoincrement=True)
                                                          #id 字段
11       title=db.Column(db.String(50),nullable=False)   #title 字段
12       publishing_office=db.Column(db.String(100),nullable=False)
                                                          #publishing_office 字典
13       price=db.Column(db.String(30),nullable=False)   #price 字段
14       isbn=db.Column(db.String(50),nullable=False)    #isbn 字段
15       storage_time = db.Column(db.DateTime, default=datetime.now)
                                                              #入库时间字段
16   db.create_all()          #如果没有创建表，请先执行 db.create_all()方法创建表
17   #添加数据的路由
18   @app.route('/add')
19   def add():                                               #视图函数
20       book1=Book(title='Python 基础教程（第 3 版）',publishing_office=
         '人民邮电出版社',price='68.30',isbn='9787115474889')  #定义 book1 对象
21       book2 = Book(title='Python 游戏编程快速上手 第 4 版', publishing_
         office='人民邮电出版社', price='54.50', isbn='9787115466419')
                                                              #定义 book2 对象
22       book3 = Book(title='JSP+Servlet+Tomcat 应用开发从零开始学', publishing_
         office='清华大学出版社', price='68.30',isbn='9787302384496')
                                                              #定义 book3 对象
23       db.session.add(book1)                                #将 book1 添加到数据库
24       db.session.add(book2)                                #将 book2 添加到数据库
25       db.session.add(book3)                                #将 book3 添加到数据库
26       db.session.commit()                                  #提交事务
27       return '添加数据成功！'                               #返回数据
28   @app.route('/')
29   def hello_world():
30       return 'Hello World!'
```

```
31    if __name__ == '__main__':
32        app.run(debug=True)
```

01 行表示导入 Flask 模块；02 行表示导入 SQLAlchemy 模块；03 行表示导入 datetime 模块；04 行表示导入配置文件；05 行表示实例化 Flask；06 行表示配置文件初始化；07 行表示读配置参数，将和数据库相关的配置一起加载到 SQLAlchemy 对象中；08～15 行定义 book 表；18 行定义路由；19 行定义视图函数；20～22 行定义 3 个 Book 类型的对象；23～25 行表示将 3 个对象添加到数据库中；26 行提交事务。

注意：db.create_all()创建表以后，如果读者想要修改表结构，再次执行 db.create_all()方法后会发现此时修改表的操作是徒劳的，后续内容中会专门讲解如何解决这个问题。

接下来在数据库中实现数据的增加。在地址栏中输入 http://127.0.0.1:5000/add，然后进入 MySQL 中，可以看到有数据增加了，如图 6.24 所示。

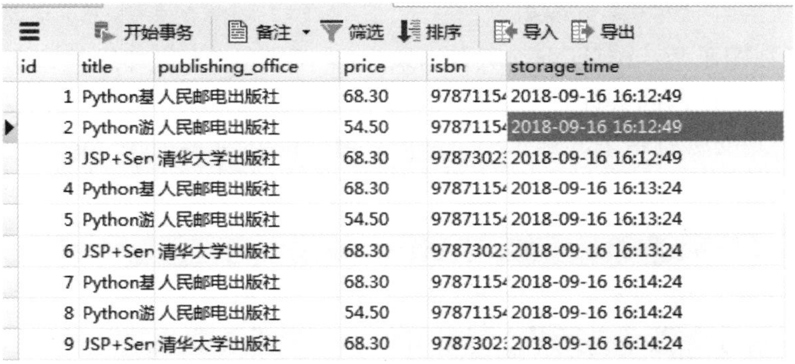

开始事务　备注　筛选　排序　导入　导出

id	title	publishing_office	price	isbn	storage_time
1	Python基	人民邮电出版社	68.30	9787115	2018-09-16 16:12:49
2	Python游	人民邮电出版社	54.50	9787115	2018-09-16 16:12:49
3	JSP+Ser	清华大学出版社	68.30	9787302	2018-09-16 16:12:49
4	Python基	人民邮电出版社	68.30	9787115	2018-09-16 16:13:24
5	Python游	人民邮电出版社	54.50	9787115	2018-09-16 16:13:24
6	JSP+Ser	清华大学出版社	68.30	9787302	2018-09-16 16:13:24
7	Python基	人民邮电出版社	68.30	9787115	2018-09-16 16:14:24
8	Python游	人民邮电出版社	54.50	9787115	2018-09-16 16:14:24
9	JSP+Ser	清华大学出版社	68.30	9787302	2018-09-16 16:14:24

图 6.24　数据库中新增了 9 条记录

注意：这里新增了 9 条记录，是笔者刷新了 3 次网页的结果。

6.8.2　数据查询

数据的查询必须使用 query.filter()方法查找到相应的对象（记录），然后就可以输出该对象具有的属性。接下来实现查询语句，在 def hello_world()函数中增加数据查询代码如下：

```
01    @app.route('/select')
02    def select():
03        result=Book.query.filter(Book.id=='1').first()  #查找 id=1 的对象
04        print(result.title)                            #输出对象的 title 属性
05        return "查询数据成功！"
```

01 行表示定义路由；02 行表示定义视图函数；03 行表示查找 id=1 的对象，result=Book.query.filter(Book.id=='1').first()，query 是从 db.Model 中继承来的，query.filter (Book.id ='xx')为过滤条件，first()取出查询结果的第一条数据，实际上就是一个 Book 对象。04 行表示输出对象的 title 属性值；05 行返回数据。

上面的程序的输出结果如下：

```
127.0.0.1 - - [16/Sep/2018 16:42:30] "GET / HTTP/1.1" 200 -
127.0.0.1 - - [16/Sep/2018 16:42:35] "GET /select HTTP/1.1" 200 -
Python 基础教程（第 3 版）
```

注意，数据库此时只有一条数据，将上述代码修改为：

```
01   def select():
02       # result=Book.query.filter(Book.id=='1').first()
03       result = Book.query.filter(Book.publishing_office == '人民邮电出版
         社').all()                     #查询符合条件的记录
04       for books in result:          #使用 for 循环进行遍历
05          print(books.title)
06       return "查询数据成功！"
```

01 行表示视图函数；03 行查询所有记录；04 行使用 for 循环进行遍历，输出所有符合条件的记录；06 行返回数据。

all()是查询到的所有结果，是一个 Book 对象数组,因此需要用 for 遍历输出。然后再一次打开浏览器，访问 http://127.0.0.1:5000/select，可以看到控制台的输出结果如下：

```
* Running on http://127.0.0.1:5000/ (Press CTRL+C to quit)
127.0.0.1 - - [16/Sep/2018 18:13:59] "GET / HTTP/1.1" 200 -
Python 基础教程（第 3 版） 人民邮电出版社
Python 游戏编程快速上手 第 4 版 人民邮电出版社
Python 基础教程（第 3 版） 人民邮电出版社
Python 游戏编程快速上手 第 4 版 人民邮电出版社
Python 基础教程（第 3 版） 人民邮电出版社
Python 游戏编程快速上手 第 4 版 人民邮电出版社
127.0.0.1 - - [16/Sep/2018 18:14:03] "GET /select HTTP/1.1" 200 -
```

6.8.3　数据修改

数据的修改必须使用 query.filter()方法查找到相应的对象（记录），然后再对该对象的属性值进行修改。在@app.route('/')这行代码之上继续增加以下代码：

```
01   @app.route('/edit')
02   def edit():
03       book1=Book.query.filter(Book.id=='1').first()
04       book1.price=168
05       db.session.commit()
06    return "修改数据成功！"
```

01 行定义路由；02 行定义视图函数；03 行表示查找 id=1 的一条记录；04 行表示将对象 book1 的 price 成员变量修改为 168；05 行表示提交事务，让修改生效。06 行返回成功修改数据的提示。

在浏览器中输入 127.0.0.1:5000/edit，回车，结果如图 6.25 所示。

id	title	publishing_office	price	isbn	storage_time
1	Python基	人民邮电出版社	68.30	9787115	2018-09-16 16:12:49
2	Python游	人民邮电出版社	168	9787115	2018-09-16 16:12:49

图 6.25　将数据库中的第 2 条记录价格修改为 168

6.8.4　数据删除

数据的删除，必须使用 query.filter()方法查找到相应的对象（记录），然后使用 db.session.delete(对象名)方法进行删除。

在@app.route('/')这行代码之上继续增加如下代码：

```
01  @app.route('/delete')                    #定义路由
02  def delete():                            #定义视图函数
03      book1=Book.query.filter(Book.id=='9').first()
                                             #查询出数据库中的第 9 条记录
04      db.session.delete(book1)             #删除对象 book1
05      db.session.commit()                  #提交事务
06      return '删除数据成功'
```

01 行定义路由；02 行定义视图函数；03 行表示查询出数据库中的第 9 条记录；04 行表示删除对象 book1；05 行表示提交事务；06 行表示返回数据。

在浏览器中输入 127.0.0.1:5000/delete，回车，执行结果如图 6.26 所示。

id	title	publishing_office	price	isbn	storage_time
1	Python基	人民邮电出版社	68.30	9787115	2018-09-16 16:12:49
2	Python游	人民邮电出版社	168	9787115	2018-09-16 16:12:49
3	JSP+Ser	清华大学出版社	68.30	9787302	2018-09-16 16:12:49
4	Python基	人民邮电出版社	68.30	9787115	2018-09-16 16:13:24
5	Python游	人民邮电出版社	54.50	9787115	2018-09-16 16:13:24
6	JSP+Ser	清华大学出版社	68.30	9787302	2018-09-16 16:13:24
7	Python基	人民邮电出版社	68.30	9787115	2018-09-16 16:14:24
8	Python游	人民邮电出版社	54.50	9787115	2018-09-16 16:14:24

图 6.26　删除了数据库中的第 9 条记录

注意：这里没有给出完整代码，请读者参阅本章配套资源\源代码\C6\6-7。

6.9　使用 Flask-SQLAlchemy 创建一对一的关系表

数据库实体间有 3 种关联关系：一对一、一对多，以及多对多。一个学生只有一个身份证号码，构成了一对一关系；一个班级有多名学生，构成了一对多的关系；课程和学生的关系就构成了多对多关系，一个学生可以选修多门课程，一门课程对应多个学生。

一对一关系主要在 relationship 方法中，使用 uselist=False 来约束，如果查询得到的是一个列表，那么就使用 uselist=False 禁用列表，这样最终查询到的结果就是唯一的，就构成了一对一关系。比如人和身份证的一对一关系，图书管理系统中的学生和借书证的一对一关系、学生和具体借到的某一本书也是一对一关系等。

注意： uselist=False 表示不使用列表，使用标量值。

下面主要图书管理系统中的用户和借书证构成了一对一关系为例进行讲解。

主要文件为：

\——config.py

\——app.py

config.py 文件为数据库连接文件，其内容参阅前面小节。app.py 文件的内容如下：

例 6-8　使用 Flask-SQLAlchemy 创建一对一关系实例：app.py

```
01  from flask import Flask                          #导入 Flask 模块
02  from flask_sqlalchemy import SQLAlchemy          #导入 SQLAlchemy 模块
03  from datetime import datetime                    #导入 datetime 模块
04  import config                                    #导入配置文件
05  app = Flask(__name__)                            #Flask 初始化
06  app.config.from_object(config)                   #初始化配置文件
07  db=SQLAlchemy(app)  #读配置参数，将和数据库相关的配置加载到 SQLAlchemy 对象中
08  #定义用户表
09  class User(db.Model):                            #定义表
10      __tablename__ = 'user'                       #别名
11      id=db.Column(db.Integer,primary_key=True,autoincrement=True)
12      username=db.Column(db.String(50),nullable=False)    #用户名
13      password=db.Column(db.String(50),nullable=False)    #密码
14      phone=db.Column(db.String(11),nullable=False)       #电话
15      email=db.Column(db.String(30),nullable=False)       #邮箱
16     reg_time=db.Column(db.DateTime,default=datetime.now)  #注册时间 17
17  #定义借书证表
18  class  Lib_card(db.Model):                       #定义表
19      __tablename__='lib_card'                     #表的别名
20      id = db.Column(db.Integer, primary_key=True, autoincrement=True)
                                                     #id
21      card_id=db.Column(db.Integer,nullable=False)         #借书证 id
```

```
22      papers_type=db.Column(db.String(50),nullable=False)  #何种证件办理
23      borrow_reg_time=db.Column(db.DateTime,default=datetime.now)
                                                      #证件办理时间
24      user_id = db.Column(db.Integer, db.ForeignKey('user.id'))
25      users = db.relationship('User', backref=db.backref('cards'),
        uselist=False)
26  db.create_all()                                   #对象映射
27  @app.route('/add')                                #定义路由
28  def add():                                        #定义视图函数
29      #添加两条用户数据
30      user1 = User(username="张三", password="111111", phone=
        "13888888888", email="10086@qq.com")      #定义 user1 对象
31      user2 = User(username="李四", password="123456", phone=
        "13777777777", email="10000@qq.com")      #定义 user2 对象
32      db.session.add(user1)                         #提交修改
33      db.session.add(user2)                         #提交修改
34      #添加两条借书证信息
35      card1=Lib_card(card_id='18001', user_id='1', papers_type='身份证')
36     card2 =Lib_card(card_id='18002', user_id='2', papers_type='身份证')
37      db.session.add(card1)                         #提交修改
38      db.session.add(card2)                         #提交修改
39      db.session.commit()                           #提交事务
40      return '添加数据成功！'                        #返回数据
41  @app.route('/select')                             #定义路由
42  def select():                                     #定义视图函数
43      user = User.query.filter(User.username == '张三').first()
                                                      #查询用户名为张三的记录
44      art = user.cards                              #获取 user 对象的 cards 属性
45      for k in art:                                 #for 循环
46          print(k)                                  #打印输出
47          print(k.card_id)                          #打印输出 card_id
48      card=Lib_card.query.filter(Lib_card.card_id=='18001').first()
                                                      #查询 card_id=18001 的记录
49      user=card.users                               #获取 card 对象的 users 属性
50      print(user.username)                          #打印输出用户名
51      return "查询数据成功！"                        #返回数据
52  @app.route('/')
53  def hello_world():
54      return 'Hello World!'
55  if __name__ == '__main__':
56      app.run(debug=True)
```

01 行表示导入 Flask 模块；02 行表示导入 SQLAlchemy 模块；03 行导入 datetime 模块；04 行表示导入配置文件；05 行表示 Flask 初始化；06 行表示初始化配置文件；07 行表示读配置参数，将和数据库相关的配置加载到 SQLAlchemy 对象中；09～25 行表示定义 user 表和 lib_card 表；26 行进行对象映射，创建数据库；27 行定义路由；28 行定义视图函数；30 和 31 行定义两个 User 类型的对象；32 和 33 提交修改；35 和 36 行表示两个 Lib_card 类型的对象；39 行提交事务，让提交修改生效；41 行表示定义路由；42 行定义

视图函数；43 行表示查询用户名为张三的记录；44 行表示获取 user 对象的 cards 属性；45 行表示 for 循环；46 行表示打印输出；47 行表示打印输出 card_id；48 行表示查询 card_id=18001 的记录；49 行表示获取 card 对象的 users 属性；50 行表示打印输出用户名；51 行表示返回数据。

注意：一个表（模型）的定义必须要定义一个主键，这个主键一般为 id。

在定义了 Lib_card 类后，申明了一个外键，并且在 relationship 方法中使用 uselist= False 来约束其关系。user_id = db.Column(db.Integer, db.ForeignKey('user.id'))表示创建一个外键，类型要跟主表一样，通过 db.ForeignKey("user.id")与主表绑定 users = db.relationship ('User', backref=db.backref('cards')；uselist=False 表示 user 可以根据 Lib_card 中的借书证查找到用户表中的信息 backref=" cards "表示用户表可以直接通过 cards 查找到该用户下的借书证号码。

6.10　使用 Flask-SQLAlchemy 创建一对多的关系表

生活中典型的一对多关系有哪些？一个年级对应多个平行班级，一个网购用户对应多个订单，一个家庭对应多个家庭成员等，这些是典型的一对多关系。

下面以一个典型的一对多关系为例，即一个作者可以编著多本图书的一对多关系为例，来揭晓用 flask-sqlalchemy 是如何实现一对多关系的。

例 6-9　使用 Flask-SQLAlchemy 创建一对多关系实例：app.py

```
01  from flask import Flask                               #导入 Flask 模块
02  from flask_sqlalchemy import SQLAlchemy               #导入 SQLAlchemy 模块
03  import config                                         #导入配置文件
04  app = Flask(__name__)                                 #Flask 初始化
05  app.config.from_object(config)                        #配置文件初始化
06  db=SQLAlchemy(app)  #读配置参数，将和数据库相关的配置加载到 SQLAlchemy 对象中
07  #定义用户表
08  #定义模型类-作者类
09  class Writer(db.Model):
10      __tablename__='writer'                            #别名
11      id = db.Column(db.Integer,primary_key=True)           #定义 id
12      name = db.Column(db.String(50),nullable=False)      #定义 name 字段
13  #设置 relationship 属性方法，建立模型关系，第一个参数为多方模型的类名，添加
     backref 可以实现多对一的反向查询
14      books = db.relationship('Book',backref='writers')
15                                                        #定义模型类-图书类
16  class Book(db.Model):                                 #定义表
17      __tablename__='books'                             #表的别名
18      id = db.Column(db.Integer,primary_key=True)           #定义 id 字段
19      title = db.Column(db.String(50),nullable=False)     #定义 title 字段
```

```
20      publishing_office = db.Column(db.String(100), nullable=False)
                                                #定义 publishing_office 字段
21      isbn = db.Column(db.String(50), nullable=False      #定义 isbn 字段
22                                           #设置外键指向一方的主键，建立关联关系
23      writer_id= db.Column(db.Integer, db.ForeignKey('writer.id'))
24  db.create_all()                                       #创建表
25  @app.route('/add')                                    #定义路由
26  def add():                                            #定义视图函数
27      #添加两条作者数据
28      user1 = Writer(name="李兴华")                       #定义 user1 对象
29      user2 = Writer(name="Sweigart")                   #定义 user2 对象
30      db.session.add(user1)                             #对象插入会话中
31      db.session.add(user2)                             #对象插入会话中
32      #添加两条图书信息
33      book1=Book(title='名师讲坛—Java 开发实战经典（第 2 版）', publishing_
        office='清华大学出版社', isbn='9787302483663',writer_id='1')
                                                          #定义对象 book1
34      book2 = Book(title='android 开发实战', publishing_office='清华大学出
        版社', isbn='9787302281559',writer_id='1')        #定义对象 book2
35      book3 =Book(title='Python 游戏编程快速上手', publishing_office='人民
        邮电大学出版社',isbn='9787115466419',writer_id='2')  #定义对象 book3
36      db.session.add(book1)                             #对象插入会话中
37      db.session.add(book2)                             #对象插入会话中
38      db.session.add(book3)                             #对象插入会话中
39      db.session.commit()                               #提交事务，让会话生效
40      return '添加数据成功！'                              #返回数据
41  @app.route('/select')                                 #定义路由
42  def select():                                         #定义视图函数
43      writer = Writer.query.filter(Writer.id == '1').first()
                                                          #查询符合条件的记录
44      book = writer.books                  #取得 writer 对象的所有 books 属性
45      for k in book:                                    #遍历整个 book
46          print(k)                                      #打印输出
47          print(k.title)                                #打印输出标题
48      book=Book.query.filter(Book.id=='1').first()      #查询 id=1 的记录
49      writer=book.writers            #将对象 book 的 writers 属性取出送给 writer
50      print(writer.name)                                #打印输出作者名
51      return "查询数据成功！"                              #返回数据
52  @app.route('/')
53  def hello_world():
54      return 'Hello World!'
55  if __name__ == '__main__':
56      app.run()
```

01～03 行导入相关模块和配置文件；04～06 行为一系列初始化工作；09 行定义作者类；10 行定义表的别名；11 行定义 id 字段；12 行定义 name 字段；14 行表示设置 relationship 属性方法，建立模型关系，第一个参数为多方模型的类名，添加 backref 可以实现多对一的反向查询；16 行表示定义表；17 行定义表的别名；18 行表示定义 id 字段；19 行表示定义 title 字

段；20 行表示定义 publishing_office 字段；21 行表示定义 isbn 字段；23 行表示设置外键指向一方的主键，建立关联关系；24 行表示创建表；25 行表示定义路由；26 行表示定义视图函数；27～31 行表示添加两条作者数据；32～38 行表示添加两条图书信息；39 行表示提交事务，让会话生效；40 行表示返回数据；41 行定义路由；42 行表示定义视图函数；43 行表示查询符合条件的记录；44 行表示取得 writer 对象的所有 books 属性；45 行表示遍历整个 book 对象；46 和 47 行打印输出；48 行查询 id=1 的记录；49 行表示将对象 book 的 writers 属性取出送给 writer；50 行打印输出作者名；51 行表示返回数据。

主要是通过设置外键指向一方的主键，让作者和图书建立关联关系。通过创建一个外键，类型要与想要关联的表的数据类型一样，这里通过 db.ForeignKey('writer.id')来实现。

6.11　使用 Flask-SQLAlchemy 创建多对多的关系表

生活中典型的多对多关系比较多，一个班级对应多个老师，一个老师对应多个班级。又比如，一个学生对应多门课程，一门课程对应多个学生等，这些是典型的多对多关系。

下面以一个典型的多对多关系为例讲解，即图书和图书标签（上架建议标签）的数据库。很显然，图书可能对应着多个标签，不能再使用外键来描述其关系了。同样，也不能在标签表中加入一个指向图书的外键，因为一个标签可以对应着多本图书，两侧都需要一组外键。处理多对多表问题时，解决方法是添加第 3 张表， 这个表称为关联表或中间表。数据库中的多对多关联关系一般需采用中间表的方式处理，将多对多转化为两个一对多。

注意： 关联表或中间表不要定义成类，不要使用 class，在使用 db.Table()方法定义时，应该使用两个以上的外键。

例 6-10　使用 Flask-SQLAlchemy 创建多对多关系实例：app.py

```
01  from flask import Flask                              #导入 Flask 模块
02  from flask_sqlalchemy import SQLAlchemy              #导入 SQLAlchemy 模块
03  import config                                        #导入配置文件
04  app = Flask(__name__)                                #Flask 实例化
05  app.config.from_object(config)                       #配置文件初始化
06  db=SQLAlchemy(app)  #读配置参数，将和数据库相关的配置加载到 SQLAlchemy 对象中
07  book_tag = db.Table('book_tag',                      #定义关联表
08      db.Column('book_id',db.Integer,db.ForeignKey('book.id'),primary_
        key=True),
09      db.Column('tag_id',db.Integer,db.ForeignKey('shelfing.id'),primary_
         key=True)
10          )
11                                                       #定义模型类-图书类
12  class Book(db.Model):                                #Book 类
13      __tablename__='book'                             #表的别名
```

```
14        id=db.Column(db.Integer,primary_key=True,autoincrement=True)
                                                          #定义 id 字段
15        name = db.Column(db.String(50), nullable=False)      #定义 name 字段
16        #设置 relationship 属性方法，建立模型关系，第一个参数为多方模型的类名，
          secondary 代表中间表
17                                                        #第三个参数表示反向引用
18        tags=db.relationship('Shelfing',secondary= book_tag,backref =
          db.backref('books'))
19    #定义模型类-图书上架建议（标签）类
20    class Shelfing(db.Model):
21        __tablename__='shelfing'                            #表的别名
22        id=db.Column(db.Integer,primary_key=True,nullable=False)
                                                              #定义 id 字段
23        tag=db.Column(db.String(50),nullable=False)         #定义 tag 字段
24    db.create_all()                                         #关系映射
25    @app.route('/add')                                      #定义路由
26    def add():                                              #定义视图函数
27        book1=Book(name='Java 开发')                        #定义 book1 对象
28        book2=Book(name='Python 游戏编程快速上手')          #定义 book2 对象
29        book3=Book(name='文艺范')                           #定义 book3 对象
30        tag1=Shelfing(tag='文艺')                           #定义 tag1 对象
31        tag2 = Shelfing(tag='计算机')                       #定义 tag2 对象
32        tag3=Shelfing(tag='技术')                           #定义 tag3 对象
33        book1.tags.append(tag2)                  #为 book1 对象追加 tag2 属性
34        book1.tags.append(tag3)                  #为 book1 对象追加 tag3 属性
35        book2.tags.append(tag3)                  #为 book3 对象追加 tag3 属性
36        book3.tags.append(tag1)                  #为 book3 对象追加 tag1 属性
37        db.session.add_all([book1,book2,book3,tag1,tag2,tag3])
38        db.session.commit()                      #将新创建的用户添加到数据库会话中
39        return '数据添加成功！'                             #返回数据
40    @app.route('/select')                                   #定义路由
41    def select():                                           #定义视图函数
42        #查询 Java 开发这本书的上架标签
43        book = Book.query.filter(Book.name == 'Java 开发').first()
44        tag = book.tags                          #book 对象的 tags 属性赋给 tag 变量
45        for k in tag:                                       #for 循环
46            print(k.tag)                                    #打印输出
47        #查询标签=技术的所有图书
48        tag=Shelfing.query.filter(Shelfing.tag=='技术').first()
                                                   #查询 tag=技术的第一个记录
49        book=tag.books                           #tag 对象的 books 属性赋给 book
50        for k in book:                                      #for 循环
51            print(k.name)                                   #打印输出图书名
52        return '查询成功！'                                 #返回数据
53    @app.route('/')
54    def hello_world():
55        return 'Hello World!'
56    if __name__ == '__main__':
57        app.run()
```

01～03 行表示引入配置文件和各个模块文件；04 行表示 Flask 实例化；05 行表示配置文件初始化；06 行表示读配置参数，将和数据库相关的配置加载到 SQLAlchemy 对象中；07～10 行表示定义关联表；12 行表示定义 Book 类；13 行定义表的别名；14 行定义 id 字段；15 行表示定义 name 字段；18 行表示设置 relationship 属性方法，建立模型关系，第一个参数为多方模型的类名，secondary 代表中间表；20 行表示定义 Shelfing 类；21 行定义表的别名；22 行表示定义 id 字段；23 行表示定义 tag 字段；24 行进行关系映射；25 行定义路由；26 行定义视图函数；26～39 行增加测试数据；40 行定义路由；41 行定义视图函数；43 行定义查询 Java 开发这本书的上架标签；44 行表示 book 对象的 tags 属性赋给 tag 变量；45 和 46 行打印输出；48 行查询 tag="技术"的第一个记录；49 行表示 tag 对象的 books 属性赋给 book；50、51 行打印输出。

使用 http://127.0.0.1:5000/地址访问，在数据中新增表，使用 http://127.0.0.1:5000/add 新增测试数据，使用 http://127.0.0.1:5000/selcet 进行测试数据的查询。db.session.add_all() 表示批量作 insert 操作，在插入单条数据的时候使用 db.session.add()，在插入多条数据的时候使用 db.session.add_all()。

注意：使用 http://127.0.0.1:5000/add 新增测试数据时，刷新一次网页，会增加一次数据。

多对多关系仍使用定义一对多关系的 db.relationship()方法进行定义。在 Book 类中，我们使用了 tags=db.relationship('Shelfing',secondary=book_tag,backref=db.backref ('books'))来定义。db.relationship()一共给出了 3 个参数：第 1 个参数 Shelfing 为多方模型的类名；第 2 个参数 secondary 表示在多对多关系中；必须把 secondary 参数设为关联表 book_tag；第 3 个参数 backref 表示反向引用的名称。假如拿到了一个标签 tag，怎么拿到标签下的所有图书呢？这时用 books，表示反向引用。多对多关系可以在任何一个类中定义，backref 参数会处理好关系的另一侧。关联表就是一个简单的表，不是模型，不要定义为类，SQLAlchemy 会自动接管这个表。

6.12　Flask-Script 工具的使用

Flask-Script 的作用是可以通过命令行的形式来操作 Flask。例如，通过命令跑一个开发版本的服务器、设置数据库，定时任务等。

6.12.1 安装 Flask-Script 并初始化

用命令 pip 和 easy_install 安装：

```
(venv)>pip install Flask-Script
```

首先，创建一个 Python 模板运行命令脚本，可起名为 manager.py。在该文件中必须有一个 Manager 实例，Manager 类追踪所有在命令行中调用的命令和处理过程的调用与运行情况；Manager 只有一个参数——Flask 实例，也可以是一个函数或其他的返回 Flask 实例；创建 Manager 实例时需要用到 Flask 对象。

调用 manager.run()启动 Manager 实例接收命令行中的命令。

```
01   from flask_script import Manager                 #导入 Manager 模块
02   app = Flask(__name__)                            #Flask 初始化
03   #这里一般是设置你的 app 操作
04   manager = Manager(app)                           #创建 Manager 的实例 manager
05   if __name__ == "__main__":
06       manager.run()
```

6.12.2　Command 子类创建命令

定义一个子类继承自 Command 类，然后在 manager.add_command()方法中可以将这个类定义成一些命令，此时的命令应该用单引号或双引号引起来。具体用法如下：

例 6-11　Flask-Scrip 工具使用实例：app.py

```
01   from flask_script import Manager,Server          #导入相应模块
02   from flask_script import Command                 #导入 Command 模块
03   from app import app                              #导入 app
04   manager = Manager(app)                           #创建 Manager 的实例 manager
05   class Hello(Command):                            #定义 Hello 类
06       'hello world'
07       def run(self):                               #定义函数 run()
08           print('hello world')                     #打印输出
09       #自定义命令一:
10   manager.add_command('hello', Hello())            #把Hello()子类定义为命令hello
11   #自定义命令二:
12   manager.add_command("runserver", Server()) #命令是 runserver
13   if __name__ == '__main__':
14       manager.run()
```

上面的代码中，01～03 行导入相应模块；04 行表示创建 Manager 的实例 manager；05～12 行表示定义了一个子类 Hello()，Hello 类继承了 Command 父类，在 manager.add_command()方法中，将 Hello()类定义成命令'hello'。

注意：这里定义的命令 hello 和 runserver 使用单引号或双引号均可。

执行如下命令：

```
python manager.py hello
> hello world
python manager.py runserver
> hello world
```

6.12.3　使用 Command 实例的@command 修饰符

使用@manager.command 修饰一个定义好的函数之前，就相当于给此函数添加了一个命令，此命令的名称就是函数的名称。

例 6-12　@command 添加命令使用实例：app.py

```
01   # -*-coding:utf8-*-
02   from flask_script import Manager                    #导入 Manager 模块
03   from app import app                                 #导入 app
04   manager = Manager(app)                              #创建 Manager 的实例 manager
05   @manager.command                                    #使用装饰器
06   def hello():                                        #定义函数 hello()
07       'hello world'
08       print('hello world')                            #打印输出
09   if __name__ == '__main__':
10       manager.run()
```

02 行表示导入 Manager 模块；03 行表示导入 app 模块；04 行表示创建 Manager 的实例 manager；05 行表示使用装饰器创建命令；06 行定义函数。

使用 Command 实例的@command 修饰符方法来创建命令和 Command 类创建命令的运行方式相同。在命令行输入以下命令，结果如下：

```
python manager.py hello
> hello world
```

6.12.4　使用 Command 实例的@option 修饰符创建命令

如果想要添加多个命令，建议使用@option 修饰符创建命令，可以有多个@option 选项参数。

例 6-13　@option 修饰符创建命令使用实例：app.py

```
01   # -*-coding:utf8-*-
02   from flask_script import Manager                    #导入 Manager 模块
03   from app import app                                 #导入 app
04   manager = Manager(app)                              #创建 Manager 的实例 manager
05   @manager.option('-n', '--name', dest='name', help='Your name',
     default='world')                                    #创建命令
06   @manager.option('-u', '--url', dest='url', default='www.csdn.com')
                                                         #创建命令
07   def hello(name, url):                               #定义函数 hello
08       'hello world or hello <setting name>'
09       print('hello',name)                             #打印输出
10       print(url)                                      #打印输出
11   if __name__ == '__main__':
12       manager.run()
```

02 行表示导入 Manager 模块；03 行表示导入 app 模块；04 行表示创建 Manager 的实例 manager；05、06 行是创建命令，manager 的作用是在终端使用命令，option 的作用是装饰符之后，可以传递参数。

输入 python manager.py hello，运行结果如下：

```
python manager.py hello
>hello world
>www.csdn.com
```

再输入 python manager.py hello -n sissiy -u www.google.com，运行结果如下：

```
python manager.py hello -n sissiy -u www.google.com
> hello sissiy
www.google.com
```

6.13　Flask 循环引用

将数据库的 model 单独写在一个文件中，model 类需要继承 db.Model，而主文件中需要注册数据库，这样会导致在主文件中引用 model，在 model 中引用主文件的 db，造成循环引用。

基本的文件结构如下：

\——app.py

\——models.py

app.py 文件的代码如下：

例 6-14　循环引用问题的出现实例：app.py

```
01  #encoding:utf-8
02  from flask import Flask                        #导入 Flask 模块
03  from models import User                        #导入 user 模块
04  from flask_sqlalchemy import SQLAlchemy        #导入 SQLAlchemy 模块
05  import config                                  #导入配置文件
06  app = Flask(__name__)                          #Flask 初始化
07  app.config.from_object(config)                 #初始化配置文件
08  db = SQLAlchemy(app)                           #获取配置参数，将和数据库相关
                                                    的配置加载到 SQLAlchemy 对象中
09  #创建表和字段
10  db.create_all()                                #关系映射
11  @app.route('/')                                #定义路由
12  def hello_world():                             #定义 hello_world()函数
13      return 'Hello World!'
14  if __name__ == '__main__':
15      app.run()
```

02 行表示导入 Flask 模块；03 行表示导入 user 模块；04 行表示导入 SQLAlchemy 模

块；05 行表示导入配置文件；06 行表示 Flask 初始化；07 行表示初始化配置文件；08 行表示获取配置参数，将和数据库相关的配置加载到 SQLAlchemy 对象中；10 行表示关系映射；11 行定义路由；12 行表示定义 hello_world()函数。

例 6-14　循环引用问题的出现实例：models.py

```
01   from app import db                              #导入 db 对象
02   class User(db.Model):                           #定义 User 类
03       __tablename__='user'                        #表的别名
04       id = db.Column(db.Integer,primary_key=True,autoincrement=True)
                                                     #定义 id 字段
05       username = db.Column(db.String(50),nullable=False)
                                                     #定义 username 字段
06       password = db.Column(db.String(100),nullable=False)
                                                     #定义 password 字段
07       telephone = db.Column(db.String(11), nullable=False)
                                                     #定义 telephone 字段
```

01 行代码引入 db 对象；02 行表示定义 User 类；03 行定义表的别名；04 行定义 id 字段；05 行定义 username 字段；06 行定义 password 字段；07 行定义 telephone 字段。

但此时会出现循环引用的错误，也就是你需要我的，我需要你的。解决办法是把 db 单独写在一个文件中，然后主文件中引用 db 并注册，model 也引用 db，这样就造成了循环引用问题。

注意： 出现循环引用的问题往往意味着代码的布局有问题，可以把需要 import 的资源提取到一个第三方文件中。

新建一个 external. py 文件结构如下：

\——app.py

\——models.py

\——external.py

external.py 文件内容如下：

例 6-15　循环引用问题的解决方法实例：external.py

```
01   #encoding:utf-8
02   from flask_sqlalchemy import SQLAlchemy     #导入 SQLAlchemy 模块
03   #此时先不传入 app
04   db=SQLAlchemy()
05   DIALECT='MySQL'                             #设置 MySQL 数据库
06   DRIVER='MySQLdb'                            #使用 MySQLdb 驱动
07   USERNAME='root'                             #数据库登录使用账号
08   PASSWORD='root'                             #数据库登录使用密码
09   HOST='127.0.0.1'                            #数据库服务器所在的 IP 地址
10   PORT='3306'                                 #设置端口
11   DATABASE='demo_11'                          #指定连接的数据库
```

```
12    SQLALCHEMY_DATABASE_URI="{}+{}://{}:{}@{}:{}/{}?charset=utf8". format
      (DIALECT,DRIVER,USERNAME,PASSWORD,HOST,PORT,DATABASE)
                                                    #进行数据库连接的实例化
13    SQLALCHEMY_TRACK_MODIFICATIONS=False          #关闭动态跟踪
14    #查询时会显示原始 SQL 语句
15    SQLALCHEMY_ECHO = True
```

02 行导入 SQLAlchemy 模块；05 行表示设置 MySQL 数据库；06 行表示使用 MySQLdb 驱动；07 行设定数据库登录使用账号；08 行设定数据库登录使用密码；09 行设定数据库服务器所在的 IP 地址；10 行设置端口；11 行设置连接的数据库；12 行表示进行数据库连接的实例化；13 行表示关闭动态跟踪；15 行表示查询时会显示原始 SQL 语句。

app.py 文件更改如下：

去掉以下代码：

```
from flask_sqlalchemy import SQLAlchemy
```

增加如下代码：

```
db.init_app(app)
```

修改 db.create_all()为如下代码：

```
with app.app_context():
    db.create_all()
```

修改后的 app.py 文件代码如下：

例 6-15　循环引用问题的解决方法实例：app.py

```
01    #encoding:utf-8                       #设定编码
02    from flask import Flask               #导入 Flask 模块
03    from models import User               #导入 User 模块
04    from external import db               #导入 db 模块
05    import external                       #导入 extenal 模块
06    app = Flask(__name__)                 #Flask 初始化
07    app.config.from_object(external)      #配置文件初始化
08    db.init_app(app)                      #初始化数据库连接
09    #开始创建表和各个字段
10    with app.app_context():               #手动创建应用上下文
11        db.create_all()                   #建立映射
12    @app.route('/')                       #定义路由
13    def hello_world():                    #定义视图函数
14        return 'Hello World!'
15    if __name__ == '__main__':
16        app.run(debug=True)
```

01 行表示设定编码；02 行表示导入 Flask 模块；03 行表示导入 User 模块；04 行表示导入 db 模块；05 行表示导入 extenal 模块；06 行表示 Flask 初始化；07 行表示配置文件初始化；08 行表示初始化数据库连接；10 行表示手动创建应用上下文；11 行表示建立映

射；12 行表示定义路由；13 行表示定义视图函数。

6.14　使用 Flask-Migrate 实现数据库迁移

我们在系统开发过程中，经常碰到需要更新数据库中的表或修改字段等操作。如果通过手工编写 alter SQL 脚本进行处理，经常会发现遗漏，而且修改起来不太方便。同时，由于在 Python 中采用 db.create_all 修改字段时，不会自动将更改写入数据库的表中，只有数据表不存在时，Flask_SQLAlchemy 才会创建数据库，所以必须删除数据库相关表，然后重新运行 db.create_all 才会重新生成表，这肯定与实际情况不符合。现在我们可以使用 Flask-Migrate 迁移框架来解决这个问题。使用 Flask-Migrate 数据库迁移框架，可以保证数据库结构在发生变化时，改变数据库结构不至于丢失数据库的数据。

6.14.1　安装 Flask-Migrate 插件

在使用 Flask-Migrate 插件之前，应该确保开发环境配置已经安装了 flask-script，然后再安装 Flask-Migrate 插件。安装命令为：

```
(venv)>pip install flask-migrate
```

6.14.2　使用 Flask-Migrate 的步骤

Flask-Migrate 的基本使用步骤如下：

（1）修改 Flask app 部分的代码，以增加与 Migrate 相关的 Command。

```
01    from app import app,db
02    from model import User
03    migrate = Migrate(app,db)        #传入两个对象，一个是 Flask 的 app 对象，一个
                                         是 SQLAlchemy
04    manager = Manager(app)           #实例化 Manager 类
05    manager.add_command('db',MigrateCommand)    #给 manager 添加一个 db 命令并
                                                  且传入一个 MigrateCommand 的类
```

01 行表示导入 app 和 db 对象；02 行表示导入 User 对象；03 行表示传入 2 个对象，一个是 Flask 的 app 对象，一个是 SQLAlchemy；04 行表示实例化 Manager 类；05 行表示添加一个 db 命令并且传入一个 MigrateCommand 的类。

（2）准备好数据模型。

（3）初始化和更新迁移数据库操作：

```
01    python manager.py db init         #用于初始化一个迁移脚本的环境
02    python3 manage.py db migrate      #表示创建迁移仓库
03    python3 mange.py db upgrade       #更新数据库
```

01 行表示用于初始化一个迁移脚本的环境；02 行表示创建迁移仓库；03 行表示更新数据库。

新建文件 model.py 文件，内容如下：

例 6-16　Flsak-Migrate 数据库迁移实例：model.py

```
01  #encoding:utf8
02  from flask_sqlalchemy import SQLAlchemy          #导入 SQLAlchemy 模块
03  from app import db                              #导入 db 模块
04  class User(db.Model):                           #定义 User 类
05      user_id = db.Column(db.Integer, primary_key=True) #定义 user_id 字段
06      user_name = db.Column(db.String(60), nullable=False)
                                                    #定义 user_name 字段
07      user_password = db.Column(db.String(30), nullable=False)
                                                    #定义 user_password 字段
```

02 行表示导入 SQLAlchemy 模块；03 行表示导入 db 模块；04 行表示定义 User 类；05 行表示定义 user_id 字段；06 行表示定义 user_name 字段；07 行表示定义 user_password 字段。

新建文件 app.py，内容如下：

例 6-16　Flsak-Migrate 数据库迁移实例：app.py

```
01  #encoding:utf-8
02  from flask import Flask                         #导入 Flask 模块
03  from flask_sqlalchemy import SQLAlchemy         #导入 SQLAlchemy 模块
04  app = Flask(__name__)                           #Flask 初始化
05  #数据库连接
06  app.config['SQLALCHEMY_DATABASE_URI']='MySQL+pyMySQL://root:root
    @127.0.0.1:3306/db_6_14'
07  #如果设置成 True（默认情况），Flask-SQLAlchemy 将会追踪对象的修改并且发送信号。
    这需要额外的内存，如果不必要，可以禁用
08  app.config['SQLALCHEMY_TRACK_MODIFICATIONS'] = True
09  db=SQLAlchemy(app)                              #初始化数据库连接
10  @app.route('/')                                 #定义路由
11  def hello_world():                              #定义视图函数
12      return 'Hello World!'
13  if __name__ == '__main__':
14      app.run()
```

02 行表示导入 Flask 模块；03 行表示导入 SQLAlchemy 模块；04 行表示 Flask 初始化；06 行建立数据库连接；08 行关闭数据库动态跟踪功能；09 行表示初始化数据库连接；10 行定义路由；11 行定义视图函数。

新建数据库迁移管理文件 manager.py，内容如下：

例 6-16　Flsak-Migrate 数据库迁移实例：manager.py

```
01  #encoding:utf8
02  from flask_script import Manager                   #导入 Manager 模块
03  from flask_migrate import Migrate,MigrateCommand   #导入 Migrate 等模块
04  from app import app,db                             #导入 app 及 db 模块
```

```
05    from model import User                                    #导入 User 模块
06    migrate = Migrate(app,db)   #传入两个对象，一个是 Flask 的 app 对象，一个是
                                   SQLAlchemy
07    manager = Manager(app)                                    #实例化 Manager 类
08    manager.add_command('db',MigrateCommand)                  #给 manager 添加一个
      db 命令并且传入一个 MigrateCommand 的类
09    if __name__=='__main__':
10       manager.run()
```

01～05 行导入需要的模块；06 行表示传入两个对象，一个是 Flask 的 app 对象，一个是 SQLAlchemy；07 行实例化 Manager 类；08 行表示给 manager 添加一个 db 命令并且传入一个 MigrateCommand 的类。

接下来就可以进行初始化了，使用命令 python manager.py db init。该命令用于初始化一个迁移脚本的环境。这个命令中的'db'是在 manager.add_command('db',MigrateComand) 这行代码中我们声明的命令行对象名称；init 是 Migrate 命令，表示初始化迁移数据库仓库，运行完成之后，会在当前工程目录下创建一个 migrations 文件夹，用于进行迁移的数据库脚本都放在这里。

接着使用命令便可以完成数据库的创建。如果是对数据库中的表进行更新，同样也是使用下面的两条命令：

```
python3 manage.py db migrate
python3 mange.py db upgrade
```

在数据库中可以看到数据库已经成功创建了，如图 6.27 所示。表结构就是数据模型 model.py 文件中定义的数据结构。

注意： 第一次迁移实际上相当于调用 db.create_all()，但在后续迁移中，upgrade 命令对表实施更新操作但不会影响表中的内容。

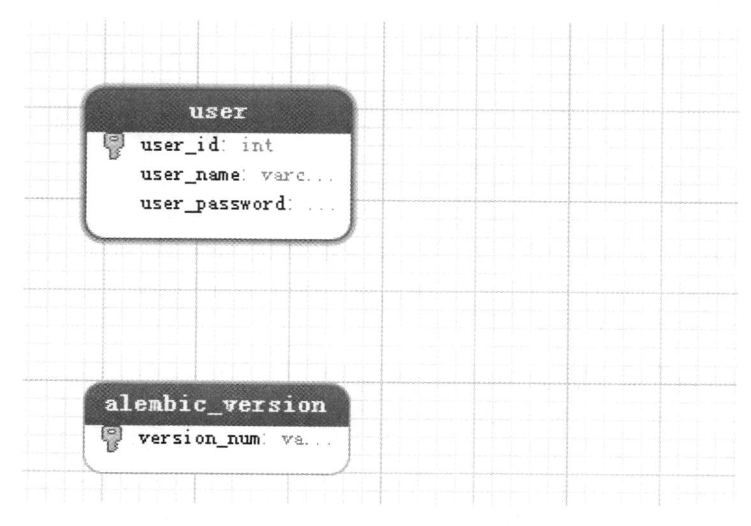

图 6.27　使用 Flask-Migrate 插件创建数据库

6.15　温故知新

1．学完本章内容后，读者需要回答：

（1）MySQL-Python 如何安装？

（2）使用 MySQL-Python 数据库框架如何初始化？

（3）Flask-SQLAlchemy 如何安装和使用？

（4）Flask-Migrate 迁移工具的使用。

2．在下一章中将会学习：

（1）Memcached 的基本知识。

（2）Memcached 的安装。

（3）Memcached 的使用。

6.16　习　　题

通过下面的习题来检验本章的学习情况，习题答案请参考本书配套资源。

【本章习题答案见配套资源\源代码\C6\习题】

1．使用 Flask-SQLAlchemy 数据库框架建立一个数据库 new，建立一张 news 表，有 id、title、content、time 和 author 等字段，实现数据的增、删、改、查操作。

2．使用 Flask-Migrate 工具，在习题 2 的基础上向 news 表中增加两个字段：tags（新闻标签）和 abstract（新闻摘要）。

第 7 章　Memcached 缓存系统

对于一些诸如短信验证码等信息，一般我们没有必要写入数据库中保存，可以将短信验证码等信息保存到 Memcached 缓存系统中，设置 5～10 分钟内有效。本章主要围绕 Memcached 的安装、基本使用和安全机制等知识点进行介绍。重点内容是 Memcached 的基本使用。

本章主要涉及的知识点有：

- Memcached 的安装；
- Memcached 的基本使用；
- 减轻 MySQL 等数据库负荷的方法。

7.1　Memcached 的安装

本节首先介绍 Memcached 的基本概念，理解这些概念是学习 Memcached 的基础。了解 Memcached 的概念后，再介绍 Memcached 的安装和配置。

7.1.1　Memcached 的基本概念

Memcached 缓存系统是目前使用最广泛的高性能分布式内存缓存系统，是一个自由开源的高性能分布式内存对象缓存系统。国内外众多大型互联网应用都选择 Memcached 以提高网站的访问性能。缓存系统一般可以将一些不需要实时更新但是又极其消耗数据库的数据写到内存中缓存起来，缓存时间可以控制，需要的时候直接从内存中读取出来的即可。

那么，什么样的数据适合放到缓存中呢?

（1）不需要实时更新但是又极其消耗数据库的数据，比如商品销售排行榜、游戏排行榜、歌曲榜单等，这些数据基本上都是一天统计一次，用户不会关注其是否是实时更新的。

（2）需要实时更新，但是数据更新频率不高的数据。

（3）与报表相关的一些统计数据，生成一次比较花费资源。

注意：哪些数据不适合放到缓存中呢？一般来说，涉及支付、更新数据库等核心操作数据不应该放到缓存系统中。

7.1.2 Memcached 的安装

想要在服务器上部署缓存系统，需要安装 Memcached。安装源主要有 Linux 版本和 Windows 版本。Memcached 最开始是作为 Linux 应用程序被安装在 Linux 服务器上来使用的，但自从开源之后它又被重新编译，因此有了 Windows 下的安装包。Jellycan 和 Northscale 两个站点都提供了 Windows 的二进制可执行文件，下载地址如下：

- 32 位系统 1.2.5 版本：http://code.jellycan.com/files/memcached-1.2.5-win32-bin.zip；
- 32 位系统 1.2.6 版本：http://code.jellycan.com/files/memcached-1.2.6-win32-bin.zip；
- 32 位系统 1.4.4 版本：http://downloads.northscale.com/memcached-win32-1.4.4-14.zip；
- 64 位系统 1.4.4 版本：http://downloads.northscale.com/memcached-win64-1.4.4-14.zip；
- 32 位系统 1.4.5 版本：http://downloads.northscale.com/memcached-1.4.5-x86.zip；
- 64 位系统 1.4.5 版本：http://downloads.northscale.com/memcached-1.4.5-amd64.zip。

在 1.4.5 版本之前，Memcached 可以被安装成一个服务，但之后的版本中该功能不存在了。因此 Memcached 的安装版本可以分为两类，一类是 1.4.5 之前的版本，另一类是 1.4.5 之后的版本。本书主要介绍 1.4.4 版本的 Memcached 安装。

（1）解压下载的安装源文件，比如这里选择 windows64 位安装源进行下载，地址是 http://downloads.northscale.com/memcached-win64-1.4.4-14.zip，下载后解压得到一个文件夹，文件夹下有 3 个文件，如图 7.1 所示。这里解压在 D:\memcached 目录下。

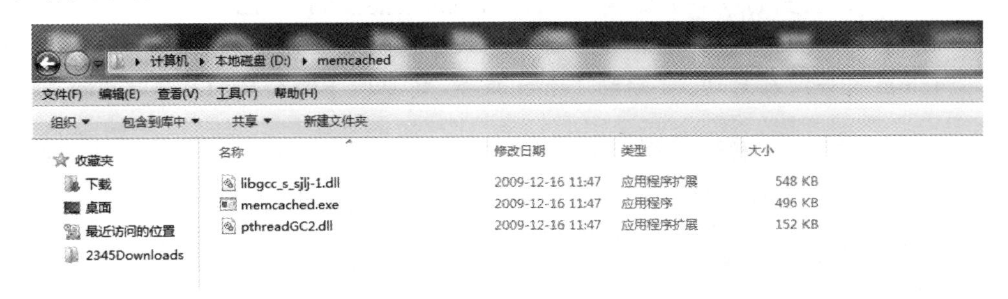

图 7.1 解压 Memcached 安装包

（2）打开 cmd，进入 Memcached 解压后存放的目录，可以先输入“d:”，然后回车，再输入“D:\memcached”，就进入到了安装目录。cmd 下命令如下：

```
C:\Users\Administrator>d:
D:\>cd D:\Dmemcached
```

（3）运行命令 Memcached.exe -d install，然后回车，就可以完成安装。cmd 下命令如下：

```
D:\Dmemcached>Memcached.exe -d install
```

（4）测试是否安装成功。在 cmd 下继续输入命令 memcached -h，回车。输入命令和执行结果如下：

```
D:\Dmemcached>memcached -h
memcached 1.4.4-14-g9c660c0
-p <num>      TCP port number to listen on (default: 11211)
-U <num>      UDP port number to listen on (default: 11211, 0 is off)
-s <file>     UNIX socket path to listen on (disables network support)
-a <mask>     access mask for UNIX socket, in octal (default: 0700)
-l <ip_addr>  interface to listen on (default: INADDR_ANY, all addresses)
-s <file>     unix socket path to listen on (disables network support)
-a <mask>     access mask for unix socket, in octal (default 0700)
-l <ip_addr>  interface to listen on, default is INADDR_ANY
-d start          tell memcached to start
-d restart        tell running memcached to do a graceful restart
-d stop|shutdown  tell running memcached to shutdown
-d install        install memcached service
-d uninstall      uninstall memcached service
...
```

如果出现上面的信息，则说明 memcached 在您的计算机上已经成功安装。

（5）安装 Memcached 服务后，还需要启动 Memcached。输入命令 memcached.exe -d start，就可以启动 Memcached 服务：

```
D:\Dmemcached>memcached.exe -d start
```

如果输入上面命令以后没有任何效果，我们需要使用 Telnet 工具来查看 Dmemcached 服务是否成功启动。

（6）在 cmd 下继续输入“telnet 127.0.0.1 11121”，然后回车。

注意： 如果输入上面的命令出现提示“D:\Dmemcached>telnet 127.0.0.1 11121'telnet' 不是内部或外部命令，也不是可运行的程序或批处理文件”，则说明计算机中的 telnet 服务没有启动。要启动 Telnet 服务，请参阅下面介绍的启用 Telnet 的方法。

（7）如果连接成功，再接着输入 stats，如出现以下信息，表示配置 Memcached 成功。

```
01 stats
02 STAT pid 2440
03 STAT uptime 87233
04 STAT time 1222314531
05 STAT version 1.2.6
06 STAT pointer_size 32
07 STAT rusage_user 0.081987
08 STAT rusage_system 0.246962
09 STAT curr_items 1000
10 STAT total_items 3932
11 STAT bytes 65000
12 STAT curr_connections 2
13 STAT total_connections 452
14 STAT connection_structures 129
15 STAT cmd_get 7980
16 STAT cmd_set 3990
17 STAT get_hits 4975
18 STAT get_misses 3005
19 STAT evictions 0
```

```
20 STAT bytes_read 291486
21 STAT bytes_written 235479
22 STAT limit_maxbytes 2147483648
23 STAT threads 1
24 END
```

02 行表示 Memcached 进程 id；03 行表示 Memcached 运行时间，单位为秒；04 行表示 Memcached 当前的 UNIX 时间；05 行表示 Memcached 的版本号；06 行表示 rusage_user。其他参数请参阅相关手册。

注意： 如果连接不成功，请尝试关闭计算机和防火墙。

7.2　Memcached 的基本使用

要想在 Flask 中使用 Memcached，还需要安装 Python-Memcached 模块。执行下面命令安装：

```
(venv) pip install python-memcached
```

安装成功以后，就可以在 Flask 中使用 Memcached 了。下面介绍 5 种基本的 memcached 命令。

注意： 如果出现“MemCached: MemCache: inet:127.0.0.1:11211: connect: [WinError 10061] 由于目标计算机积极拒绝，无法连接。”这样的提示出错信息，请检查 MemCached 服务是否启用，确保 MemCached 处于启动状态。

7.2.1　set 和 set_multi 命令的使用

set 命令将键值对（key-val）存储于缓存中，set 命令用于将值 val（也作 value，指数据值）保存在指定的键 key 中（这里键的名称为 kye，键的值为 val），如果键名 key 在缓存中没有，则创建该键名并保存键的值，如果键名 key 已经存在，则用当前值替换先前的值。

命令格式为：

```
set( key, val, time=0, min_compress_len=0, bytes, noreply=False)
```

- key：存储的键名（可理解为 key-value 结构中的键 key）。
- val：存储的值（可理解为 key-value 结构中的值 value）。
- time：用于设置超时，单位为秒，为 0 表示永久保存（服务器重启失效）。
- min_compress_len：用于设置 zlib 压缩。
- noreply：服务器应答信息，该参数为 Flase，告知服务器不需要应答。

注意：time=0 表示如果服务器不重启，这个键值一直有效。如果服务器重启了，该键值就失效了。

set_multi：一次设定多个键值对保存在缓存中。如果键名 key 不存在，则创建生成；如果键名 key 已经存在，则用当前值替换先前的值。

命令格式如下：

```
set_multi(mapping, time=0, key_prefix='', min_compress_len=0,
noreply=False)
```

参数说明如下：

- mapping：设置多个键值对。
- time：用于设置超时，单位是秒，为 0 表示永久保存。
- min_compress_len：用于设置 zlib 压缩。
- key_prefix：是 key 的前缀，完整的键名是 key_prefix+key，该值一般为空。
- noreply：服务器应答信息，该参数为 False，告知服务器不需要应答。

set 和 set_multi 的实例代码如下：

例 7-1　Memcached 的 set 和 set_multi 方法的使用：app.py

```
01   from flask import Flask
02   import memcache
03   app = Flask(__name__)
04   mc = memcache.Client(['127.0.0.1:11211'],debug=True)   #能连接多个服务器
05   mc.set('name','zhangsan')
06   mc.set_multi({'key1':'wangyong','key2':'zhangsan'})
07   @app.route('/')
08   def hello_world():
09       return 'Hello World!'
10   if __name__ == '__main__':
11       app.run()
```

04 行建立服务器连接；05 行给 name 键设定值为 zhangsan；06 行使用 set_mult 命令设置 key1 和 key2 的值分别为 wangyong、zhangsan。

7.2.2　get 和 get_multi 命令的使用

get：获取一个键值对的值，命令格式如下：

```
get(key)
```

参数说明如下：

- key：键值对中的键名，键值对 key-value 中的 key，用于存放或查找缓存值。
- get_multi：命令获取多个键值对的值，可以非同步地同时取得多个键值，返回的数据对象为字典，其命令格式为：

```
get_multi (keys, key_prefix='')
```

参数说明如下：

- keys：键名，可以有多个，是键名列表，多个键名用英文逗号分隔。
- key_prefix：是 keys 的前缀，完整的键名是 key_prefix+keys，该值一般为空。

例 7-2　Memcached 的 get 和 get_multi 方法的使用：app.py

```
01   #encoding:utf-8
02   from flask import Flask
03   import memcache
04   app = Flask(__name__)
05   mc = memcache.Client(['127.0.0.1:11211'],debug=True)   #能连接多个服务器
06   mc.set('username','zhangshan',time=120)         #一次只能设置一个值
07   username = mc.get('username')                   #获取数据
08   print(username)
09   mc.delete('username')                           #删除数据
10   @app.route('/')
11   def hello_world():
12       return 'hello world'
13   if __name__ == '__main__':
14       app.run(debug=True)
```

7.2.3　add 命令的使用

add 命令为添加一条键值对命令，用于将值 val 存储在指定的键名为 key 的单元中。如果已经存在 key，则重复执行 add 操作会出现异常。命令格式为：

```
add( key, val, time=0, min_compress_len=0, noreply=False)
```

参数说明如下：

- key：键值对中的键的名称，通过该值用于查找缓存中的值。
- val：键值对中的键值，键值对 key-value 中的值 value，用于存储在缓存中的值。
- time：用于设置超时，也可以理解为过期时间，单位是秒。
- min_compress_len：用于设置 zlib 压缩。
- noreply：服务器应答信息，该参数为 Flase，告知服务器不需要应答。

例 7-3　Memcached 的 add 方法的使用：app.py

```
01   from flask import Flask
02   import memcache
03   app = Flask(__name__)
04   mc = memcache.Client(['127.0.0.1:11211'],debug=True)   #能连接多个服务器
05   mc.add('username','zhangshan',time=120)              #一次只能设置一个值
06   username = mc.get('username')                        #获取数据
07   print(username)
08   mc.add('username','lisi',time=120)                   #一次只能设置一个值
09   print(username)
10   @app.route('/')
```

```
11  def hello_world():
12      return 'Hello World!'
13  if __name__ == '__main__':
14      app.run()
```

当已经存在 key=username，对其重复添加值为 lisi，结果报错，打印输出结果为：

```
MemCached: while expecting 'STORED', got unexpected response 'NOT_STORED'
MemCached: while expecting 'STORED', got unexpected response 'NOT_STORED'
zhangshan
zhangshan
```

注意：NOT_STORED 表示在保存失败后输出。

7.2.4　replace 命令的使用

replace 命令为修改某个键名为 key 的值，如果 key 不存在，则抛出异常。该命令实际为用当前值去替换先前键名为 key 的值，内部调用了 set()方法。命令格式为：

```
replace( key, val, time=0, min_compress_len=0, noreply=False)
```

参数说明请参阅 add 命令。

例 7-4　Memcached 的 replace 方法的使用：app.py

```
01  from flask import Flask
02  import memcache
03  app = Flask(__name__)
04  mc = memcache.Client(['127.0.0.1:11211'],debug=True)    #能连接多个服务器
05  mc.add('key','zhangshan',time=120)                     #一次只能设置一个值
06  key = mc.get('key')                                    #获取数据
07  print(key)
08  mc.replace('key','lisi',time=120)                      #一次只能设置一个值
09  key1=mc.get('key')
10  print(key1)
11  @app.route('/')
12  def hello_world():
13      return 'Hello World!'
14  if __name__ == '__main__':
15      app.run()
```

输出结果为：

```
zhangshan
lisi
```

第 5 行通过 add 方法给 key 添加键值 zhangsan，通过 mc.get('key')方法获得键值，把该键值赋给 key，打印输出 key 的值为 zhangsan；第 8 行通过 mc.replace('key','lisi',time=120)方法将 key 的值修改为 lisi，同样通过 mc.get('key')方法获得键值，打印输出的值变为 lisi。

7.2.5　append 和 prepend 命令的使用

append 命令用于向已存在 key（键）的 value（数据值）后面追加数据。append 命令的基本语法格式如下：

```
append(key, val, time=0, min_compress_len=0, noreply=False)
```

参数说明如下：

- key：键值对中的键名，键值 key-value 结构中的 key 用于查找缓存系统中键名为 key 的缓存值。
- val：键值对中的键值，键值对 key-value 中的值 value，即存储在缓存中的值。
- time：在缓存中保存键值对的时间长度，实际上为该键值对的过期时间（时间单位为秒，0 表示永远有效）。
- min_compress_len：设置数据存储使用 zlib 压缩，一般不用设置。
- noreply：服务器应答信息，该参数为 Flase，告知服务器不需要应答，一般不用设置。

prepend 命令用于向已存在 key（键）的 value（数据值）前面追加数据。prepend 命令的基本语法格式如下：

```
prepend(key, val, time=0, min_compress_len=0, noreply=False)
```

参数说明请参阅 append 命令。

例 7-5　Memcached 的 append 和 preend 方法的使用：app.py

```
01  #append : 修改指定 key 的值，在该值后面追加内容
02  #prepend : 修改指定 key 的值，在该值前面插入内容
03  from flask import Flask
04  import memcache
05  app = Flask(__name__)
06  mc = memcache.Client(['127.0.0.1:11211'],debug=True)   #能连接多个服务器
07  mc.add('key','zhangshan|',time=120)                   #一次只能设置一个值
08  key = mc.get('key')                                   #获取数据
09  print(key)
10  mc.append('key','wangxiao',time=120)                  #在第一个键后面追加内容
11  key1=mc.get('key')
12  print(key1)
13  mc.prepend('key','wuyong|',time=120)                  #在第一个键前面追加
14  key2=mc.get('key')
15  print(key2)
16  @app.route('/')
17  def hello_world():
18      return 'Hello World!'
19  if __name__ == '__main__':
20      app.run()
```

输出结果如下：

```
zhangshan|
zhangshan|wangxiao
wuyong|zhangshan|wangxiao
```

第 07～09 行通过 add 方法给键 key 设定值为 zhangsan|，并打印输出；第 10～12 行通过 append 方法给键 key 追加值 wangxiao，第 13～15 行通过 prepend 方法，在 key 的第一个键值前，追加一个值为 wuyong|。

7.2.6　delete 和 delete_multi 命令的使用

delete：用于在 Memcached 中删除指定的一个键值对。delete 命令的基本语法格式如下：

```
delete( key, time=None, noreply=False)
```

参数说明如下：

- key：键值对中的键名，键值对 key-value 中的 key，该值用于存放或查找缓存值。
- time：设置过期时间参数，此参数在这里为空。
- noreply：默认值为 Flase，该参数告知服务器不需要返回数据，一般不用设置。

delete_multi：在 Memcached 中删除指定的多个键值对。delete_multi 命令的基本语法格式如下：

```
delete_multi(keys, time=None, key_prefix='', noreply=False):
```

参数说明如下：

- keys：键值 key-value 结构中的 key，可以有多个，可以以列表方式给出，中间用英文逗号分隔，可指定多个键。
- time：设置过期时间参数。此参数这里不需要设置，time 值在这里为空。
- key_prefix：keys 的前缀，完整的键名是 key_prefix+keys，该值一般为空。
- noreply：默认值为 Flase，该参数告知服务器不需要返回数据，一般不用设置。

例 7-6　Memcached 的 delete 和 delete_multi 方法的使用：app.py

```
01  delete : 在 Memcached 中删除指定的一个键值对。
02  delete_multi : 在 Memcached 中删除指定多个键值对。
03  from flask import Flask
04  import memcache
05  app = Flask(__name__)
06  mc = memcache.Client(['127.0.0.1:11211'],debug=True) #能连接多个服务器
07  mc.add('key','zhangshan|',time=120)             #一次只能设置一个值
08  key = mc.get('key')                             #获取数据
09  print(key)
10  mc.append('key','wangxiao',time=120)            #在第一个键后面追加内容
11  key1=mc.get('key')
12  print(key1)
13  mc.delete('key')
14  print(key)
15  @app.route('/')
16  def hello_world():
```

```
17        return 'Hello World!'
18    if __name__ == '__main__':
19        app.run()
```

输出结果如下：

```
zhangshan|
zhangshan|wangxiao
zhangshan|
```

第 07～09 行通过 add 方法给键 key 设定值为 zhangsan，并打印输出；第 10～12 行通过 append 方法给键 key 追加值 wangxiao；第 13 和 14 行通过 delete 方法，删除 key 的一个值 wangxiao。

7.2.7　decr 和 incr 命令的使用

decr：在 Memcached 中进行自减操作，将 Memcached 中的一个值减少 *N*（*N* 默认为 1）。decr 命令的基本语法格式如下：

```
decr(key, delta=1, noreply=False)
```

参数说明如下：

- key：键值对中的键名，键值对 key-value 中的 key，该值用于查找存在于缓存中的缓存值。
- delta：每次执行自动减 1，默认为 1，也可以设定每次减去的数。
- noreply：默认值为 Flase，该参数告知服务器不需要返回数据，一般不用设置。

incr：在 Memcached 中进行自增操作，将 Memcached 中的一个值增加 *N*（*N* 默认为 1）。incr 命令的基本语法格式如下：

```
incr(self, key, delta=1, noreply=False)
```

参数说明如下：

- key：键值对中的键名，键值对 key-value 中的 key，该值用于查找存在于缓存中的缓存值。
- delta：每次执行自动加 1，默认为 1，也可以设定每次加上的数。
- noreply：默认值为 Flase，该参数告知服务器不需要返回数据，一般不用设置。

例 7-7　Memcached 的 decr 和 incr 方法的使用：app.py

```
01    from flask import Flask
02    import memcache
03    app = Flask(__name__)
04    mc = memcache.Client(['127.0.0.1:11211'],debug=True) #能连接多个服务器
05    mc.add('num',99)                                    #一次只能设置一个值
06    key = mc.get('num')                                 #获取数据
07    print(key)
08    mc.incr('num',1)
```

```
09    key1=mc.get('num')
10    print(key1)
11    mc.decr('num',10)
12    key2=mc.get('num')
13    print(key2)
14    @app.route('/')
15    def hello_world():
16        return 'Hello World!'
```

输出结果如下：

```
99
100
90
```

05 行给变量 num 设定值为 99；06 行使用 get 方法取得 num 键的值，该值送给 key 变量；07 行打印输出 100 的值为 99；08 行对 num 变量的值自增 1；09、10 行取得 num 的值，并打印输出，此时输出的值为 100；11～13 行对 num 变量减 10 操作，然后打印输出 num 的值为 100-10=90。

注意： mc.incr('num',1)可以写为 mc.incr('num')。为了方便测试，可以给 num 键值设定过期时间。

7.3　Memcached 的安全机制

访问 MySQL 等数据库服务器时，一般要求用户在配置文件中配置用户名、密码、指定数据库的名称等，用户必须设置正确才能对数据库进行各种访问操作，安全性还是比较高的。而使用 Memcached 服务，没有要求用户输入用户名和密码这样的安全机制，程序是直接通过客户端工具 Telnet 等连接操作，存在比较大的安全隐患。如何减少安全隐患、降低数据泄漏，以及服务器被入侵的风险，是我们使用 Memcached 服务必须要考虑的问题。从实际出发，使用 Memcached 服务，提升其安全机制的方法主要有两种方法。

一种方法是设置内网访问。此种情况下，数据库服务器和 Memcached 服务器可以是同一台服务器，Web 服务器是独立的一台服务器。Web 服务器对缓存数据进行存取的时候，只能通过局域网方式下的 IP 来访问，Memcache 的服务器监听内网的 IP 地址和开放的相应的端口，只要是外网 IP，一律视为非法访问。

另一种方法是设置防火墙，防火墙可以考虑硬件防火墙和软件防火墙综合使用。在防火墙设置中，只开放相应的 IP 和端口号，对于没有开放的 IP 段和端口号一律过滤掉，确保只有自己的 Web 服务器能够访问到对应的数据库服务器和 Memcached 服务器。关于防火墙设置等知识，请参阅防火墙设置等相关资料。

7.4　温故知新

1．学完本章内容后，读者需要回答：

（1）什么是 Memcached？

（2）Memcached 的基本使用方法是什么？

2．在下一章中将会学习：

（1）Bootstrap 的初始化。

（2）Bootstrap 全局 CSS 样式。

（3）栅格系统的使用。

（4）表格和表单的使用。

7.5　习　　题

通过下面的习题来检验本章的学习情况，习题答案请参考本书配套资源。

【本章习题答案见配套资源\源代码\C7\习题】

1．使用 Memcached 保存 name=zhangsan,age=20。

2．取得习题 1 中的 name 和 age 的值。

第 8 章　Bootstrap 的基本使用

作为 Web 前端开发框架，Bootstrap 集成了 HTML 标记、CSS 样式及 JavaScript 行为，使得开发人员和设计人员不再像过去那样周而复始地写模板、样式、交互效果，极大地节约了时间，提高了开发效率。本章主要就全局 CSS 样式、表单、按钮、表格、网格栅格化等知识进行介绍，重点是全局 CSS 样式、表格、表单的学习及使用。

本章主要涉及的知识点有：

- Bootstrap 的初始化配置；
- 设置全局 CSS 样式；
- 栅格系统的使用；
- 表格和表单的基本使用。

8.1　Bootstrap 简介

Bootstrap 是 Twitter 推出的一个用于前端开发的开源框架。它是目前最受欢迎的集 HTML、CSS 和 JS 于一体的框架，用于开发响应式布局、移动设备优先的 Web 项目。Bootstrap 已经作为前端开发必不可少的框架之一，应用 Bootstrap 使我们对布局、样式的设定变得非常简单。

本节介绍了 Bootstrap 的基本概念，理解这些概念是学习设计前端页面的基础。首先介绍 Bootstrap 的开发环境配置。

Bootstrap 的环境至少需要 3 个文件：bootstrap.min.css、jquery.mis.js 和 bootstrap.min.js，这 3 个文件可以本地引入，也可以直接加载网络上的 CSS 文件。

例 8-1　Bootstrap 初始化配置：index.html

```
01  <html lang="en">
02  <head>
03      <meta charset="UTF-8">
04      <meta http-equiv="x-ua-compatible" content="IE=edge">
                               <!--用于 IE 浏览器-->
05      <meta name="viewport" content="width=divice-width0,initial-scale=
       1">                     <!--/获取当前设备窗口大小，并调整网页大小与之 1：1-->
06      <title>这是第一个 Bootstrap 网页</title>
07   <link href="https://cdn.bootcss.com/bootstrap/3.3.7/css/bootstrap.
   min.css" rel="stylesheet">  <!--引入本地 Bootstrap 压缩版 CSS 样式文件-->
08      <script src="https://cdn.bootcss.com/html5shiv/3.7.3/html5shiv.
```

```
        min.js">                    </script><!--引入 IE9 浏览器配置文件-->
09      <script src="https://cdn.bootcss.com/respond.js/1.4.2/respond.
        min.js"></script>           <!--引入 IE9 浏览器配置文件-->
10    </head>
11    <body>
12      <div class="container"> <!--给 div 添加一个作为容器的类名，这个类在
                                    Bootstrap 里有样式-->
13          <p><a href=""/>你好!!!</a></p>
14      </div>
15    <!-- jQuery 文件。务必在 bootstrap.min.js 之前引入 -->
16    <script src="http://cdn.bootcss.com/jquery/1.11.3/jquery.min.js">
      </script>
17    <!-- 最新的 Bootstrap 核心 JavaScript 文件 -->
18    <script src="http://cdn.bootcss.com/bootstrap/3.3.5/js/bootstrap.
      min.js"></script>
19    </body>
20    </html>
```

注意：使用网络上的 CSS 样式，需要确保计算机处于联网状态。

- 05 行代码获取当前设备的尺寸大小，不进行网页缩放，在 meta 标签中设置 name="viewport"，device-width 表示设备的宽度，让网页宽度等于设备的宽度，initial-scale=1 表示网页等比例显示。
- 07、08 行导入 bootstrap.css 样式表文件，要使用 Bootstrap 框架，必须引入 CSS 样式表，有两种方式引入。

第一种方法，直接导入本地.css 文件，假如下载的 bootstrap.min.css 文件保存在当前目录下的 CSS 文件夹中：

```
<link rel="stylesheet" href="css/bootstrap.min.css">
```

注意：这里 boostrap.min.css 表示精简版本。

第二种方法，使用 CDN 加速服务：

```
<link rel="stylesheet" href="https://maxcdn.bootstrapcdn.com/bootstrap
/3.3.7/css/bootstrap.min.css">
```

.container 与.container_fluid 是 Bootstrap 中两种不同类型的外层容器，要求把网页中的布局内容放入这两个容器中，这两者的区别是:

- container 类用于固定宽度并支持响应式布局的容器，虽然有固定宽度，但是该宽度会随用户设备屏幕的大小变化而变化（表 8.1）。

表 8.1　container类的宽度与设备屏幕大小的关系

屏幕尺寸大小	container宽度
xs（小于768px，超小屏幕、手机等屏幕）	等于屏幕的宽度
sm（768-991px，小屏幕）	固定宽度为750px
md(992px-1199px，中等屏幕)	固定宽度为970px
lg(1200px以上，大屏幕)	固定宽度为1170px

- .container-fluid 类用于 100%宽度，会满屏显示（占满父容器），占据全部视口（viewport）的容器，如果强制指定其 container-fluid 容器的宽和高，那么自适应特性会在浏览器尺寸小于用户规定的尺寸时消失。

HTML 页面中所有的内容都必须放在.container 或.container-fluid 容器中，比如：

```
01   <div class="container">
02   ...
03   <div>
04   <div class="container-fluid">
05   ...
06   <div>
```

注意：<div class="container" style="width: 1200px" >…</div>这样设置固定宽度 1200px，缩小浏览器宽度到小于 1200px 的值时，内容就不再自适应了。初学者注意不要对 container 类的 div 设置一个固定宽度。

.container-fluid 自动设置为外层视窗的 100%，如果外层视窗为 body，那么它将全屏显示，无论屏幕大小，并且自动实现响应式布局。

注意：bootstrap.min.css、jquery.mis.js 和 bootstrap.min.js 这 3 个文件的引入顺序一定不能错乱。一般首先引入 bootstrap.min.css 文件，然后将 jquery.mis.js 和 bootstrap.min.js 文件放到网页的尾部。

运行代码，结果如图 8.1 所示。

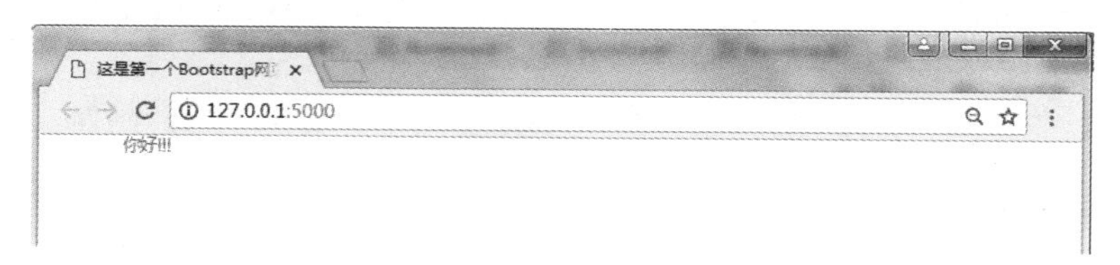

图 8.1　Bootstrap 的初始化配置

在例 8-1 的第 13 行中设置了一个超链接，如果 CSS 无效，超链接会带有下画线，这里运行后该超链接上没有下画线，可见引入的 bootstrap.min.css 已经生效了。

8.2　全局 CSS 样式

Bootstrap 可以设置全局 CSS 样式，基本的 HTML 元素均可以通过在 Bootstrap 框架中对 class 设置样式，以达到想要的效果。Bootstrap 将全局文字大小设置为 14px，行高设置为 20px；<p>标签设置行高；文本默认颜色被设置为#333333。

```
01   body {
02   font-family: "Helvetica Neue", Helvetica, Arial, sans-serif;
```

```
03    font-size: 14px;
04    line-height: 1.428571429;
05    color: #333333;
06    background-color: #ffffff;
07    }
```

例 8-2　Bootstrap 全局 CSS 样式设置：index.html

```
01    <!DOCTYPE html>
02    <html>
03    <head lang="en">
04    <meta charset="UTF-8">
05    <title>Bootstrap 全局 CSS</title>
06    <link rel="stylesheet" href="https://cdn.bootcss.com/bootstrap/3.3.7
      /css/bootstrap.min.css">
07    </head>
08    <body>
09    <div class="container">
10    <h1>新闻标题 1</h1>
11    <h2>新闻标题 1</h2>
12    <h3>新闻标题 1</h3>
13    <h4>新闻标题 1<small>欢迎你的到来</small></h4>
14    <p class="lead">测试数据</p>
15     <del>被删除元素</del></br>
16        <mark>被加了背景</mark>
17        <p class="text-left">文字居左</p>
18        <p class="text-right">文字居右</p>
19        <p class="text-center">文字居中</p>
20    <ul class="list-unstyled">
21        <li >新闻 1</li>
22        <li>新闻 2</li>
23       <li>新闻 3</li>
24    </ul>
25    <div class="lead">
26    文字高亮显示
27    </div>
28    </div>
29    </body>
30    </html>
```

运行代码，效果如图 8.2 所示。

注意：所有内容都必须放在<div class="container">容器中。

10～13 行是在 Bootstrap 中定义 h1～h6 标题，在标题内还可以包含<small>标签或赋予.small 类的元素，可以用来标记副标题；14 行通过添加.lead 类让段落突出显示；15 行代码标记了被删除的文本，可以使用<del>标签；16 行通过添加<mark>标签，可以为元素添加背景颜色并高亮文本；17～19 行通过文本对齐类 text-left、text-right 和 text-center，可以简单方便地将文字重新对齐；20～24 行设置了无序号列表，使用 class="list-unstyled"方法；25～27 行通过 class="lead"，将文字高亮显示。

图 8.2　全局 CSS 样式设置

HTML 中定义的所有标题标签，从<h1>到<h6>都是可用的。Bootstrap 定义的全局 font-size 是 14px，line-height 是 20px。这些样式应用到了<body>和所有的段落中。另外，对<p>（段落）还定义了 1/2 行高（默认为 10px）的底部外边距（margin）属性。

注意：对于其他的排版样式，请读者查阅官方的相关技术文档。

8.3　栅格系统

Bootstrap 内置了一套响应式、移动设备优先的流式栅格（实质就是布局）系统。通过一系列的行（row）与列（column）的组合创建页面布局，把网页内容放到设置的布局文件中，实现网页布局的目的。栅格系统 Bootstrap 一般分为 12 列，即每行最多可容纳 12 列。若<HTML>里，一个.row 内包含的列（column）大于 12 个（即一行中的栅格单元超过 12 个单元），则会自动排版。

使用栅格系统时，需要在<head>部分做如下处理：

```
01  <head>
02      <meta charset="UTF-8">
03      <title>Document</title>
04      <meta name="viewport" content="width=device-width, initial-
        scale=1.0">
05      <link rel="stylesheet" href="https://cdn.bootcss.com/bootstrap/
```

```
        3.3.7/css/bootstrap.min.css
06  ">
07      <!-- [if lt IE 9]>
08          <script  src="https://oss.maxcdn.com/respond/1.4.2/respond.
            min.js"></script>
09      <![endif] -->
10  </head>
```

01 行表示网页头部开始；02 行设定网页编码为 UTF-8；03 行定义网页标题；04 行表示无任何缩放显示网页；05 行表示 bootstrap.css 的在线引用；07～09 行表示为兼容低版本 IE 浏览器，IE9 需要 respond.js 配合才能实现对媒体查询（media query）的支持。

以下代码实现兼容性。

```
01  <!-- [if lt IE 9]>
02          <script src="https://oss.maxcdn.com/respond/1.4.2/respond.
            min.js"></script>
03  <![endif] -->
```

首先创建栅格系统的容器，Bootstrap 内置了一套响应式、移动设备优先的流式栅格系统，随着设备屏幕或视口（viewport）尺寸的增加，系统会自动分为最多 12 列。

```
01  <div class="container">
02      <div class="row">
03          …
04      </div>
```

创建了栅格容器以后，设置一个名为 col-md-1 的 div，每个 div 的宽度占 1/12，最多可以放置 12 名为 col-md-1 的 div，如超过 12 个，则会在下一行显示。

注意：<div class="row">代表的是一行。

```
01  <div class="row">
02      <div class="col-md-1">col-md-1</div>
03      <div class="col-md-1">col-md-1</div>
04      <div class="col-md-1">col-md-1</div>
05      <div class="col-md-1">col-md-1</div>
06      <div class="col-md-1">col-md-1</div>
07      <div class="col-md-1">col-md-1</div>
08      <div class="col-md-1">col-md-1</div>
09      <div class="col-md-1">col-md-1</div>
10      <div class="col-md-1">col-md-1</div>
11      <div class="col-md-1">col-md-1</div>
12      <div class="col-md-1">col-md-1</div>
13      <div class="col-md-1">col-md-1</div>
14  </div>
```

给名称为 row 的类定义边框、背景等属性：

```
01  <style>
02  .row{
03      margin-bottom:20px;
04  }
05  [class*="col-"]{
06    padding-top:15px;
```

```
07     padding-bottom:15px;
08     background-color:#eee;
09     background-color:rgba(86,61,124,.15);
10     border:1px solid #ddd;
11     border:1px solid rgba(86,61,124,.2);
12   }
13   </style>
```

注意：[class*="col-"]表示名为 col-的类都可以匹配到，也可以用[class^="col-"]，[class$=col-]代表以 col-结尾的类名。

运行代码，效果如图 8.3 所示。

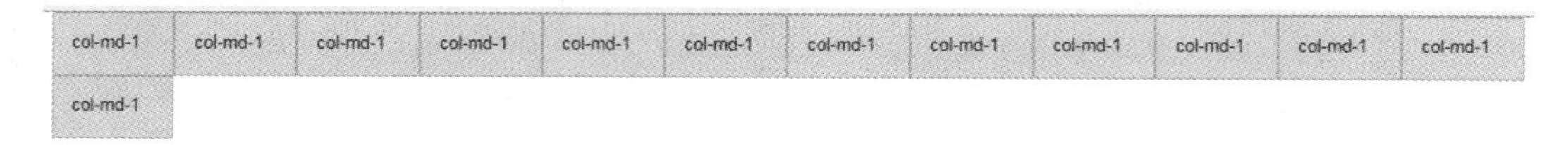

图 8.3　栅格的 12 列显示

这里的 col-md 是适应中等屏幕的，如果屏幕是大屏幕，使用 col-md 就不恰当了。根据屏幕尺寸大小，Bootstrap 栅栏系统分别给出了相应的参数。

- .col-xs-：超小屏幕，如手机（<768px）；
- .col-sm-：小屏幕，如平板（≥768px）；
- .col-md-：中等屏幕，如桌面显示器（≥992px）；
- .col-lg-：大屏幕，如大桌面显示器（≥1200px）。

继续增加下面的代码，该代码显示的一行是 3 列，这里的名称为 col-md-4，占整个宽度的 4/12，即每个 div 占 1/3 宽度。代码运行效果如图 8.4 所示。

```
01   <div class="row">
02        <div class="col-md-4">col-md-4</div>
03      <div class="col-md-4">col-md-4</div>
04      <div class="col-md-4">col-md-4</div>
05   </div>
```

01 行定义一行；02～04 行定义 3 个容器，每个容器占父容器的 1/3 宽度。

图 8.4　每列占栅格的 1/3 宽度

在上面第一个名称为 col-md-4 的 div 中添加如下内容：

```
01   <div class="col-md-4">
02             轻轻的我走了，</br>
03   正如我轻轻的来；</br>
04   我轻轻的招手，</br>
05   作别西天的云彩。</br>
06             那河畔的金柳，</br>
```

```
07    是夕阳中的新娘；</br>
08    波光里的艳影，</br>
09    在我的心头荡漾。</br>
10     </div>
11        <div class="col-md-4">col-md-4</div>
12        <div class="col-md-4">col-md-4</div>
13    </div>
```

01～10 行表示在第一个 div 名为 col-md-4 的容器中加入文字信息，</br>表示回车。运行效果如图 8.5 所示。

图 8.5　栅格一列内容过多的自适应显示

如果栅格中的一列内容显示过多，那么该列会被拉高，实现自适应显示。如果我们想对某个 div 位置进行移动，可以使用 offset 属性，代码如下：

```
01    <div class="row">
02         <div class="col-md-4 col-md-offset-2">col-md-4</div>
03        <div class="col-md-4">col-md-4</div>
04    </div>
```

02 行表示将 div 名为 col-md-4 的容器由原来的位置向右边移动 2 个单位，将 class="col-md-4 col-md-offset-2"中的 col-md-4 col-md-offset-2 换成 offset-1 就向右边移动一个单位，以此类推，如图 8.6 所示。

图 8.6　栅格中对某列进行移动

接下来介绍一下 Bootstrap 栅格布局的列排序实例。通过使用.col-md-push-*和.col-md-pull-*类可以很容易改变列（column）的顺序。

```
01    <h4>原来的顺序</h4>
02    <div>
03        <div class="col-md-8 grid green">col-md-8</div>
04        <div class="col-md-4 grid pink">col-md-4</div>
05    </div>
06    <h4>排序后的顺序</h4>
07    <div>
08        <div class="col-md-8 col-md-push-4 grid green">col-md-8</div>
09        <div class="col-md-4 col-md-pull-8 grid pink">col-md-4</div>
10    </div>
```

注意：push-4 表示向右推 4 列，pull-8 表示向左拉 8 列，最终实现效果是左右两边调换位置，如图 8.7 所示。

原来的顺序

col-md-8	col-md-4

排序后的顺序

col-md-4	col-md-8

图 8.7　Bootstrap 栅格布局的列排序

我们继续讨论一下 Bootstrap 能否实现列嵌套。答案是肯定的。为了使用内置栅格进行内容的嵌套，通过添加一个新的.row 和一系列的.col-md-*列到已经存在的.col-md-*列内即可实现。嵌套列所包含的列加起来应该等于 12。栅格进行内容的嵌套时，通过添加一个新的.row 和一系列的.col-md-*列到已经存在的.col-md-*列内即可实现。

首先定义一个 row（行），然后在此 row（行）中添加一个.col-md-9 的列，代表这个元素占有 9 列。然后在这个占有 9 列的元素里面添加两个不同的 row（行）。

第一个 row（行）：将此行分成了两份，每份占有 6 列，两份共计 12 列。这 12 列占满父容器（Level:col-md-9）的宽度，也就是说，这 12 列的总宽度和它外面父容器占有 9 列的元素宽度是一样的。

第二个 row：将第二个 row 分成了两份，第一份占有 3 列，第二份占有 6 列，然后剩余的 3 列没有进行填充，如图 8.8 所示。

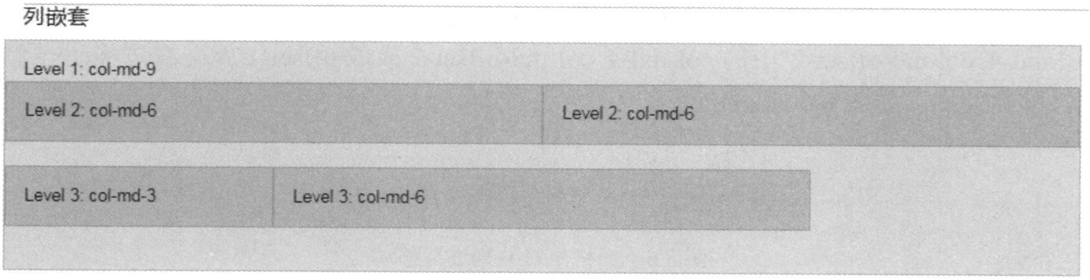

列嵌套

Level 1: col-md-9

Level 2: col-md-6	Level 2: col-md-6

Level 3: col-md-3	Level 3: col-md-6

图 8.8　Bootstrap 栅格布局的列嵌套

最终代码如下：

例 8-3　Bootstrap 栅格系统的使用：index.html

```
01   <!DOCTYPE html>
02   <html lang="en">
03   <head>
04       <meta charset="UTF-8">
05       <title>Title</title>
06        <link rel="stylesheet" href="https://cdn.bootcss.com/bootstrap
          /3.3.7/css/bootstrap.min.css">
07   <style>
```

```
08  .row{
09      margin-bottom:20px;
10  }
11  [class^="col-"]{
12    padding-top:15px;
13    padding-bottom:15px;
14    background-color:#eee;
15    background-color:rgba(86,61,124,.15);
16    border:1px solid #ddd;
17    border:1px solid rgba(86,61,124,.2);
18  }
19  </style>
20  </head>
21  <body>
22  <div class="container">
23      <div class="row">
24          <div class="col-md-1">col-md-1</div>
25          <div class="col-md-1">col-md-1</div>
26          <div class="col-md-1">col-md-1</div>
27          <div class="col-md-1">col-md-1</div>
28          <div class="col-md-1">col-md-1</div>
29          <div class="col-md-1">col-md-1</div>
30          <div class="col-md-1">col-md-1</div>
31          <div class="col-md-1">col-md-1</div>
32          <div class="col-md-1">col-md-1</div>
33          <div class="col-md-1">col-md-1</div>
34          <div class="col-md-1">col-md-1</div>
35          <div class="col-md-1">col-md-1</div>
36          <div class="col-md-1">col-md-1</div>
37      </div>
38      <div class="row">
39           <div class="col-md-4">col-md-4</div>
40          <div class="col-md-4">col-md-4</div>
41          <div class="col-md-4">col-md-4</div>
42      </div>
43     <div class="row">
44       <div class="col-md-4">col-md-4</div>
45      <div class="col-md-4">col-md-4</div>
46      <div class="col-md-4">col-md-4</div>
47  </div>
48      <div class="row">
49       <div class="col-md-4">
50              轻轻的我走了，</br>
51  正如我轻轻的来；</br>
52  我轻轻的招手，</br>
53  作别西天的云彩。</br>
54              那河畔的金柳，</br>
55  是夕阳中的新娘；</br>
56  波光里的艳影，</br>
57  在我的心头荡漾。</br>
58    </div>
59      <div class="col-md-4">col-md-4</div>
```

```
60        <div class="col-md-4">col-md-4</div>
61    </div>
62     <div class="row">
63         <div class="col-md-4 col-md-offset-2">col-md-4</div>
64        <div class="col-md-4">col-md-4</div>
65    </div>
66         <h4>原来的顺序</h4>
67        <div>
68            <div class="col-md-8 grid green">col-md-8</div>
69            <div class="col-md-4 grid pink">col-md-4</div>
70        </div>
71        <h4>排序后的顺序</h4>
72        <div>
73            <div class="col-md-8 col-md-push-4 grid green">col-md-8</div>
74            <div class="col-md-4 col-md-pull-8 grid pink">col-md-4</div>
75        </div>
76    <h4>列嵌套</h4>77
77        <div class="row">
78                <div class="col-md-9"> Level 1: col-md-9
79                    <div class="row">
80                        <div class="col-md-6"> Level 2: col-md-6 </div>
81                        <div class="col-md-6"> Level 2: col-md-6 </div>
82                    </div>
83                    <div class="row">
84                        <div class="col-md-3"> Level 3: col-md-3 </div>
85                        <div class="col-md-6"> Level 3: col-md-6 </div>
86                    </div>
87                </div>
88            </div>
89    </div>
90    </body>
91    </html>
```

06 行引入 CSS 文件；07～19 定义了样式表；23～37 是栅格系统中一行显示 12 个元素，多余的元素会在下一行显示；38～42 行是栅格系统中 3 列元素在一行上的显示；49～58 行代码表示如果栅格一列内容过多，会进行自适应显示。其余代码实现的功能，请参阅前面的内容。

8.4　Bootstrap CSS 代码

我们写博客的时候，经常要提供一些代码供别人参考，那么如何在网页中展示代码？这时可以使用 Bootstrap CSS 代码部分。

（1）内联代码

通过<code>标签包裹内联样式的代码片段，突出显示该内容是某门语言中的关键字或代码。举一个例子如下：

```
<code>您的代码或是某个语言中的一个关键字</code><br>
```

（2）用户输入

通过<kbd>标签标记用户通过键盘输入的内容，您要提示用户输入某个命令，可以将命令用<kbd></kbd>来进行包裹。比如，提示用户安装 SQLAlchemy 工具，在 cmd 下激活虚拟环境，然后在 cmd 下输入以下命令：

```
pip install sqlalchemy
```

那么，在网页中如何体现输入的代码？请看下面的实例：

```
<kbd> pip install sqlalchemy</kbd><br>
```

（3）代码块

多行代码可以使用<pre>标签。为了正确地展示代码，如果你的代码中有<和>这两种括号的话，注意将尖括号做转义处理。

例如，我们提示读者将 01 from flask import Flask 这句代码放到<pre>…</pre>中，即省略号的位置，在网页中应该写成<code><pre>...</pre></code>，即这里将<表示为<，>表示为>，即进行了转义。

```
<pre><p>01   from flask import Flask
</p></pre>
```

（4）变量

通过<var>标签标记变量，我们要在网页中输出 $y=kx+b$，那么该如何编写代码呢？可以写成这样：

```
<var>y</var> = <var>k</var><var>x</var> + <var>b</var>
```

（5）程序输出

通过<samp>标签可以标记程序输出的内容。比如一个程序的输出结果为 hello Python，我们可以这样写：

```
<samp>hello Python</samp>
```

综合上面所介绍的知识，举例如下：

例 8-4　Bootstrap 的 CSS 代码实例：index.html

```
01   <!DOCTYPE html>
02   <html lang="en">
03   <head>
04       <meta charset="UTF-8">
05       <title>Title</title>
06       <link rel="stylesheet" href="https://cdn.bootcss.com/bootstrap/
         3.3.7/css/bootstrap.min.css
07   ">
08   <style rel="stylesheet">
09       .content{
10           width: 620px;
11           height:220px;
```

```
12            margin: 10px 20px;
13         }
14     </style>
15     </head>
16     <body>
17     <div class="container">
18         <!--内联代码-->
19      1. 内联代码</br>
20         html 中<code>&lt;section&gt;</code>标签不是用来专门做容器的标签，在<code>
           &lt;section&gt;...&lt;/section&gt;</code> 可以设置样式或脚本。
21        </br>
22         <!--用户输入-->
23     2.<code>&lt;kbd&gt;...&lt;/kbd&gt;</code>是提示用户要输入的内容：</br>
24         请在 cmd 命令行输入关机命令：<kbd>shutdown -s</kbd></br>
25
26     <!--代码块-->
27     3.代码块放到<code>&lt;pre&gt;...&lt;/pre&gt;</code>中
28         <div class="content">
29     <pre><p>01   from flask import Flask
30     02   from datetime import datetime
31     03   import config
32     04   from flask_sqlalchemy import SQLAlchemy
33     05   app = Flask(__name__)
34     06   app.config.from_object(config)
35     07   db = SQLAlchemy(app)   #db = SQLAlchemy(app)需要放在 config 的后面，
                                    否则会有警告
36     08   db.init_app(app)
37         </p></pre>
38            </div>
39         <!--变量-->
40     4.变量放到<code>&lt;var&gt;...&lt;/var&gt;</code>中 </br>
41         <var>y</var> = <var>k</var><var>x</var> + <var>b</var></br>
42          <!--程序输出-->
43     5.程序输出放到<code>&lt;samp&gt;...&lt;/samp&gt;</code></br>
44       <samp>hello Python</samp>
45     </div>
46     </body>
47     </html>
```

06 行引入 CSS 文件；08～14 行定义容器宽度为 620px，高度为 220px；18～21 行是内联代码<section>的用法；22～24 行提示用户要输入的内容应该放到<kbd></kbd>标签之中；27～38 行是网页中如何编写代码格式的一个范例；39～41 行表示网页源代码中如果要表示 1 个变量，应该放到<var>与</var>之中；42～44 表示网页中如何表示出程序的输出结果。

运行程序，结果如图 8.9 所示。

1. 内联代码

html中 <section> 标签不是用来专门做容器的标签，在 <section>...</section> 可以来设置样式或脚本。

2. <kbd>...</kbd> 是提示用户要输入的内容：

请在cmd命令行输入关机命令: `shutdown -s`

3.代码块放到 <pre>...</pre> 中

```
01  from flask import Flask
02  from datetime import datetime
03  import config
04  from flask_sqlalchemy import SQLAlchemy
05  app = Flask(__name__)
06  app.config.from_object(config)
07  db = SQLAlchemy(app)#db = SQLAlchemy(app)需要放在config的后面，否则会有警告
08  db.init_app(app)
```

4.变量放到 <var>...</var> 中

y = mx + b

5.程序输出放到 <samp>...</samp>

`hello Python`

图 8.9　Bootstrap CSS 代码的使用

8.5　Bootstrap 表格

表格是 Bootstrap 的一个基础组件之一。Bootstrap 为表格提供了一种基础样式和 4 种附加样式，以及一个支持响应式的表格。在使用 Bootstrap 的表格过程中，只需要添加对应的类名就可以得到不同的表格风格。

Bootstrap 为表格不同的样式风格提供了以下不同的类名。

- .table：基础表格。
- .table-striped：斑马线表格（隔行变色）。
- .table-bordered：带边框的表格。
- .table-hover：光标悬停高亮的表格（隔行变色）。
- .table-condensed：紧凑型表格。
- .table-responsive：响应式表格（宽度不够自动添加滚动条）。

8.5.1　基础表格

基础表格为一个只带有内边距（padding）和水平分割的基本表，只有横向分隔线。想得到基础表格，我们只需要在<table>元素上添加.table 类名，就可以得到 Bootstrap 的基础表格。

```
<table class="table">
…
</table>
```

Bootstrap 提供了一个清晰的创建表格的布局。表 8.2 列出了 Bootstrap 支持的一些表格元素。

表 8.2　Bootstrap支持的一些表格元素

标　　签	描　　述
<table>	为表格添加基础样式
<thead>	表格标题行的容器元素
<tbody>	表格主体中表格行的容器元素
<tr>	一组出现在单行上的表格单元格容器元素
<td>	默认的表格单元格
<th>	特殊的表格单元格，必须在<thead>内使用
<caption>	表格标题

下面给出一个网页表格呈现出 3 行 2 列的实例代码。

例 8-5　Bootstrap 的基础表格使用实例 index.html

```
01  <!DOCTYPE html>
02  <html lang="en">
03  <head>
04      <meta charset="UTF-8">
05      <title>Title</title>
06      <link rel="stylesheet" href="https://cdn.bootcss.com/bootstrap/
        3.3.7/css/bootstrap.min.css
07  ">
08  </head>
09  <body>
10  <div class="container">
11      <h2>基本样式（只有横向分隔线）</h2>
12      <table style="width: 500px;" class="table ">
13          <thead>
14          <tr>
15              <th>科目</th>
16              <th>成绩</th>
17          </tr>
18          </thead>
19          <tbody>
20          <tr>
21              <td>高数</td>
22              <td>88</td>
23          </tr>
24          <tr>
25              <td>大学英语</td>
26              <td>90</td>
27          </tr>
28          <tr>
29              <td>计算机基础</td>
30              <td>96</td>
31          </tr>
32          </tbody>
```

```
33        </table>
34    </div>
35    </body>
36    </html>
```

13～18 行定义了 2 列，指定表格标题行，给定列的内容分别为科目和成绩；20～23 行用<tr></tr>标签指定一行，在该行中使用</td></td>指定两列，内容为高数和 88；24～31 继续定义两行。

注意： 这里为了方便美观，给表格增加了一个宽度 500px，使用一个<div class="container">作为基础面板来包裹表格。

运行结果如图 8.10 所示。

基本样式 (只有横向分隔线)

科目	成绩
高数	88
大学英语	90
计算机基础	96

图 8.10　Bootstrap 的基础表格

8.5.2　条纹状表格

条纹状表格用来将表格制作成类似于斑马线的效果。简单点说，就是让表格带有背景条纹效果。在 Bootstrap 中实现这种表格效果并不困难，只需要在<table class="table">的基础上增加类名“.table-striped”即可。

```
01    <table class="table table-striped">
02    …
03    </table>
```

01 行给表格增加类名，其效果与基础表格相比，仅是在 tbody 隔行有一个浅灰色的背景色。

例 8-6　Bootstrap 的条纹状表格使用实例：index.html

```
01    <!DOCTYPE html>
02    <html lang="en">
03    <head>
04        <meta charset="UTF-8">
05        <title>Title</title>
06        <link rel="stylesheet" href="https://cdn.bootcss.com/bootstrap/
          3.3.7/css/bootstrap.min.css
07    ">
```

```
08  </head>
09  <body>
10  <div class="container">
11      <h2 条纹状表格 (隔行换颜色)</h2>
12      <table style="width: 500px;" class="table table-striped">
13          <thead>
14          <tr>
15              <th>科目</th>
16              <th>成绩</th>
17          </tr>
18          </thead>
19          <tbody>
20          <tr>
21              <td>高数</td>
22              <td>88</td>
23          </tr>
24          <tr>
25              <td>大学英语</td>
26              <td>90</td>
27          </tr>
28          <tr>
29              <td>计算机基础</td>
30              <td>96</td>
31          </tr>
32          </tbody>
33      </table>
34  </div>
35  </body>
36  </html>
```

12 行在<table class="table">的基础上增加类名.table-striped，实现了表格间隔一行换颜色的效果，运行效果如图 8.11 所示。 

斑马线表格 (隔行换颜色)

科目	成绩
高数	88
大学英语	90
计算机基础	96

图 8.11　Bootstrap 的斑马线表格

8.5.3　带边框的表格

有时候需要为表格和其中的每个单元格增加边框。在 Bootstrap 中实现这种表格效果并不困难，只需要在<table class="table">的基础上增加类名“.table-bordered”即可。

```
<table class="table table-bordered">
 ...
</table>
```

下面给出带边框的表格的范例代码。

例 8-7　Bootstrap 的带边框表格使用实例：index.html

```
01  <!DOCTYPE html>
02  <html lang="en">
03  <head>
04      <meta charset="UTF-8">
05      <title>Title</title>
06      <link rel="stylesheet" href="https://cdn.bootcss.com/bootstrap/
        3.3.7/css/bootstrap.min.css
07  ">
08  
09  </head>
10  <body>
11  <div class="container">
12      <h2>带边框的表格 </h2>
13      <table style="width: 500px;" class="table table-bordered">
14          <thead>
15          <tr>
16              <th>科目</th>
17              <th>成绩</th>
18          </tr>
19          </thead>
20          <tbody>
21          <tr>
22              <td>高数</td>
23              <td>88</td>
24          </tr>
25          <tr>
26              <td>大学英语</td>
27              <td>90</td>
28          </tr>
29  
30          <tr>
31              <td>计算机基础</td>
32              <td>96</td>
33          </tr>
34          </tbody>
35      </table>
36  </div>
37  </body>
38  </html>
```

第 13 行代码在<table class="table">的基础上增加类名.table-bordered，实现了表格加上边框线的效果，运行效果如图 8.12 所示。

带边框的表格

科目	成绩
高数	88
大学英语	90
计算机基础	96

图 8.12　带边框的表格

8.5.4　紧凑的表格和响应式表格

通过给表格添加.table-condensed 类可以让表格更加紧凑，单元格中的内边距（padding）会减小到原来的一半，表格显得更为紧凑。

```
01  <table class="table table-condensed">
02  ...
03  </table>
```

随着各种移动手持设备的出现，要想让你的 Web 页面适合多种设备浏览，响应式设计的呼声越来越高。在 Bootstrap 中也为表格提供了响应式的效果，将其称为响应式表格。

Bootstrap 提供了一个容器，给此容器设置类名.table-responsive，此容器就具有响应式效果，然后将<table class="table">置于这个容器当中，这样表格也具有了响应式效果。

Bootstrap 中的响应式表格效果表现为：当你的浏览器可视区域小于 768px 时，表格底部会出现水平滚动条。当你的浏览器可视区域大于 768px 时，表格底部水平滚动条就会消失。示例如下：

```
01  <div class="table-responsive">
02     <table class="table table-striped table-bordered table-hover
       table-condensed">
03      ...
04       </table>
05  </div>
```

代码 8-8　Bootstrap 的基础表格使用实例 index.html

```
01  <!DOCTYPE html>
02  <html lang="en">
03  <head>
04     <meta charset="UTF-8">
05     <title>Title</title>
06     <link rel="stylesheet" href="https://cdn.bootcss.com/bootstrap/
       3.3.7/css/bootstrap.min.css
07  ">
08  </head>
09  <body>
10  <div class="container">
```

```
11        <h2>紧凑的表格 </h2>
12        <table style="width: 500px;" class="table table-condensed">
13           <thead>
14           <tr>
15              <th>科目</th>
16              <th>成绩</th>
17           </tr>
18           </thead>
19           <tbody>
20           <tr>
21              <td>高数</td>
22              <td>88</td>
23           </tr>
24           <tr>
25              <td>大学英语</td>
26              <td>90</td>
27           </tr>
28           <tr>
29              <td>计算机基础</td>
30              <td>96</td>
31           </tr>
32           </tbody>
33        </table>
34
35        <h2>响应式表格 </h2>
36        <table style="width: 500px;" class="table table-striped table-
          bordered table-hover table-condensed">
37           <thead>
38           <tr>
39              <th>科目</th>
40              <th>成绩</th>
41           </tr>
42           </thead>
43           <tbody>
44           <tr>
45              <td>高数</td>
46              <td>88</td>
47           </tr>
48           <tr>
49              <td>大学英语</td>
50              <td>90</td>
51           </tr>
52           <tr>
53              <td>计算机基础</td>
54              <td>96</td>
55           </tr>
56           </tbody>
57        </table>
58     </div>
59     </body>
60     </html>
```

第 12 行代码通过添加.table-condensed 类可以让表格更加紧凑，单元格中的内补

（padding）均会减半；第 36 行代码指定表格样式，设置宽度为 500 像素，并且将此容器设置类名为.table-responsive，使表格具有了响应式效果。运行程序，效果如图 8.13 所示。

紧凑的表格

科目	成绩
高数	88
大学英语	90
计算机基础	96

响应式表格

科目	成绩
高数	88
大学英语	90
计算机基础	96

图 8.13　紧凑的表格和响应式表格

8.5.5　状态类

通过状态类可以为行或单元格设置颜色，提供诸如光标悬停在所在行的颜色、标志一些警告信息，以及标志一些危险信息等，如表 8.3 所示。

表 8.3　状态类

Class	描　　述
.active	光标悬停在行或单元格上时所设置的颜色
.success	标识成功或积极的动作
.info	标识普通的提示信息或动作
.warning	标识警告或需要用户注意
.danger	标识危险或潜在的带来负面影响的动作

例 8-9　Bootstrap 的状态类使用实例：index.html

```
01   <!DOCTYPE html>
02   <html lang="en">
03   <head>
04      <meta charset="UTF-8">
05      <title>Title</title>
06      <link rel="stylesheet" href="https://cdn.bootcss.com/bootstrap
       /3.3.7/css/bootstrap.min.css
07   ">
08   </head>
```

```
09   <body>
10   <div class="container">
11      <h2>给行或列添加颜色 </h2>
12      <table style="width: 500px;" class="table table-bordered">
13         <thead>
14         <tr>
15            <th class="success">科目</th>
16            <th class="active">成绩</th>
17         </tr>
18         </thead>
19         <tbody>
20         <tr>
21            <td class="warning">高数</td>
22            <td>88</td>
23         </tr>
24         <tr>
25            <td class="danger">大学英语</td>
26            <td>90</td>
27         </tr>
28         <tr>
29            <td class="active">计算机基础</td>
30            <td>96</td>
31         </tr>
32         </tbody>
33      </table>
34   </div>
35   </body>
36   </html>
```

15、16 行为科目所在的行添加 active 类；为高数科目所在行添加 warning 类；为大学英语科目所在行添加 danger 类，呈现不同的颜色。

程序运行效果如图 8.14 所示。

给行或列添加颜色

科目	成绩
高数	88
大学英语	90
计算机基础	96

图 8.14　给行或列添加颜色

8.6　Bootstrap 表单

表单是用来与用户进行交流的一个网页控件。良好的表单设计能够让网页与用户更好地沟通。表单中常见的元素主要包括文本输入框、下拉选择框、单选按钮、复选按钮、文本域和按钮等。其中每个控件所起的作用都各不相同，而且不同的浏览器对表单控件渲染的风格也各有不同。Bootstrap 提供了 3 种表单布局：垂直表单、内联表单和水平表单。

8.6.1　垂直表单

基本的表单结构是 Bootstrap 自带的，个别表单控件自动接收一些全局样式。创建基本表单的步骤如下：

（1）向父<form>表单元素添加 role="form"。

（2）把标签和控件放在一个带有 class .form-group 的 <div> 中。这是获取最佳间距所必需的。

（3）向所有的文本元素 <input>、<textarea> 和 <select> 添加 class .form-control。

例 8-10　Bootstrap 的垂直表单使用实例：index.html

```
01  <!DOCTYPE html>
02  <html lang="zh-cn">
03  <head>
04      <meta charset="UTF-8" />
05      <title>bootstrap 的表格</title>
06      <link rel="stylesheet" href="css/bootstrap.css">
07      <link href="https://cdn.bootcss.com/bootstrap/3.3.7/css/bootstrap.
        min.css" rel="stylesheet">
08      <style>
09          .div2{
10          width:540px;
11          height:620px;
12          margin:10px 20px;
13          padding:10px 20px;
14          border:#930;
15      }
16      </style>
17  </head>
18  <body>
19  <div class="container" >
20  <div class="div2">
21   <h1>默认表单</h1>
22      <form action="#" role="form" >
23          <div class="form-group">
24              <label for="uname" class="control-label">用户名</label>
25            <input type="text" id="uname" class="form-control"
              placeholder="请输入用户名">
26          </div>
27          <div class="form-group">
28              <label for="upwd" class="control-label">密码</label>
29            <input type="password" id="upwd" class="form-control"
              placeholder="密码为 6-8 位">
30         </div>
31         <div class="form-group">
```

```
32                <div class="checkbox">
33                <label><input type="checkbox">七天免密登录</label>
34                 </div>
35            </div>
36            <div class="form-group">
37                <input type="button" id="login" value="登录" class="btn
                  btn-success">
38                <input type="button" id="logout" value="取消" class="btn
                  btn-danger">
39            </div>
40        </form>
41        </div>
42        </div>
43    </body>
44    </html>
```

22 行向父<form>元素添加 role="form"; 23 行表示为得到表格的最佳间距，添加了 class. form-group 类；25～39 行向表单元素添加 class .form-control 类。

运行效果如图 8.15 所示。

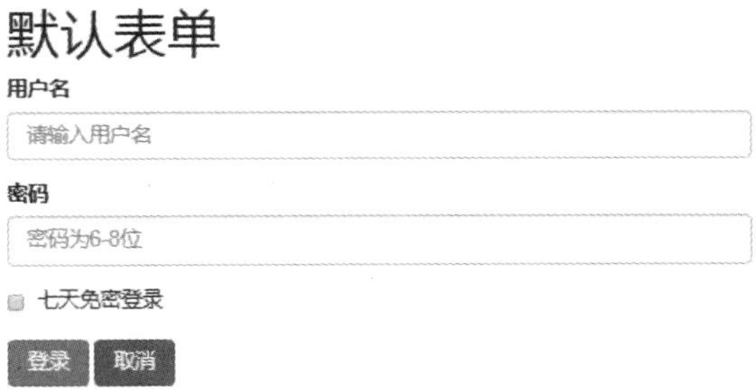

图 8.15　垂直表单效果

8.6.2　内联表单

有时需要将表单的控件都在一行内显示，这样就需要将表单控件设置成内联块元素（display:inline-block）。

要说清楚内联块元素，就不得不介绍一下内联元素。什么是内联元素呢？内联元素又名行内元素（inline element），与它对应的是块元素（block element），它们都是 HTML 规范中的概念。内联元素显示的最大的特点是不独占一行，很多元素排列在一起，它们会在一行中显示，直到这一行显示不下了才会在第二行中显示。内联元素可以形象地称为“文本模式”，即一个挨着一个，都在同一行中按从左至右的顺序显示，不单独占一行。

1．块元素

块元素也叫块级元素，总是独占一行，表现为另起一行开始，而且其后的元素也必须另起一行显示，其高度、宽度、内外边距等属性可以控制，可以直接用样式表 CSS 指定。典型的块级元素有<div>、<form>、<table>、<ul>和<li><h1>等。

下面通过一个例子加以说明，代码如下：

```
<!DOCTYPE html>
<html>
<head lang="en">
<meta charset="UTF-8">
<title>块级元素示例</title>
<link rel="stylesheet" href="https://cdn.bootcss.com/bootstrap/3.3.7
/css/bootstrap.min.css">
</head>
<style>
    .maincontent {
        padding:50px 20px;
        text-align:center;
     }
    .content{
       margin:0 auto;
       width:500px;
       height:200px;
       padding: 10px 20px;
    }
</style>
<body>
    <div class="container">
     <div class="maincontent">
        <h1>浙大硕士毕业论文研究吸猫:"云吸猫"是精神"鸦片"</h1>
        <div class="content">
                浙江大学一位传播学硕士的毕业论文以“吸猫”为主题，文中提到通过网络看猫的
“云吸猫”现象，并称其为“精神鸦片”。面对网友质疑，论文作者王同学回应称，自己和导师都属于“吸
猫”群体，“我们觉得挺有意思，值得一写。我是在研究一个网络小群体的亚文化。这也是反映时代变
化的方式”。
        </div>
      </div>
</div>
</body>
</html>
```

为 maincontent 容器设置内边距属性，文字居中；为 content 容器设置内边距属性，指定该容器的宽度为 500px，高度为 200px，设置外边距上下间距为 0，auto 就是左右自适应两边距离一样。标题使用了<h1>标签，独占一行，内容独占多行，这里内容过多，自动换行了。<h1>和<div>都是典型的块元素。

运行程序，效果如图 8.16 所示。

localhost:63342/8-10/templates/index.html?_ijt=2puocfj6lb1lsl9l8psusofbfi

浙大硕士毕业论文研究吸猫:"云吸猫"是精神"鸦片"

浙江大学一位传播学硕士的毕业论文以"吸猫"为主题，文中提到通过网络看猫的"云吸猫"现象，并称其为"精神鸦片"。面对网友质疑，论文作者王同学回应称，自己和导师都属于"吸猫"群体，"我们觉得挺有意思，值得一写。我是在研究一个网络小群体的亚文化。这也是反映时代变化的方式"。

图 8.16　块级元素举例

2．内联元素

内联元素和相邻的内联元素在同一行，其高度、宽度和内外边距等属性一般不可控制，直接由其中的内容（可能是文字或图片）决定。典型的内联元素有 a、input 和 span 等标签。

下面通过一个例子说明内联元素的使用。

```
01  <!DOCTYPE html>
02  <html>
03  <head lang="en">
04  <meta charset="UTF-8">
05  <title>内联元素示例</title>
06  <link rel="stylesheet" href="https://cdn.bootcss.com/bootstrap/3.3.7/
    css/bootstrap.min.css">
07  </head>
08  <style>
09      .maincontent {
10          padding:50px 20px;
11          text-align:center;
12       }
13      .content{
14          margin:0 auto;
15          width:500px;
16          height:200px;
17          padding: 10px 20px;
18          text-align:center;
19      }
20  </style>
21  <body>
22      <div class="container">
23       <div class="maincontent">
24          <h1>浙大硕士毕业论文研究吸猫:"云吸猫"是精神"鸦片"</h1>
25          <div class="content">
26              <a href="http:www.baidu.com">这是 a 标签</a>
27              <span>这是 span 标签</span>
28          </div>
29        </div>
30  </div>
31  </body>
32  </html>
```

06 行引用 Bootstrap 的在线 CSS；08～20 行自定义 CSS 的类；22 行定义父容器 container；23 行定义容器 maincontent；24 行设置文章标题；25～28 行表示设置正文内容，这里放置了一个 a 标签和 span 标签。

在 content 容器中，我们放置了一个 a 标签和一个 span 标签，这两个元素由于都是内联元素，故在同一行显示，而<h1>标签始终独占一行显示，运行效果如图 8.17 所示。

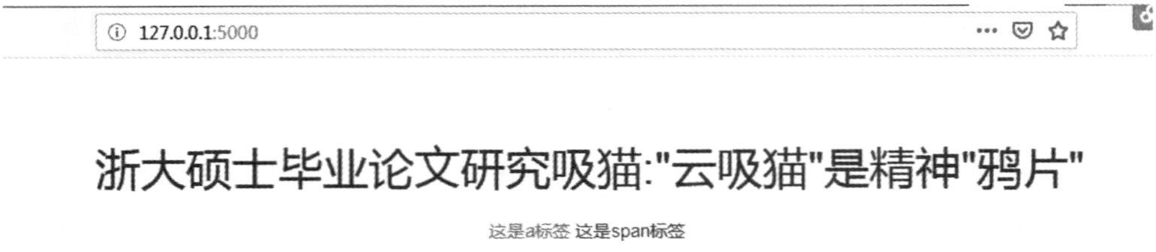

127.0.0.1:5000

浙大硕士毕业论文研究吸猫:"云吸猫"是精神"鸦片"

这是a标签 这是span标签

图 8.17　内联元素使用实例

当加入了 CSS 控制以后，块元素和内联元素的这种属性可以相互转化了。比如，我们完全可以把内联元素加上 display:block 属性，让它也有每次都从新行开始的属性，即成为块元素。让内联元素变为块元素，这就是内联块元素（display:inline-block）的由来。同样，我们可以把块元素加上 display:inline 属性，让多个块元素也可以在一行中排列。

继续通过实例，看看内联元素如何转成块级元素。

```
01  <!DOCTYPE html>
02  <html>
03  <head lang="en">
04  <meta charset="UTF-8">
05  <title>内联元素转成块级元素示例</title>
06  <link rel="stylesheet" href="https://cdn.bootcss.com/bootstrap/
    3.3.7/css/bootstrap.min.css">
07  </head>
08  <style>
09      .maincontent {
10          padding:50px 20px;
11          text-align:center;
12       }
13      .content{
14         margin:0 auto;
15         width:600px;
16         height:200px;
17         padding: 10px 20px;
18         text-align:center;
19      }
20  </style>
21  <body>
22      <div class="container">
23       <div class="maincontent">
```

```
24              <h1>浙大硕士毕业论文研究吸猫:"云吸猫"是精神"鸦片"</h1>
25              <div class="content">
26                  <a href="http:www.baidu.com" style="display:block">这是内
                    联元素 a 标签加上了 style="display:block"以后呈现的效果，开始独占
                    一行了！！</a>
27                  <span>这是 span 标签</span>
28              </div>
29          </div>
30  </div>
31  </body>
32  </html>
```

06 行引用 Bootstrap 的在线 CSS 资源；08～20 行自定义 CSS；22 行定义父容器 container；23 行定义容器 maincontent；24 行设置文章标题；25～30 行放置了 a 标签和 span 标签。

上面的代码中，在 a 标签中添加了 style="display:block"属性，直接让内联元素转换成块元素，运行效果如图 8.18 所示。

注意：给内联元素添加 style="display:block"，就可使得内联元素转成块级元素。

图 8.18　内联元素转内联块

在 Bootstrap 框架中要实现将表单元素在一行上呈现，还是可以对块元素添加 class="form-inline"属性，使得块元素转成内联元素。实例代码如下：

例 8-11　Bootstrap 的内联表单使用实例 index.html

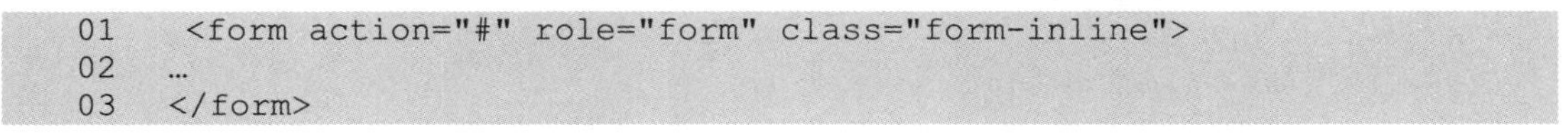

```
01   <form action="#" role="form" class="form-inline">
02  ...
03  </form>
```

运行效果如图 8.19 所示。

图 8.19　水平表单效果

8.6.3　水平表单

通过为表单 form 添加.form-horizontal 属性，即 class="form-horizontal"，将标签和控件放到<div class="form-group">....</div>之中，所有文本元素，比如<input>、<textarea>等标签中需要添加以下 CSS 样式：

```
<input type="password" class="form-control">
```

这样，标签和控件在网页中布局为水平方向排列。下面给出一个 Bootstrap 的内联表单使用实例：

例 8-12　Bootstrap 的内联表单使用实例 2：index.html

```
01  <form class="form-horizontal" role="form">
02    <div class="form-group">
03      <label for="inputEmail3" class="col-sm-2 control-label">Email
       </label>
04      <div class="col-sm-10">
05        <input type="email" class="form-control" id="inputEmail3"
         placeholder="Email">
06      </div>
07    </div>
08    <div class="form-group">
09      <label for="inputPassword3" class="col-sm-2 control-label">
       Password</label>
10      <div class="col-sm-10">
11        <input type="password" class="form-control" id="inputPassword3"
         placeholder="Password">
12      </div>
13    </div>
14    <div class="form-group">
15      <div class="col-sm-offset-2 col-sm-10">
16        <div class="checkbox">
17          <label>
18            <input type="checkbox"> Remember me
19          </label>
20        </div>
21      </div>
22    </div>
23    <div class="form-group">
24      <div class="col-sm-offset-2 col-sm-10">
25        <button type="submit" class="btn btn-default">Sign in</button>
26      </div>
27    </div>
28  </form>
```

01 行为 form 表单设置样式，添加一个名称为 class=".form-horizontal"的类。

注意：这里只给出了代码片段，CSS 的样式引入和 HTML 静态网页代码并没有给出。

8.6.4　支持的表单控件

Bootstrap 支持最常见的表单控件，主要是 Input、Textarea、Checkbox、Radio 和 Select。

1. 文本输入框（Input）

大部分表单控件、文本输入域控件包括 HTML5 支持的所有类型，如 text、password、datetime、datetime-local、date、month、time、week、number、email、url、search、tel 和 color。

```
<h1>text</h1>
    <input type="text" class="form-control" placeholder="文本输入">>
```

注意：只有正确设置了 type 的 Input 控件才能被赋予正确的样式。

2. 文本框（Textarea）

当需要进行多行输入时，可以使用文本框 Textarea。必要时可以改变 rows 属性（较少的行=较小的盒子，较多的行=较大的盒子）。例如：

```
<h1>textarea</h1>
    <textarea class="form-control" rows="3"></textarea>
```

3. 复选框（Checkbox）和单选按钮（Radio）

复选框和单选按钮用于让用户从一系列预设置的选项中进行选择。

当创建表单时，如果想让用户从列表中选择若干个选项时，可以使用 Checkbox；如果限制用户只能选择一个选项，则使用 Radio。

对一系列复选框和单选框，可以使用 .checkbox-inline 或.radio-inline class 控制它们显示在同一行上。

4. 选择框（Select）

- 当想让用户从多个选项中进行选择，但是默认情况下只能选择一个选项时，则使用选择框。
- 使用 <select> 展示列表选项，通常是那些用户很熟悉的选择列表，比如地理位置名或者数字。
- 使用 multiple="multiple" 允许用户选择多个选项。

下面的实例演示了这两种类型（select 和 multiple）的具体使用。

例 8-13　Bootstrap 的内联表单使用实例 index.html

```
01  <!DOCTYPE html>
02  <html>
03  <head>
```

```
04        <meta charset="utf-8">
05        <title>Bootstrap 实例 - 选择框</title>
06        <link rel="stylesheet" href="https://cdn.bootcss.com/bootstrap/
          3.3.7/css/bootstrap.min.css">
07        <script src="https://cdn.bootcss.com/jquery/2.1.1/jquery. min.js">
          </script>
08        <script src="https://cdn.bootcss.com/bootstrap/3.3.7/js/
          bootstrap.min.js"></script>
09    </head>
10    <body>
11    <form role="form">
12        <div class="form-group">
13            <label for="name">选择列表</label>
14            <select class="form-control">
15                <option>A</option>
16                <option>B</option>
17                <option>C</option>
18                <option>D</option>
19                <option>E</option>
20            </select>
21            <label for="name">可多选的选择列表</label>
22            <select multiple class="form-control">
23                <option>A</option>
24                <option>B</option>
25                <option>C</option>
26                <option>D</option>
27                <option>E</option>
28            </select>
29        </div>
30    </form>
31
32    </body>
33    </html>
```

13～20 行定义了一个选择框，允许用户选择一个项目的内容；21～28 行使用 multiple 属性，定义一个允许用户多项选择的选择框。

8.7　Bootstrap 按钮

Bootstrap 提供了多种样式的按钮效果。如果我们在前端开发中需要使用按钮，那么可以使用 Bootstrap 提供的按钮类样式。Bootstrap 为我们进行前端开发提供了又一个有力的工具。

按钮插件提供了一组可以控制按钮多种状态的功能，比如按钮的禁用状态、正在加载状态和正常状态等。

本节将对 Bootstrap 按钮的默认定义、按钮的大小控制，以及按钮的交互情节等内容逐一介绍。

1. Bootstrap预先定义的按钮

要使用 Bootstrap 定义的按钮，可以直接使用 class="btn"即可，该类定义了按钮的默认效果，呈现出圆角、带有灰色背景的效果。我们可以为<a>连接标签、<input>标签和<button>标签等添加上此样式。那么有没有按钮的效果呢？试看下面代码：

```
01  <a class="btn" href="">Link</a>
02  <button class="btn" type="submit">Button</button>
03  <input class="btn" type="button" value="Input">
04  <input class="btn" type="submit" value="Submit">
```

01 行表示 a 标签使用.btn 类；02 行表示 button 标签使用.btn 类；03、04 行表示 input 标签使用.btn 类。

程序运行效果如图 8.20 所示。

图 8.20　为 Button 及 Input 等元素添加.btn 类

2. 按钮的大小设置

在前端开发中有时需要 Button 按钮充满整个屏幕，有时又需要 Button 按钮高度比其他控件要高些。那么此时就涉及 Bootstrap 按钮的大小控制，需要用到.btn-lg、.btn-sm 和.btn-xs 这 3 个类。下面通过一个例子来说明。

```
01  <input type="button" id="login" value="btn-lg" class="btn-success
    btn-lg">
02  <input type="button" id="login" value="btn-sm" class="btn-success
    btn-sm ">
03  <input type="button" id="login" value="btn-xs " class="btn-success
   btn-xs  ">
```

上面的代码运行效果如图 8.21 所示。

图 8.21　按钮的大小设置

注意：btn-lg 表示大型按钮，.btn-sm 表示小型按钮，.btn-xs 表示超级小型按钮。.btn-block 表示块级按钮（拉伸至父元素 100%的宽度）。

3. 按钮的情景类设置

除了.btn 类之外，Bootstrap 还为按钮提供了一组情景样式类，是为了吸引网页浏览者的注意或强调 Button 按钮的醒目位置。如果需要将按钮呈现出不同的效果，就需要对 Bootstrap 按钮情景类进行设置。这些情景类设置如表 8.4 所示。

表 8.4　按钮的情景类设置

按　　钮	Class=	描　　述
默认	btn	带渐变的灰色按钮
主要	btn btn-primary	提供额外的视觉感，可在一系列的按钮中指出主要操作
信息	btn btn-info	默认样式的替代样式
成功	btn btn-success	表示成功或积极的动作
警告	btn btn-warning	提醒应该谨慎采取这个动作
危险	btn btn-warning	表示这个动作危险或存在危险
反向	btn btn-inverse	备用的暗灰色按钮，不依赖于语义和用途
反向	btn btn-link	简化一个按钮，使它看起来像一个链接，同时保持按钮的行为

例 8-14　Bootstrap 的内联表单使用实例 4：index.html

```
01   <!DOCTYPE html>
02   <html lang="zh-cn">
03   <head>
04       <meta charset="UTF-8" />
05       <title>bootstrap 的表格</title>
06       <link rel="stylesheet" href="css/bootstrap.css">
07       <link href="https://cdn.bootcss.com/bootstrap/3.3.7/css/bootstrap.
         min.css" rel="stylesheet">
08       <style>
09        .div1{
10            width:560px;
11            height:120px;
12            margin:10px 20px;
13            padding:10px 20px;
14            background-color:#C39;
15            border:#930;
16        }
17        </style>
18   </head>
19   <body>
20   <div class="container" sytle="width:520px">
21    <h2>bootstrap 的按钮</h2>
22   <div class="div2">
23   <input type="button"  value="常用按钮" class="btn" ></br>
24   <input type="button"  value="小按钮" class="btn btn-small" ></br>
25   <input type="button"  value="常规按钮" class="btn btn-large" ></br>
26   <input type="button"  value="primary" class="btn btn-primary" ></br>
27   <input type="button"  value="info" class="btn btn-info" ></br>
28   <input type="button"  value="success" class="btn btn-success" ></br>
29   <input type="button"  value="warning" class="btn btn-warning" ></br>
30   <input type="button"  value="danger" class="btn btn-danger" ></br>
31   <input type="button"  value="inverse" class="btn btn-inverse" ></br>
32                <input type="button" id="login" value="登录" class="btn
                 btn-success">
```

```
33              <input type="button" id="logout" value="取消" class="btn
               btn-danger">
34            </div>
35        </div>
36    </body>
37    </html>
```

08～17 定义样式表；23 行定义常用按钮，使用类 btn；24 行使用小按钮，则应该使用类 btn btn-small；25 行使用常规按钮，则应该使用名称为 btn btn-large 的类。26～31 行设置了按钮的各种效果。运行代码，效果如图 8.22 所示。

图 8.22　按钮的情景类设置

4．按钮禁用和关闭

禁用按钮（.disabled）视觉效果很明显，相比于 success 按钮，它颜色变淡，失去渐变效果，有一层灰蒙蒙的效果，当光标悬停在上边的时候，会出现红色的禁用圆圈，这个样式非常利于用户体验。

8.8　温 故 知 新

1．学完本章内容后，读者需要回答：

（1）什么是 Bootstrap 的全局样式？

（2）Bootstrap 的栅格系统如何使用？

（3）Bootstrap 定义的表格主要有哪些分类？

2．在下一章中将会学习：

（1）如何使用蓝图构建系统。
（2）如何使用 Flask-Migrate 管理数据库。
（3）表单验证及验证码的使用。
（4）如何使用装饰器限制用户登录。

8.9　习　　题

通过下面的习题来检验本章的学习效果，习题答案请参考本书配套资源。

【本章习题答案见配套资源\源代码\C8\习题】

1．通过 Bootstrap 实现一个页面布局，实现效果如图 8-23 所示。

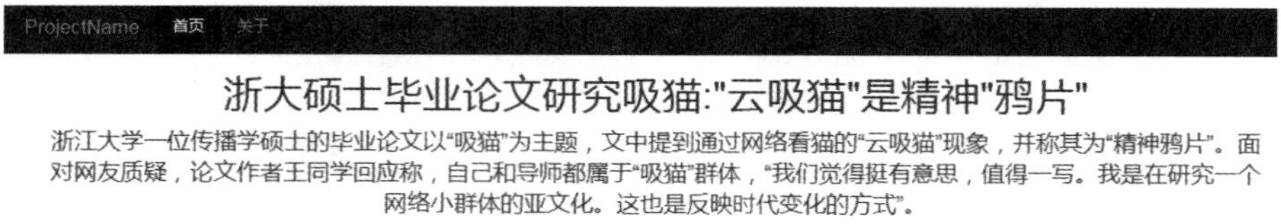

ProjectName
首页
关于
浙大硕士毕业论文研究吸猫:"云吸猫"是精神"鸦片"
浙江大学一位传播学硕士的毕业论文以"吸猫"为主题，文中提到通过网络看猫的"云吸猫"现象，并称其为"精神鸦片"。面对网友质疑，论文作者王同学回应称，自己和导师都属于"吸猫"群体，"我们觉得挺有意思，值得一写。我是在研究一个网络小群体的亚文化。这也是反映时代变化的方式"。

图 8.23　习题 1 效果图

2．通过 Bootstrap 实现一个页面布局，实现效果如图 8-24 所示。

用户登录
请输入用户名
请输入密码
记住登录状态
登录

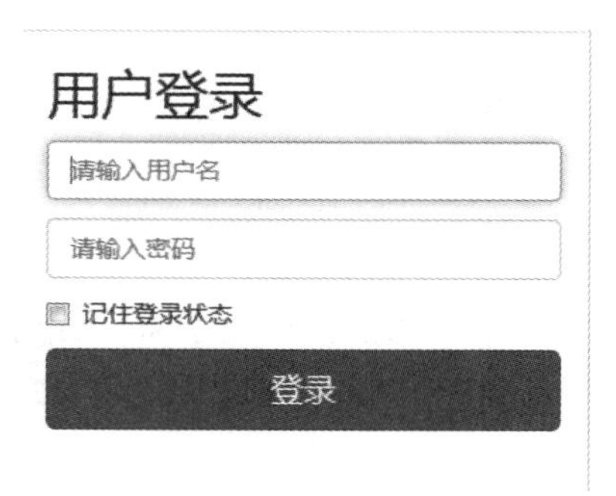

图 8.24　习题 2 效果图

第 2 篇
CMS 新闻系统开发

第 9 章　CMS 后台管理员登录实现

从本章开始着手进行网站内容管理系统的介绍。本章介绍了使用蓝图构建系统、使用 SQLALCHEMY 驱动 MySQL 数据库、用户模型的创建、用户的登录、用户登录限制、用户注销等功能的实现。

本章主要涉及的知识点有：

- 蓝图构建系统；
- 使用 Flask-Migrate 管理迁移数据库；
- 表当验证以及验证码的使用；
- 登录装饰器的使用。

通过本章的示例，演示如何对所介绍的知识点活学活用，如何通过本章所学的知识实现管理用户的后台登录。

注意：验证码部分只作简单介绍。

9.1　CMS 系统基本蓝图

CMS 是 Content Management System 的缩写，意为“网站内容管理系统”。从本节开始着手开发一个网站内容管理系统，实现管理登录以及文章的增、删、改、查和会员注册管理及前台页面展示等功能。本节主要介绍蓝图的基本使用。

新建立一个名称为 CMS 的工程，在该工程下依次新建 app.py、config.py、exts.py 共 3 个文件。app.py 是工程的主文件，config.py 文件主要用于保存系统的配置信息，exts.py 主要用于保存第三方文件。

在工程中新建立一个目录，创建一名称为 apps 的目录。

在 apps 目录下先依次新建 admin、common 及 front 共 3 个 Python Package 包。在该 3 个目录下依次新建 forms.py、mdels.py、views.py 共 3 个文件，其中 forms.py 文件主要用于保存表单相关信息，models.py 主要用户存放模型相关信息，views.py 主要用户保存视图相关信息。

在 admin 下面的 views.py 文件中设置蓝图相关信息，代码如下：

例 9-1　构建系统蓝图：admin.views.py

```
01   #encoding:utf-8
02   from flask import Blueprint
03   bp=Blueprint("admin", __name__)
04   @bp.route("/admin")
05   def index():
06       return "这是后台首页！"
```

02 行表示从 fask 模块中引入 Blueprint（蓝图），03 行创建 Blueprint 实例。

在 common 下面的 views.py 文件中设置蓝图的相关信息，代码如下：

例 9-1　构建系统蓝图：common.views.py

```
01   #encoding:utf-8
02   from flask import Blueprint
03   bp=Blueprint("common", __name__)
04   @bp.route("/common")
05   def index():
06       return "这是公共部分首页！"
```

在 front 下面的 views.py 文件中设置蓝图的相关信息，代码如下：

例 9-1　构建系统蓝图：front.views.py

```
01   #encoding:utf-8
02   from flask import Blueprint
03   bp=Blueprint("front",__name__) #前台访问不需要前缀
04   @bp.route('/')
05   def index():
06       return "这是前台首页！"
```

02 行从 Flask 导入 Blueprint 模块；03 行表示创建蓝图对象，Blueprint 必须指定两个参数，bp 表示蓝图的名称，__name__表示蓝图所在模块；04 行定义蓝图路由；05 行定义视图函数；06 行返回响应。

在 admin、common、front 三个目录下的__init__.py 文件都做如下设置：

例 9-1　构建系统蓝图：__init__.py

```
01   #encoding:utf-8
02   from .views import  bp
```

根目录 app.py 文件的内容如下：

例 9-1　构建系统蓝图：app.py

```
01   #encoding:utf-8
02   DEBUG=True
03   from flask import Flask
04   from apps.admin import bp as admin_bp          #导入各个模块 app
05   from apps.front import bp as front_bp
06   from apps.common import bp as common_bp
07   app = Flask(__name__)
08   #注册蓝图
09   app.register_blueprint(admin_bp)
10   app.register_blueprint(front_bp)
11   app.register_blueprint(common_bp)
```

```
12    app.config.from_object('config')                           #使用模块的名称
13    @app.route('/')
14    def hello_world():
15        return 'Hello World!'
16    if __name__ == '__main__':
17        app.run(host='127.0.0.1', port=8000, debug=True)
```

06～08 行注册蓝图到 app 上，并可以设定特定的前缀，例如，app.register_blueprint (admin_bp, url_prefix="/test")

如果做上面设置，访问地址就要通过 http://127.0.0.1:8000/test/admin 才能访问，如果去掉 url_prefix="/test"，则是通过 http://127.0.0.1:8000/admin 这个地址访问。

运行本工程代码，运行结果如图 9.1 所示：

图 9.1 通过蓝图访问各个模块

其他两个模块可以通过 http://127.0.0.1:8000/common 以及 http://127.0.0.1:8000/进行访问。

注意： 在其他环境下，设定访问 IP 与端口，直接在最后一句设定好 host 和 port 即可。但在 Pycharm2018 中不行，需要做设置：在 run-Edit-Configuration 中，找到 Additinal options 栏，手动写入--host=x.x.x.x --port=xxxx。

9.2 用户模型定义

任何一个 CMS 系统，一般都要用到数据库保存用户的信息。本 CMS 使用 MySQL，首先设置数据库的配置及驱动，然后创建数据库，建立基本用户表，最后使用官方提供的数据库迁移管理工具。在本节中，重点介绍数据库的迁移管理文件、用户模型等相关知识。

9.2.1 建立数据库连接并创建用户模型

继续在 config.py 文件添加如下数据库配置代码。

例 9-2 建立数据库连接并创建用户模型：config.py

```
01    DEBUG=True
02    DB_USERNAME = 'root'
03    DB_PASSWORD = 'root'
```

```
04    DB_HOST = '127.0.0.1'
05    DB_PORT = '3306'
06    DB_NAME = 'jiaqicms'
07    DB_URI = 'MySQL+pyMySQL://%s:%s@%s:%s/%s?charset=utf8' %
      (DB_USERNAME,DB_PASSWORD,DB_HOST,DB_PORT,DB_NAME)
08    SQLALCHEMY_DATABASE_URI = DB_URI
09    SQLALCHEMY_TRACK_MODIFICATIONS = False
```

02 行指定数据库登录账号；03 行设定数据库登录密码；04 行指定数据库服务器地址；05 行指定数据库的端口；06 行指定链接的数据库名称；07 行指定数据库链接格式；格式为格式为“数据库+驱动://用户名:密码@数据库主机地址:端口/数据库名称”；08 行指定数据库 URL 必须保存到 Flask 配置对象的 SQLALCHEMY_DATABASE_URI 键中，09 行设置跟踪对象的修改；在本 CMS 用不到调高运行效率，所以设置为 False。

注意：程序使用的数据库 URL 必须保存到 SQLALCHEMY_DATABASE_URI 变量。

在 exts.py 文件中增加下面的代码：

例 9-2　建立数据库连接并创建用户模型：exts.py

```
01    #encoding:utf-8
02    from flask_sqlalchemy import SQLAlchemy
03    db=SQLAlchemy()
```

02、03 行为 Flask app 对象创建 SQLAlchemy 对象，赋值为 db。

在 admin 目录下的 models.py 文件增加下面的代码：

例 9-2　建立数据库连接并创建用户模型：models.py

```
01    from exts import db
02    from datetime import datetime
03    class Users(db.Model):
04        __tablename__='jq_user'
05        uid=db.Column(db.Integer,primary_key=True,autoincrement=True)
06        #gid=db.Column(db.Integer,nullable=True)
07        username=db.Column(db.String(50),nullable=False)    #用户名不能为空
08        password=db.Column(db.String(100),nullable=False)  #密码不能为空
09       email=db.Column(db.String(50),nullable=False,unique=True)
                                                   #用户邮箱不能为空，而且必须是唯一的
```

01 行导入 db 数据库链接对象；02 行导入时间函数；03、04 行创建一名称为 User 的类，创建一名称为 jq_user 的表。05 行建立一名称为 uid 的主键，整型、主键、自增长；07 行建立一 username 字段，varcha 型，长度为 50，内容不允许为空；08 行建立 password 字段，长度为 100，不允许为空；09 行创建 email 字段，长度为 50，不允许为空，键值唯一。

在 app.py 文件中增加和修改下面的代码：

例 9-2　建立数据库连接并创建用户模型：app.py

```
01    from exts import db
02    def create_app():
03            app = Flask(__name__)
04            #注册蓝图
```

```
05          app.register_blueprint(admin_bp)
06          app.register_blueprint(front_bp)
07          app.register_blueprint(common_bp)
08          app.config.from_object('config')      #使用模块的名称
09          db.init_app(app)
10          return app
11      if __name__ == '__main__':
12          app=create_app()
13          app.run(host='127.0.0.1', port=8000, debug=True)
```

01 行导入 db 数据库连接对象；02～10 行初始化 app；11～13 行指定主机地址为 127.0.0.1，端口号为 8000，开启调试模式。

在 manager.py 文件中增加如下代码：

例 9-2　建立数据库连接并创建用户模型：manager.py

```
01  from flask_script import  Manager
02  from flask_migrate import Migrate,MigrateCommand
03  from app import create_app
04  from exts import db
05  from apps.admin import models as admin_models
06  app=create_app()
07  manager=Manager(app)
08  Migrate(app,db)
09  manager.add_command('db',MigrateCommand)
10  @manager.option('-u', '--username', dest='username')
11  @manager.option('-p', '--password', dest='password')
12  @manager.option('-e', '--email', dest='email')
13  def create_user(username,password,email):
14      user=admin_models.Users(username=username,password=password,
        email=email)
15      db.session.add(user)
16      db.session.commit()
17      print("用户添加成功！")
18  if __name__=='__main__':
19      manager.run()
```

01 行从 Flask Script 中导入 Manager 模块；02 行导入 Migrate 的相关模块；03 行导入创建应用实例；04 行导入 db 对象；07 行初始化 manager 模块；05 行导入需要迁移的数据库模型；06 行注册蓝图；07 行让 Python 支持命令行工作；08 行使用 Migrate 绑定 app 和 db；09 行添加迁移脚本的命令到 manager 中；10～12 行在终端使用命令，使用 option 装饰之后可以传递参数；13～16 行接收命令行参数 username、password、email，将其作为 user 表中对应字段的内容；19 行运行服务器。

接下来，在命令行中更新数据库操作。首先激活虚拟环境，笔者的虚拟环境所在目录为 J:\python project\python3\venv\Scripts

（1）进入 cmd，输入“j:”，然后按回车键。

（2）执行 cd　J:\python project\python3\venv\Scripts，然后按回车键。

（3）执行命令 activate，然后按回车键。

（4）执行命令 cd J:\python project\cms，然后按回车键，就进入本 cms 工程所在目录。

（5）执行命令 python　manager.py db init，然后按回车键，进行初始化。

（6）执行命令 python　manager.py db migrate，然后按回车键，创建迁移脚本。

（7）执行命令 python　manager.py db upgrade，然后按回车键，升级数据库。

（8）执行命令 python manager.py create_user -u admin -p 123456 -e 472888778@qq.com，然后按回车键，于是就在数据库中增加了一个用户名为 admin、密码为 123456、邮箱为 472888778@qq.com 的账号，如图 9.2 所示。

图 9.2　添加一测试账号

9.2.2　用户登录密码明文变密文的处理

在上一节中，由于用户登录的密码是明文的，不符合实际需要，我们需要把用户登录的密码处理成密文形式。

例 9-3　用户登录密码明文变密文处理：models.py

```
01    _password = db.Column(db.String(100), nullable=False)  #密码不能为空
02    def __init__(self,username,password,email):
03        self.username=username
04        self.password=password
05        self.email=email
06    ##获取密码
07    @property
08    def password(self):
09        return self._password
10    ##设置密码
11    @password.setter
12    def password(self,raw_password):
13        self._password=generate_password_hash(raw_password)    #密码加密
14    ##检查密码
15    def check_password(self,raw_password):
```

```
16        result=check_password_hash(self.password,raw_password)#
17        return result
```

07～09 行使用了@property 属性函数，@property 可以将 Python 定义的函数用作属性访问，从而提供更加友好的访问方式；11～13 行通过使用 setter 方法设置密码；15～17 行定义一个验证密码的方法，检查数据库中的密码与原始密码是否一样。

注意：上面的代码需要导入如下所示的代码。

```
from werkzeug.security import generate_password_hash,check_password_hash
```

代码对应的效果如图 9.3 所示。

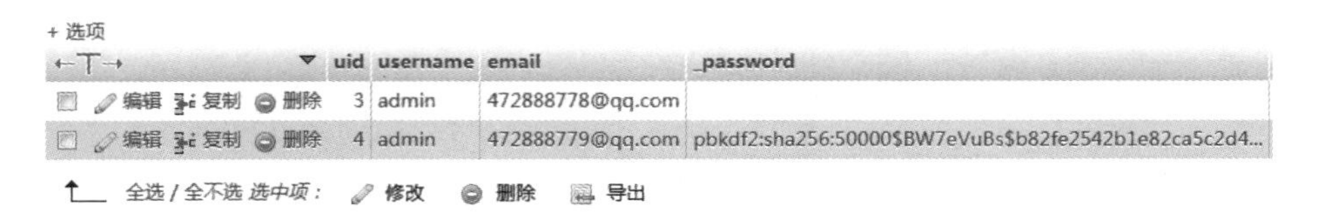

图 9.3　将密码变成密文进行存储

注意：需要重新执行 9.2.1 节中的迁移数据库中的一系列命令，添加的管理员账号中的邮箱地址不能和已经添加的邮箱地址一样，否则插入数据库会出错。

9.3　管理员登录

本 CMS 使用免费开源 H-ui-admin 前端框架。H-ui 是一个针对前端的、免费的 UI 框架，提供了按钮、导航、下拉菜单、折叠、翻页、选项卡、幻灯片、面板、滚动、星星评价等组件功能。该框架具有很好的响应式、界面美观、CSS 命名上很少和 Bootstrap 冲突等优点。本节使用 H-ui-admin 前端框架，结合表单验证、验证码、装饰器等知识，实现后台管理员登录功能。

9.3.1　登录页的渲染

要正确渲染模板，需要在 H-ui-admin 解压出来的文件中找到 static 目录并全部复制到 Pycharm 下的工程中的 templates 中，将 H-ui-admin 文件夹下的 temp、static、lib 三个文件夹复制到本工程的 static 目录。在 templates 目录找到其 login.html 文件，准备修改 CSS、JS、图片等文件的路径。

注意：Flask 中要求静态文件都放在 temp 文件中。

修改方法简介如下：

找到下面的代码：

```
<link href="static/h-ui/css/H-ui.min.css" rel="stylesheet" type=
"text/css" />
```

将其修改为：

```
<link rel="stylesheet" href="{{url_for('static',filename='static/h-ui/css
/H-ui.min.css')}}">
```

其他几个位置的 CSS 文件作相应修改。

找到下面的代码：

```
<script type="text/javascript" src="lib/jquery/1.9.1/jquery.min.js">
</script>
```

将其修改为：

```
<script type="text/javascript" src="{{url_for('static',filename='lib
/jquery/1.9.1/jquery.min.js')}}"></script>
```

对其他几个位置的 JS 文件作相应修改。

删除 login.html 页面中百度统计代码，删除<title>后台登录</title>中的无关内容，对<meta name="keywords"…>中的无关内容进行删减。

找到 admin 下的 views.py 文件，修改并增加以下代码：

例 9-4　视图函数渲染静态页面：views.py

```
01   from flask import Blueprint,render_template
02   bp=Blueprint("admin", __name__)
03   @bp.route("/admin")
04   def index():
05       return  render_template('admin/login.html')
```

第 01 行引入 render_template 函数来实现渲染模板；05 行渲染视图函数。

运行效果如图 9.4 所示。

图 9.4　登录页面渲染成功

9.3.2　初步实现用户的登录

本节实现用户的基本登录。用户通过 POST 提交表单信息，使用 request.form.get()方法接收表单信息，将接收到的用户名在数据库实现查询，如果查询有此用户，要进一步比对用户名和密码是否和数据库中的用户名和密码一致，一致则跳转到后台首页，表示登录成功。不一致的话，继续停留在在登录页面，向用户提示用户名或密码错。

表单信息相关代码如下：

例 9-5　初步实现用户的登录：login.html

```
01  <form class="form form-horizontal" action="" method="post">
02        <div class="row cl">
03          <label class="form-label col-xs-3"><i class="Hui-iconfont">
            &#xe60d;</i></label>
04          <div class="formControls col-xs-8">
05            <input id="username" name="username" type="text" placeholder=
              "账户" class="input-text size-L">
06          </div>
07        </div>
08        <div class="row cl">
09          <label class="form-label col-xs-3"><i class="Hui-iconfont">
            &#xe60e;</i></label>
10          <div class="formControls col-xs-8">
11            <input id="password" name="password" type="password"
              placeholder="密码" class="input-text size-L">
12          </div>
13        </div>
14        <div class="row cl">
15          <div class="formControls col-xs-8 col-xs-offset-3">
16            <input class="input-text size-L" type="text" placeholder=
              "验证码" onblur="if(this.value==''){this.value='验证码:'}"
              onclick="if(this.value=='验证码:'){this.value='';}" value=
              "验证码:" style="width:150px;">
17            <img src=""> <a id="kanbuq" href="javascript:;">看不清，换一张
              </a> </div>
18        </div>
19        <div class="row cl">
20          <div class="formControls col-xs-8 col-xs-offset-3">
21            <label for="online">
22              <input type="checkbox" name="online" id="online" value="">
23              使我保持登录状态</label>
24          </div>
25        </div>
26        <div class="row cl">
27          <div class="formControls col-xs-8 col-xs-offset-3">
28            <input name="" type="submit" class="btn btn-success radius
              size-L" value=" 登    录 ">
29            <input name="" type="reset" class="btn btn-default radius
              size-L" value=" 取    消 ">
```

```
30          </div>
31        </div>
32      </form>
```

注意：form 表单中 action=""，这里可以为空。

login.html 页面作如下修改：

例 9-5　初步实现用户的登录：login.html

```
01  <link rel="stylesheet" href="{{url_for('static',filename='static
    /h-ui/css/H-ui.min.css')}}">
02  <link rel="stylesheet" href="{{url_for('static',filename='static/
    h-ui.admin/css/H-ui.login.css')}}">
03  <link rel="stylesheet" href="{{url_for('static',filename='static
    /h-ui.admin/css/style.css')}}">
04  <link rel="stylesheet" href="{{url_for('static',filename='lib/Hui-
    iconfont/1.0.8/iconfont.css')}}">
05  <script type="text/javascript" src="{{url_for('static',filename=
    'lib/jquery/1.9.1/jquery.min.js')}}"></script>
06  <script type="text/javascript" src="{{url_for('static',filename=
    'static/h-ui/js/H-ui.min.js')}}"></script>
```

login.html 页面如何接收并显示相关的出错信息下面？给出了参考代码。

例 9-5　初步实现用户的登录：login.html

```
01  {% if  message %}
02  <p style="color:red">{{ message }} </p>
03  {% endif %}
```

如果 message 的信息不为空，则输出该提示信息，该提示信息的颜色为红色，这里设置为红色，是为了更加醒目地提示用户出错了。

注意：提示用户信息可以放到</form>之前。

用户提交表单以后，在 view.py 文件中增加如下代码：

例 9-5　初步实现用户的登录：views.py

```
01  #encoding:utf-8
02  from flask import Blueprint,render_template,request,session,
    redirect,url_for
03  from .models import Users
04  bp=Blueprint("admin", __name__,url_prefix='/admin')
05  @bp.route("/login/",methods=['GET', 'POST'])
06  def login():
07      error = None
08      if request.method == 'GET':
09          return  render_template('admin/login.html')
10      else:
11          user = request.form.get('username')
12          pwd = request.form.get('password')
13          users=Users.query.filter_by(username=user).first()
14          if users:
15                  if user == users.username and users.check_password(pwd):
```

```
16                          session['user_id'] = users.uid#用户id存于session
17                          #print(session['user_id'])
18                          print("密码对！")
19                          return redirect(url_for('admin.index'))
20                      else:
21                          #print("用户名或密码错！")
22                          error="用户名或密码错！"
23                          return render_template('admin/login.html', message=
                            error)
24          else:
25              return render_template('admin/login.html', message="别试了，
               没有此用户！")
26  @bp.route('/')
27  def index():
28      return render_template('admin/index.html')
```

04、05行定义后台的基本路由为admin，然后再定义后台首页的路由为“/”，定义登录的路由为“/login”；06行定义登录处理函数login()；07行声明出错信息error，并给定初始值；08、09行表示如果是GET方法请求网页，直接渲染登录页面展示给用户；10～12行使用request.form.get()方法接收表单传过来的值；13～25行以接收到的用户名在数据库中查询是否有此用户，如果没有直接提示用户没有，否则要进入下一步骤，确认用户输入的用户名和密码是否正确，如果正确就认为用户登录成功，如果没有通过验证，就提示用户用户名或密码错误。

注意： 这里提示用户 message="别试了，没有此用户！"，在实际系统中直接提示为message="用户名或密码错!"，提高系统的安全性。

运行程序，如果输入的用户名错误，则提示用户出错，如图9.5所示。

图9.5　输入用户名或密码错提示页面

注意： 如果输入用户名为admin，密码为123456，提示“用户名或密码错误”，请将数据库中的第一个admin账号删除或将admin修改为其他账号。

9.3.3　优化登录-对表单进行过滤验证

前面我们已经实现了用户输入用户名和密码后可以成功登录的功能，但是存在一个问题，没有对用户提交过来的表单进行验证。可以使用 WTForms 这个 form 组件，对用户输入的数据进行必要的验证。

注意：要使用 WTForms，必须先要进行安装，使用下面指令完成安装：

```
(venv) pip install wtforms
```

在 admin 目录下的 forms.py 文件下增加以下代码：

例 9-6　对表单进行过滤验证：forms.py

```
01  #encoding:utf-8
02  from wtforms import Form
03  from wtforms import StringField, BooleanField        #导入用到的字段
04  from wtforms.validators import InputRequired, Length, Email
                                                          #导入用到的验证器
05
06  class LoginForm(Form):
07      username= StringField(
08          label='用户名',
09          validators=[
10              InputRequired('用户名为必填项'),
11              Length(4, 20, 用户名长度为 4 到 20')
12          ]
13      )
14      password = StringField(
15          label='密码',
16          validators=[
17              InputRequired('密码为必填项'),
18              Length(6, 9, '密码长度为 6 到 9')
19          ]
20      )
```

02 行表示从 wtfforms 组建中导入 Form 表单基类；03 行导入用到的字段；04 行导入要用到的验证器；06 行定义登录用表单验证类 LoginForm 类；07～13 行对表单 username 进行验证，指定 username 为必填，限定其长度为 4～20 个字符；14～20 行对字段 password 进行验证，指明该字段为必填项，限定长度为 6～9 个字符以内。

admin 目录下的 views.py 增加内容：

```
from .forms import  LoginForm
```

该代码表示从 forms.py 导入定义好的用户登录验证类。

在用户登录代码中，加入表单验证代码：

例 9-6　对表单进行过滤验证：views.py

```
01   form=LoginForm(request.form)
02   if form.validate():
03           user = request.form.get('username')
04           pwd = request.form.get('password')
05           users=Users.query.filter_by(username=user).first()
06           if users:
07                   if user == users.username and users.check_password(pwd):
08                       session['user_id'] = users.uid#用户 id 存于 session
09                       #print(session['user_id'])
10                       print("密码对！")
11                       return redirect(url_for('admin.index'))
12                   else:
13                       #print("用户名或密码错！")
14                       error="用户名或密码错！"
15                       return render_template('admin/login.html',
                         message=error)
16           else:
17               return render_template('admin/login.html', message="别试了，
                 没有此用户！")
18   else:
19          return render_template('admin/login.html', message=
          form.errors)
```

01 行将表单元素通过定义好的表单验证类 LoginForm 进行验证；02 行表示如果表单验证成功，则进行下一步的数据库用户名和密码的验证，否则重新渲染用户登录页，且向用户抛出用户表单验证失败的相关信息，运行效果如图 9.6 所示。

图 9.6　表单验证提示效果

9.3.4　优化登录-启用登录验证码

判断访问 Web 程序的是合法用户还是恶意操作的方式，是采用一种叫“字符校验”的技术。常用方法是为客户提供一个包含随机字符串的图片，用户必须读取这些字符串，

然后随登录表单一起提交给服务器，服务器根据一定的方法校验验证码和用户名、密码信息是否合法，确保当前访问是来自一个人而非机器。

在工程根目录下新建一名为 utils 的目录，在该目录下新建一名称为 captcha.py 的类，其内容如下：

例 9-7　启用登录验证码：captcha.py

```
01  # -*- coding:utf-8 -*-
02  #python3.7 测试通过
03  import random
04  from PIL import Image, ImageDraw, ImageFont, ImageFilter
05  # map:将 str 函数作用于后面序列的每一个元素
06  numbers = ''.join(map(str, range(10)))
07  chars = ''.join((numbers))
08  def create_validate_code(size=(120, 30),
09                           chars=chars,
10                           mode="RGB",
11                           bg_color=(255, 255, 255),
12                           fg_color=(255, 0, 0),
13                           font_size=18,
14                           font_type="STZHONGS.TTF",
15                           length=4,
16                           draw_points=True,
17                           point_chance=2):
18      '''''
19      size: 图片的大小，格式（宽，高），默认为(120, 30)
20      chars: 允许的字符集合，格式字符串
21      mode: 图片模式，默认为 RGB
22      bg_color: 背景颜色，默认为白色
23      fg_color: 前景色，验证码字符颜色
24      font_size: 验证码字体大小
25      font_type: 验证码字体，默认为 Monaco.ttf
26      length: 验证码字符个数
27      draw_points: 是否画干扰点
28      point_chance: 干扰点出现的概率，大小范围[0, 50]    '''
29      width, height = size
30      img = Image.new(mode, size, bg_color)   #创建图形
31      draw = ImageDraw.Draw(img)              #创建画笔
32      def get_chars():
33          '''''生成给定长度的字符串，返回列表格式'''
34          return random.sample(chars, length)
35      def create_points():
36          '''''绘制干扰点'''
37          chance = min(50, max(0, int(point_chance))) #大小限制在[0, 50]
38          #py3 是 range，py2 是 xrange
39          for w in range(width):
40              for h in range(height):
41                  tmp = random.randint(0, 50)
42                  if tmp > 50 - chance:
43                      draw.point((w, h), fill=(0, 0, 0))
44      def create_strs():
```

```
45          '''''绘制验证码字符'''
46          c_chars = get_chars()
47          strs = '%s' % ''.join(c_chars)
48          font = ImageFont.truetype(font_type, font_size)
49          font_width, font_height = font.getsize(strs)
50          draw.text(((width - font_width) / 3, (height - font_height) / 4),
51                  strs, font=font, fill=fg_color)
52          return strs
53      if draw_points:
54          create_points()
55      strs = create_strs()
56      #图形扭曲参数
57      params = [1 - float(random.randint(1, 2)) / 100,
58              0,
59              0,
60              0,
61              1 - float(random.randint(1, 10)) / 100,
62              float(random.randint(1, 2)) / 500,
63              0.001,
64              float(random.randint(1, 2)) / 500
65              ]
66      img = img.transform(size, Image.PERSPECTIVE, params)   #创建扭曲
67      img = img.filter(ImageFilter.EDGE_ENHANCE_MORE)    #滤镜，边界加强
                                                          （阈值更大）
68      return img, strs
```

验证码实际上就是一张图片，这里用到了 Python 中的 PIL 图库，首先需要安装，可以使用如下命令：

```
(venv) pip install pillow
```

然后导入你所需要的 PIL 类：

```
from PILimport image
from PILimport ImageFont
from PILimport imageDraw
from PILimport ImageFilter
```

08～17 行定义一个产生验证码的函数；32 行生成给定长度的字符串，返回列表格式；35～43 行绘制干扰线；44～52 行绘制验证码字符；68 行第一个返回值是 Image 类的实例，第二个参数是图片中的字符串。

注意：如果在生成 ImageFont.truetype 实例时抛出 IOError 异常，有可能是运行代码的计算机没有包含指定的字体，需要下载安装。

在 admin 目录下的 views.py 文件增加下面代码：

例 9-7　启用登录验证码：views.py

```
01  from flask import,make_response
02  from utils.captcha import create_validate_code
```

在表单验证处理 if form.validate():代码下面增加下面的代码：

例 9-7　启用登录验证码：views.py

```
01  captcha=request.form.get('captcha')
02  if session.get('image').lower() != captcha.lower():
03      return render_template('admin/login.html', message="验证码不对！")
```

在 admin 目录下的 views.py 文件增加下面的代码：

例 9-7　启用登录验证码：views.py

```
01  #调用验证码
02  @bp.route('/code/')
03  def get_code():
04      #把 strs 发给前端,或者在后台使用 session 保存
05      code_img, strs = create_validate_code()
06      buf=BytesIO()
07      code_img.save(buf, 'JPEG', quality=70)
08      buf_str = buf.getvalue()
09      #buf.seek(0)
10      response = make_response(buf_str)
11      response.headers['Content-Type'] = 'image/jpeg'
12      #将验证码字符串储存在 session 中
13      session['image'] = strs
14      return response
```

例 9-7　启用登录验证码：login.html

```
01  <input class="input-text size-L" name="captcha" type="text" placeholder=
    "验证码" onblur="if(this.value==''){this.value='验证码:'}" onclick="if(this.
    value=='验证码:'){this.value='';}" value="验证码:" style="width:150px;">
02   <img id="code" src="{{ url_for('admin.get_code') }}" onclick=
    "ajax1()"></div>
03   <script type="text/javascript" src="{{url_for('static',filename='
    lib/jquery/1.9.1/jquery.min.js')}}"></script>
04   <script type="text/javascript" src="{{url_for('static',filename=
    'static/h-ui/js/H-ui.min.js')}}"></script>
05   <script>
06       function ajax1() {
07           var xhr = new XMLHttpRequest();
08           xhr.open('GET', '{{ url_for('admin.get_code') }}', true);
09           xhr.onreadystatechange = function () {
10               if(xhr.readyState == 4){
11  {#                   console.log(xhr.responseText);#}
12                   $('#code').attr('src', '{{ url_for('admin.get_code')}}?
                     '+Math.random())
13               }
14           };
15           xhr.send();
16       }
17     </script>
```

注意： *确保验证码表单的名称为 name="captcha"。*

这里用到了 AJAX 原生 XHR 对象。什么是 AJAX? AJAX 是一种用于创建快速动态网页的技术，通过在后台与服务器进行少量数据交换，AJAX 可以使网页实现异步更新。意

味这可以在不重新加载整个网页的情况下，对网页的某部分进行更新。

AJAX 技术的核心是 XMLHttpRequest 对象（简称 XHR），这是由微软首先引入的一个特性，其他浏览器提供商后来都提供了相同的实现。XHR 为向服务器发送请求和解析服务器响应提供了流畅的接口，能够以异步方式从服务器取得更多信息，意味着用户单击后，可以不必刷新页面也能取得新数据。

首先创建 XHR 对象：

```
var xhr = new XMLHttpRequest();
```

接下来，向服务器发送数据：

```
open(method,url,async) 和 send(string)
```

在使用 XHR 对象时，要调用的第一个方法是 open()。

open()方法传入的 3 参数如下：

- method：请求的类型（GET/POST）。
- url：文件在服务器上的位置。
- async：布尔值，true 表示异步，false 表示同步（可选，默认为 true）。

send()方法将请求发送到服务器，有一个可选的参数 string，仅用于 POST 类型的请求。在发送 GET 请求的时候，可能得到缓存的信息（IE 中），导致发送的异步请求不能正确地返回想要的最新地数据。可以在 url 中添加一个唯一的 ID：（随机数）。

```
01   xhr.open("GET","demo.asp?t=" + Math.random(),true);
02   xhr.send();
```

最后一步，是服务器响应。

XMLHttpRequest 对象的 responseText 和 responseXML 属性分别获得字符串形式的响应数据和 XML 形式的响应数据。可以在控制台里输出响应如下：

```
console.log(xhr.responseText);
```

注意：无论内容类型是什么，响应主体的内容都会保存到 responseText 属性中。

还有 3 个关于响应状态的属性也经常用到。

如果需要接收的是异步响应，这就需要检测 XHR 对象的 readyState 属性，该属性表示请求/响应过程的当前活动阶段。

- readyState：存有 XMLHttpRequest 的状态。XHR 对象会经历 5 种不同的状态。

0：请求未初始化（new 完后）；

1：服务器连接已建立（对象已创建并初始化，尚未调用 send 方法）；

2：请求已接收；

3：请求处理中；

4：请求已完成，已经接收到全部响应数据，而且已经可以在客户端使用了。

注意：我们一般只关心状态 4，因为这时所有数据都已就绪。只要 readyState 属性值由一个值变成另一个值，都会触发一次 readystatechange 事件。

- status：声明要在窗口状态栏中显示一条信息。

200：请求成功。

404：未找到页面。

- onreadystatechange：存储函数（或函数名），每当 readyState 属性改变时，就会调用该函数。

```
xhr.onreadystatechange = function () {
            if(xhr.readyState == 4){
{#              console.log(xhr.responseText);#}
                $('#code').attr('src', '{{ url_for('admin.get_code') }}?'
                +Math.random())
          }
```

运行程序，效果如图 9.7 所示。

图 9.7　提示验证码不对

9.3.5　优化登录-记住我功能实现

登录框中通常有一个“记住我”的 checkbox 按钮，它是用来记住当前用户输入的用户名和密码，下次用户再次登录的时候就不用重新输入直接单击登录就可以了（现在很多浏览器自身就带有这样的功能）。在公用计算机上选中“记住我”是很危险的，在个人计算机上可以给用户提供很多方便。我们简单地实现使用 Session 就可以了。

在 admin 目录下的 views.py 导入下面的代码：

例 9-8　记住我功能：views.py

```
from datetime import timedelta
```

上面的代码从 datetime 模块导入 timedalte。timedalte 是 datetime 中的一个对象，该对象表示两个时间的差值。

注意：构造函数：datetime.timedelta(days=0, seconds=0, microseconds=0, milliseconds=0, minutes=0, hours=0, weeks=0)。days 表示 session 过期时间以天计，seconds 表示过期时间以秒计。

例 9-8　记住我功能：views.py

```
01  online=request.form.get('online')
02  if online:#如果选择了记住我
03      session.permanent = True
04      bp.permanent_session_lifetime = timedelta(days=14)
05      #bp.permanent_session_lifetime = timedelta(minutes=10)
```

01 行接收 checkbox 按钮传过来的值；02～04 行表示如果值为非空，设置 Session 过期时间为从现在起计算 2 周的时间。

找到 templates\admin 目录下的 login.html 文件，打开该文件并找到如下代码：

```
01  <label for="online">
02              <input type="checkbox" name="online" id="online" value="">
03              使我保持登录状态</label>
```

将其修改为如下代码：

```
01  <input type="checkbox" name="online" id="online" value="1">
02              记住我</label>
```

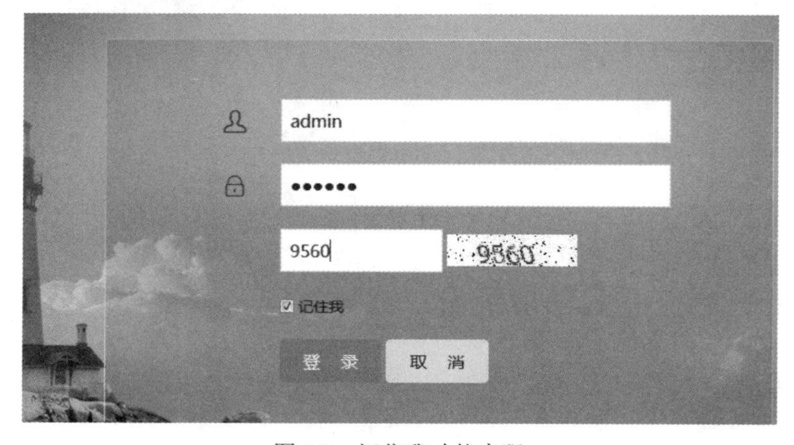

图 9.8　记住我功能实现

9.4　限制用户访问

本系统的后台登录功能实现到此基本实现了用户的登录，但是还存在一些问题，那就是后台首页页面实际上可以直接访问。要访问后台首页，我们要求用户必须登录，且管理员账号合法，才能访问后台，进行相应的增、删、改、查等操作。那么，访问后台首页，就必须要求用户登录。实际上，在实现用户验证登录的时候可以使用装饰器工厂产生装饰器，让装饰器得到参数，从而判断登录类型，并验证用户登录条件。

在 admin 目录下新建一 decorators.py，用于存放各种装饰器。

例 9-9　装饰器限制用户访问：decorators.py

```
01   # -*- coding:utf-8 -*-
02   from functools import wraps
03   from flask import session,redirect,url_for
04   #登录限制装饰器
05   def login_required(func):
06       @wraps(func)
07       def wrapper(*args, **kwargs):
08           if session.get('user_id'):
09               return func(*args, **kwargs)
10           else:
11               return redirect(url_for('admin.login'))
12       return wrapper
13   @bp.route('/test/')
14   @login_required
15   def test():
16      return 'test index'
```

05～12 行定义了一限制登录用的装饰器，在需要登录才能访问的视图路由前面添加@login_required，重新启动服务器，直接访问后台页面，检查是否进行了页面跳转，跳转到了管理员用户登录页面。

9.5　用户名注销功能实现

实现用户名动态展示，其中一种方法就是在视图函数中根据 Session 信息获取到 user_id，通过该 id 找到用户信息，再通过模板变量传递到前端模板。但是这种方法不是很好，因为在其他视图中肯定也会用到用户信息，这样的话每个视图函数都要有一个获取用户信息的过程，这样就显得冗余。

之前我们讲过 Flask 中有一个 g 对象，这个 g 对象可以在整个 Flask 项目中使用，其实在模板中也可以使用。有了这个 g 对象，我们就可以将用户信息存入到这个 g 对象中，这样可以直接通过这个 g 对象获取用户信息了。

我们可以定义一个 before_request 钩子函数，在请求视图函数前把用户信息存入 g 对象，编辑 admin.views.py。

例 9-10　用户名注销功能实现：views.py

```
01   ...
02   from flask import g
```

```
03   @bp.before_request
04   def before_request():
05       if user_id  in session:
06           user_id = session.get(user_id)
07           user = User.query.get(user_id)
08           if user:
09               g.admin_user= user
10   ...
```

这样，我们就可以在前端模板 index.html 中通过 g.admin_user.username 获取用户名了。

注意：在登录场景中，g 对象的使用需要和钩子函数 before_request 配合使用。

例 9-10　用户名注销功能实现：index.html

```
<li><a href="#">{{ g.admin_user.username }}<span>[超级管理员]</span>
</a></li>
```

注销也比较简单，就是把用户的 user_id 从 Session 中移除就可以了，然后再重定向到登录页面即可。

编辑 admin.views.py，编写一个 logout 视图函数。

例 9-10　用户名注销功能实现：views.py

```
01   @bp.route('/logout/')
02   @login_required
03   def logout():
04       del session[user_id]
05       return redirect(url_for('admin.login'))
```

修改 index.html 中注销的链接：

```
<li><a href="{{ url_for('admin.logout') }}">注销</a></li>
```

这样就实现了退出登录的功能了。

图 9.9　注销功能实现

下面对上面的代码进行优化。

我们把用户的 Session 信息（user_id）保存在 session['user_id']中，装饰器中也用到此 user_id，前台用户可能也用到此 user_id，极容易搞混淆。我们可以把它写成一个常量来用，编辑 config.py 如下：

例 9-11　用户名注销功能优化：config.py

```
ADMIN_USER_ID = 'HEBOANHEHE'
```

定义一名称为 ADMIN_USER_ID 的变量，其值为 HEBOANHEHE，这个作为用 Session 存储用户 id 编号的键，然后在用到 user_id（用户 id 号）的地方都需要引入 config.py 文件，然后就可使用 ADMIN_USER_ID 作为主键来存储用户的 user_id（用户 id 号），如图 9-10 所示。

```
if user == users.username and users.check_password(pwd):
    #session['user_id'] = users.uid#用户id存于session
    session[config.ADMIN_USER_ID] = users.uid
```

图 9.10　user_id 修改为 ADMIN_USER_ID

上面我们把钩子函数写到了 admin.views.py 文件里面。为了规范一点，views 文件只写视图，把钩子函数单独写在一个文件里面。

在 admin 中创建一个 hooks.py 用来专门写钩子函数，把上面 views 里面的钩子函数剪切到 admin.hooks.py，代码如下：

例 9-11　用户名注销功能优化：hooks.py

```
01  # -*- coding:utf-8 -*-
02  from flask import g,session
03  import config
04  from .views import bp
05  from .models import Users
06  @bp.before_request
07  def before_request():
08      if config.ADMIN_USER_ID  in session:
09          user_id = session.get(config.ADMIN_USER_ID)
10          user = Users.query.get(user_id)
11          print(user.username)
12          if user:
13              g.admin_user= user.username
```

admin.views.py 文件头部位置需要增加如下代码：

```
import  config
```

需要在 cms.__init__.py 文件中增加下面的代码，g 对象才能真正起到作用。

```
from .views import bp
import apps.cms.hooks
```

9.6　温 故 知 新

1．学完本章内容后，读者需要回答：

（1）什么是 G 对象？

（2）什么是钩子函数？

（3）装饰器的作用是什么？

2．在下一章中将会学习：

（1）后台管理员个人信息编辑的方法。

（2）实现找回密码功能的方法。

（3）管理员修改密码的方法。

（4）权限分配及设置的方法。

9.7　习　　题

通过下面的习题来检验本章的学习，习题答案请参考本书配套资源。

【本章习题答案见配套资源\源代码\C9\习题】

1．编写一个简单的装饰器，首先定义以名称为 run 的视图函数，运行时直接打印输出 print('run')，增加一个名称为 my_log 的装饰器，在装饰器中输出 print('hello world')，请编程实现。

2．查阅资料，在本验证码基础上实现中文验证码效果。

第 10 章　CMS 后台文章模块基本功能实现

本章实现后台管理员信息的编辑修改、文章的无限分类，以及文章的增加、修改、编辑等，还实现文章的标签管理、文章图片管理、富媒体编辑器的使用等。本章主要涉及的知识点有：

- 用模板抽离技术实现实际系统开发。
- AJAX 无刷新网页的密码验证方法验证用户输入的数据。
- 将百度 Ueditor 编辑器部署到项目中。
- 文章栏目无限级分类的实现。

10.1　管理员信息展示

本节首先介绍管理员个人信息展示页面的搭建，然后从数据库中取得管理员的详细信息并传递给静态页面展示出来。

10.1.1　管理员个人详情页搭建

由于 h-ui 前端框架没有适合展示用户个人信息的页面，要显示管理员个人的详细信息，需要进行简单的修改。

（1）复制 templates 的 admin 目录下的 index.html 内容，将其复制到新建的静态网页文件 base.html 中，并注意保存。

注意：base.html 文件也在 templates 下的 admin 目录下。

（2）在 base.html 中找到下面的代码：

```
<title>H-ui.admin v3.1</title>
<meta name="keywords" content="H-ui.admin v3.1,...">
<meta name="description" content="H-ui.admin v3.1, ....">
```

将其修改为：

```
01 {% block head %}{% endblock %}
02 <title>{% block title %}佳奇 CMS 系统{% endblock %}</title>
03 <meta name="keywords" content="佳奇 CMS 系统">
04 <meta name="description" content="佳奇 CMS 系统">
```

01 行定义一个 head 块，用于存放其他页面自己的 CSS 和 JS 文件；02 行定义显示网页标题的块，默认显示佳奇 CMS 系统。

注意： 这里的 head 块主要存放用户自定义的 CSS 和 JS 文件。

（3）找到下面的代码：

```
<div style="display:none" class="loading"></div>
```

删除下面的代码：

```
<iframe scrolling="yes" frameborder="0" src="{{ url_for('admin.welcome') }}">
</iframe>
```

在下面添加代码：

```
01   {% block body %}
02   <div>这里是默认内容，所有继承自这个模板的把您要呈现的内容放在这里。</div>
03   {% endblock %}
04          {% block footer %}这是 footer 内容{% endblock %}
```

01～03 行定义 body 块，主要展现的主体内容；04～05 行定义 footer 块，主要存放网页的脚本位置内容。

上面的内容编辑完毕后，请注意保存其内容，然后在 templates 的 admin 目录下新建一个名为 profile.html 的文件。文件内容如下：

例 10-1　个人信息显示页面：profile.html

```
01   {% extends "admin/base.html" %}
02   {% block title %}佳奇 CMS 系统-个人详情页{% endblock %}
03   {% block body %}
04   {% include 'admin/profile_details.html' %}
05   {% endblock %}
06   {% block footer %}
07       {% include 'admin/footer.html' %}
08   {% endblock %}
```

上面的代码继承自基类模板文件 base.html，重写 tiltle 代码块内容，使得该网页标题展示“佳奇 CMS 系统-个人详情页”。重写 body 代码块，使用 include 语句，将个人详情页面 profile_details.html'包含进来；重写 footer 代码块，将网页脚本文件 footer.html'包含进来。

在 templates 的 admin 目录下新建立一个名为 profile_details.html 的文件，该文件主要展示用户个人信息的详情。profile_details.html 文件的内容如下：

```
01   </div><div class="page-container">
02      <p class="f-20 text-success"> 个人信息</p>
03      <table class="table table-border table-bordered table-bg mt-20">
04         <tbody>
```

```
05            <tr>
06               <th width="30%">姓名</th>
07               <td><span id="lbServerName">admin</span></td>
08            </tr>
09            <tr>
10               <td>邮箱</td>
11               <td>472888778@qq.com</td>
12            </tr>
13            <tr>
14               <td>注册时间</td>
15               <td>2018-11-25 17:13:20</td>
16            </tr>
17            <tr>
18               <td> </td>
19               <td></td>
20            </tr>
21         </tbody>
22      </table>
```

上面的代码定义了一个表格，用于显示用户的用户名、注册的邮箱、注册时间等。

在 apps 的 admin 目录下的 views.py 文件中增加如下代码：

例 10-1　个人信息显示视图函数：views.py

```
01  #个人信息页视图
02  @bp.route('/profile/')
03  @login_required
04  def profile():
05      #根据 session 取得用户信息
06      if config.ADMIN_USER_ID  in session:
07          user_id = session.get(config.ADMIN_USER_ID)
08          user = Users.query.get(user_id)
09      return render_template('admin/profile.html',user=user)
```

01 行定义 profile 为访问个人信息详情页的路由；02 行加入登录限装饰器，必须登录才能访问；定义 profile 视图函数，在该视图函数中，首先从 Session 中取得 user_id ，然后根据 user_id 查询数据库，得到 user 对象，最后一行渲染模板，将 user 对象传递给静态模板文件 profile.html，render_template 静态文件和传递过来的参数进行渲染。

运行程序，效果如图 10.1 所示。

图 10.1　个人详情页效果图

10.1.2　管理员个人详情页实现

上一节中我们只实现了 Python 渲染静态页面，并没有把数据库中的内容显示出来。有了个人信息详情页后，我们开始准备提取数据库的个人信息，然后通过 render_template 传递价值渲染出来。

在 admin 目录的 views.py 文件中编写一个名称为 profile 的视图函数，定义路由为 /profile/，并加上限制登录装饰器。示例代码如下：

例 10-2　个人信息显示视图函数：views.py

```
01  #个人信息页视图
02  @bp.route('/profile/')
03  @login_required
04  def profile():
05      #根据 session 取得用户信息
06      if config.ADMIN_USER_ID  in session:
07          user_id = session.get(config.ADMIN_USER_ID)
08          user = Users.query.get(user_id)
09      return render_template('admin/profile.html',user=user)
```

02 行定义路由；03 行使用登录装饰器；04 行定义 profile()函数；06 行表示如果 user_id 在 Session 中，则执行 07 行以下代码；07 行取得 user_id；08 行根据 user_id 取得用户信息；09 行渲染模板并把 user 对象传到静态模板中。

信息详情页代码如下：

例 10-2　个人信息显示页面：profile.html

```
01  <div class="page-container">
02     <p class="f-20 text-success"> 个人信息</p>
03     <table class="table table-border table-bordered table-bg mt-20">
04        <tbody>
05           <tr>
06              <th width="30%">姓名</th>
07              <td><span id="lbServerName">{{ user.username }}</span></td>
08           </tr>
09           <tr>
10              <td>邮箱</td>
11              <td>{{ user.email }}</td>
12           </tr>
13           <tr>
14              <td>注册时间</td>
15              <td>{{ user.reg_time }}</td>
16           </tr>
17           <tr>
18              <td> </td>
19              <td></td>
20           </tr>
21        </tbody>
```

```
22      </table>
23  </div>
```

07 行显示用户名；11 行显示用户邮箱；15 行显示注册时间。

运行代码，效果如图 10.2 所示。

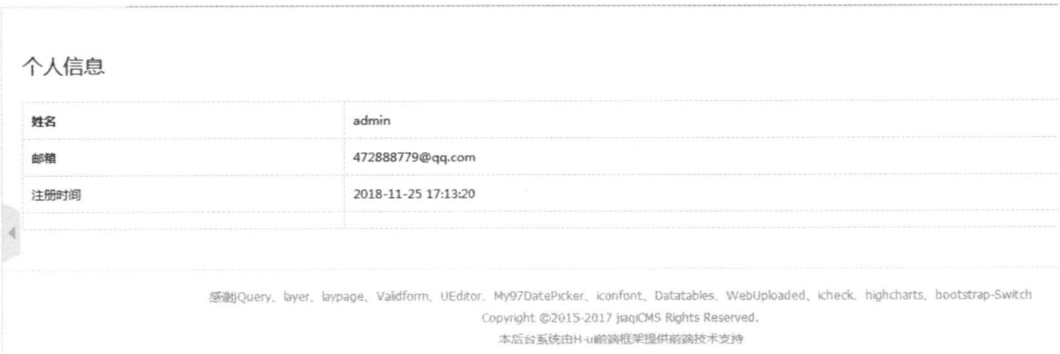

个人信息

姓名	admin
邮箱	472888779@qq.com
注册时间	2018-11-25 17:13:20

感谢jQuery、layer、laypage、Validform、UEditor、My97DatePicker、iconfont、Datatables、WebUploaded、icheck、highcharts、bootstrap-Switch

Copyright ©2015-2017 jiaqiCMS Rights Reserved.

本后台系统由H-ui前端框架提供前端技术支持

图 10.2　个人详情页功能实现

10.1.3　管理员密码修改

根据需要，管理员密码需要周期性地更改，以防止密码泄露而造成的损失。那么后台管理员功能如何实现呢？

首先，我们来搭建后台修改管理员密码的功能静态页面。在 templates 的 admin 目录下新建一个名称为 edit_pwd.html 的 HTML 文件，内容如下：

例 10-3　管理员修改密码静态页面：edit_pwd.html

```
01  {% extends "admin/base.html" %}
02  {%  block head %}
03     <link rel="stylesheet" href="http://cdn.bootcss.com/bootstrap
       /3.2.0/css/bootstrap.min.css">
04      <!-- 最新的 Bootstrap 核心 JavaScript 文件 -->
05  <script src="http://cdn.bootcss.com/bootstrap/3.2.0/js/bootstrap.min.js">
    </script>
06        <script type="text/javascript" src="{{url_for('static',
          filename='lib/jquery/1.9.1/jquery.min.js')}}"></script>
07      <style>
08          .form_div{
09          width: 400px;
10              padding: 30px 20px;
11              }
12        .state1{
13                color:#aaa;
14            }
15            .state2{
16                color:#000;
17            }
```

```
18              .state3{
19                  color:red;
20              }
21              .state4{
22                  color:green;
23              }
24          </style>
25  {% endblock %}
26  {% block title %}佳奇 CMS 系统-修改密码{% endblock %}
27  {% block body %}
28  {% include 'admin/edit_pwd_details.html' %}
29  {% endblock %}
30  {% block footer %}
31      {% include 'admin/footer.html' %}
32  {% endblock %}
```

01 行引入 base.html 文件；03 行在 head 块中引入 bootstrap.min.css 样式表文件；04～06 行引入/bootstrap.min.js、jquery.min.js 文件；07～24 定义一个样式类 form_div；在 body 块中引入 edit_pwd_details.html 文件；31 行引入 footer.html 文件。

注意：这里引入 bootstrap.min.css 为在线 CSS，测试代码时请确保您的计算机处于联网状态。

edit_pwd_details.html 文件包含了修改密码的表单以及 jqurey 进行表单判断的各种逻辑，具体代码如下：

例 10-3　管理员修改密码静态页面之 JQuery 代码：edit_pwd.html

```
01  <script>
02   $(function() {
03                  var checkok1=false;
04                  var checkok2=false;
05                  var checkok3=false;
06   //验证旧密码
07      $("input[name='oldpwd']").blur(function () {
08              var pwd=$("input[name='oldpwd']").val();
09              var dd = {'oldpwd':pwd};
10                $.ajax({
11              type: "GET",
12              url: "{{ url_for('admin.checkpwd') }}",
13              dataType: "json",
14              data: dd,
15              success: function(json) {
16                  if(json.status==11){
17                      $("#oldpwd").next().text('密码正确').removeClass
                        ('state1').addClass('state3');
18                      checkok1=1;
19                  }
20                  else {
21                      $("#oldpwd").next().text('密码不对').removeClass
                        ('state1').addClass('state4');
22                  }
23              },
```

```
24              });
25          })
26        //验证新密码
27              $('input[name="newpwd1"]').focus(function(){
28                      $("#newpwd1").next().text('密码应该为 6-15 位之间').
                        removeClass('state1').addClass('state2');
29                  }).blur(function(){
30                      if($("#newpwd1").val().length >= 6 && $(this).val().
                        length <=15  && $(this).val()!=''){
31                       $("#newpwd1").next().text('输入有效').removeClass
                         ('state1').addClass('state4');
32                         checkok2=true;
33                      }else{
34                         $("#newpwd1").next().text('密码应该为 6~20 位之间').
                          removeClass('state1').addClass('state3');
35                      }
36                  });
37          //再次验证新密码
38                      $('input[name="newpwd2"]').focus(function(){
39                      $(this).next().text('两次输入密码需要一样').
                        removeClass('state1').addClass('state2');
40                  }).blur(function(){
41                      if($(this).val().length >= 6 && $(this).val().length
                        <=15 && $(this).val()!='' && $(this).val() == $('input
                        [name="newpwd2"]'). val()){
42                          $(this).next().text('输入成功').removeClass
                            ('state1').addClass('state4');
43                          checkok3=true;
44                      }else{
45                          $(this).next().text('您输入的两次密码不一样哦').
                           removeClass('state1').addClass('state3');
46                      }
47                  });
48              //提交按钮,所有验证通过方可提交
49                  $('#button_1').click(function(){
50              if(checkok1  &&  checkok2  &&  checkok3){
51                          $('form').submit();
52                      }else{
53                  return  false;
54                      }  });
55    })
56     </script>
57   <div class="container">
58       <div class="form_div">
59         <form action="{{ url_for('admin.editpwd') }}" class="form-
          signin" role="form" method='post'>
60            <h2 class="form-signin-heading">修改密码</h2>
61            <input type="password" class="form-control" placeholder=
             "请输入旧密码" required autofocus name="oldpwd" id="oldpwd">
62              <span class='state1'>请输入旧密码</span>
63                <div style="height:10px;clear:both;display:block"></div>
64            <input type="password" class="form-control" placeholder=
             "请输入新密码" required name="newpwd1" id="newpwd1">
```

```
65          <span class='state1'>请输入新密码</span>
66            <div style="height:10px;clear:both;display:block"></div>
67          <input type="password" class="form-control" placeholder=
           "请再次输入新密码" required name="newpwd2" id="newpwd2">
68          <span class='state1'>请再次输入新密码</span>
69              <div style="height:10px;clear:both;display:block"></div>
70           <div class="form-group">
71                  <button type="button" class="btn btn-primary
                   "id="button_1">提交修改</button>
72              </div>
73            <div style="height:10px;clear:both;display:block"></div>
74         </form>
75            {% if  message %}
76     <p style="color:red">{{ message }} </p>
77     {% endif %}
78           </div>
79        </div>
```

02 行表示 DOM（文档对象模型）加载好之后对 DOM 节点进行相应的操作；03～05 行定义 3 个变量 checkok1、checkok2、checkok3，初始化的值都为 false；07 行表示当 name=oldpwd'的文本输入框失去焦点时，执行 08～25 行的代码；08 行取得 name=oldpwd 的文本输入框的值；09 行定义变量 dd 为刚刚获取的文本输入框的值；09～14 行发出 AJAX 的 GET 方法请求；16～17 行表示如果返回数据的状态码为 11，则找到名称为 oldpwd 的样式，并设置文本提示信息“密码正确”，并移除样式 state1，增加新的样式 state3；18 行设置校验标志位 checkok1 等于 1；20～22 行表示如果服务器验证不对，提示文本信息“密码不对”，并更改移除旧样式，增加新样式。

26～36 行是验证 name=newpwd1 的文本输入框有没有按照规则来输入新的密码，如果输入符合规则，则设置校验标志位 checkok2 为 1；37～47 用于检查第 2 个新密码输入框的输入是否符合要求，如果输入符合规则，则设置校验标志位 checkok3 为 1。

48～56 行，在名称为 button_1 按钮的单击事件中，如果校验标志位 checkok1、checkok2、checkok3 等为 1 时，才让表单提交事件生效。

57～74 行是表单元素，包含了旧密码、新密码等多个文本输入框；76～77 行为显示从服务器端传过来的出错等消息。

在 admin 目录下的 views.py 文件中新增一视图函数，用于对管理员提交过来的原始密码进行判断，只有原始密码输入对了，才能设置新的密码。

例 10-3　管理员修改密码核实密码代码：views.py

```
01    #核实校验密码
02    @bp.route('/checkpwd/')
03    @login_required
04    def checkpwd():
05        # user1 = request.args.get('username')
06        oldpwd = request.args.get('oldpwd', '')
07        # print(oldpwd)
08        if config.ADMIN_USER_ID  in session:
09            user_id = session.get(config.ADMIN_USER_ID)
```

```
10          user = Users.query.filter_by(uid=user_id).first()
11              if user.check_password(oldpwd):
12              data = {
13                      "name": user.email,
14                     "status": 11
15                  }
16          else:
17              data = {
18                  "name": None,
19                  "status": 00
20              }
21      return jsonify(data)
```

02 行定义路由；03 行使用登录装饰器；04 行定义密码校验函数；06 行使用 request.args.get()方法接收 AJAX 传递过来的值；08、09 行从 Session 中取得用户的 user_id；10 行根据 user_id 取得用户对象；11 行对传递过来的密码进行校验，如果通过了校验，则返回成功信息的 JSON 数据，否则返回不成功的 JSON 数据。

注意：这里构造的返回数据 status 的值为 11，表示校验成功，有此用户名；如果 status 的值为 00 表示无此用户，表示校验不成功。

定义一个管理员修改密码的视图函数，路由为 editpwd，其代码如下：

例 10-3　管理员修改密码视图函数代码：views.py

```
01  @bp.route('/editpwd/',methods=['GET', 'POST'])
02  @login_required
03  def editpwd():
04      if request.method == 'GET':
05          return render_template('admin/edit_pwd.html')
06      else:
07          oldpwd = request.form.get('oldpwd')
08          newpwd1 = request.form.get('newpwd1')
09          newpwd2 = request.form.get('newpwd2')
10          print(oldpwd)
11          user_id = session.get(config.ADMIN_USER_ID)
12          user = Users.query.filter_by(uid=user_id).first()
13          user.password = newpwd1
14          db.session.commit()
15          return render_template('admin/edit_pwd.html',message="密码修
            改成功！")
```

01 行定义路由；02 使用登录装饰器；03 行定义修改密码的 editpwd()函数；04 行表示如果访问方法为 GET 方法，则执行 05 行的代码，直接渲染静态文件；

需要引入数据库的文件，使用下面代码实现：

```
from exts import  db
```

需要引入 jsonify：

```
from flask import  jsonify
```

运行程序，如果输入的密码不对，则会有如图 10.3 所示的提示。

图 10.3　提示输入错误

如果输入的旧密码正确，且设置的新密码达到规定的位数，那么如图 10.4 所示，此时密码可以被成功修改的。

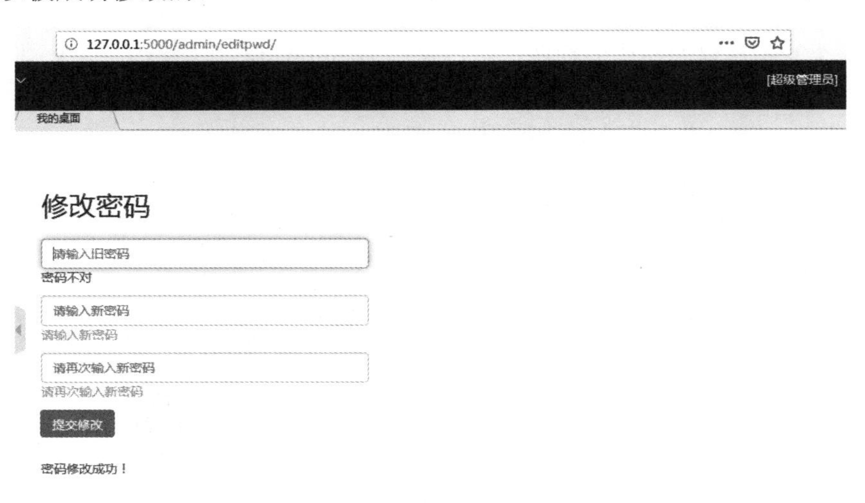

图 10.4　提示密码修改成功

10.2　文章栏目页的实现

本节主要实现文章栏目的分类及无限级分类。无限级分类，是指从一个一级分类开始，依次划分出二级分类、三级分类、四级分类等。每个子分类都可以分出自己的若干个子分类，可以一直分下去，称为无限级分类。

10.2.1　栏目无限级分类添加进数据库

要实现文章栏目页的无线级分类，首先要考虑数据库如何进行设计。数据库设计中，必须考虑本栏目自身对应的 id，可以设置为自增，然后要设置父 id，可以设置为 parent_id，然后还要设置栏目名称，比如设置为 cat_name。这 3 个字段必须设置。

注意：这里的栏目无限级分类算法是基于递归实现的。

下面具体进行数据库的设计，在 admin 目录下的 models.py 文件中增加如下代码：

例 10-4　栏目分类表设计：models.py

```
01  #定义文章分类开始
02  class Articles_Cat(db.Model):
03      __tablename__='jq_article_category'
04      cat_id=db.Column(db.Integer,primary_key=True,autoincrement=True)
                                                            #分类 ID
05      parent_id=db.Column(db.Integer,nullable=False)
                                                            #分类父 ID,父 ID 不能为空
06      cat_name=db.Column(db.String(20),nullable=False)     #栏目名称
07      keywords=db.Column(db.String(20),nullable=False)     #栏目关键字
08      description=db.Column(db.Text,nullable=True)     #栏目描述可以为空
09      cat_sort=db.Column(db.Integer,nullable=True)         #栏目排序
10      status=db.Column(db.Integer,nullable=False)          #显示还是隐藏
11      dir=db.Column(db.String(80),nullable=False)
                                                            #如果实现静态化，该栏目的保存路径
```

02 行定义文章表类 Articles_Cat；03 行将文章表类重新定义表名为 jq_article_category；04 行定义分类 id 为 cat_id；05 行定义父 id 为 parent_id；06 行定义分类栏目名称为 cat_name；07 行定义栏目关键字为 keywords；08 行定义栏目详情描述字段为 description；09 行定义栏目排序字段为 cat_sort；10 行定义栏目显示还是隐藏字段为 status；11 行定义栏目保存路径对应的字段为 dir。

在当前工程的虚拟环境中执行下面命令：

（1）(venv）python manager.py db migrate；

（2）(venv) python manager.py db upgrade。

在 MySQL 中查看数据库是否已经成功创建。

在 admin 目录中的 forms.py 文件中增加表单验证信息：

例 10-4　栏目分类表单验证：forms.py

```
01  class Article_cat(Form):
02      parent_id = StringField(validators=[Length(1, 20, message='父栏目
        长度为 1-20 位')])
03      cat_name = StringField(validators=[Length(1, 100, message='栏目名
        字长度为 1-100 位')])
```

```
04      dir = StringField(validators=[Length(0, 100, message='别名长度为
        0-100 位')])
05      keywords = StringField(validators=[Length(1, 100, message='关键字
        长度为 1-100 位')])
06      description= StringField(validators=[Length(1, 100, message='栏目
        描述长度为 1-200 位')])
07      cat_sort = StringField(validators=[Length(1, 100, message='栏目排
        序长度为 1-5 位')])
```

02 行限制 parent_id 长度为 1～20 位；03 行限制 cat_name 长度为 1～100 位；04 行显示 dir 字段长度为 0～100 位；05 行定义 keywords 字段长度为 1～100 位长度；06 行定义 description 字段长度为 1～200 位；07 行定义 cat_sort 字段长度为 cat_sort。

在 admin 下的 views.py 文件中增加下面文件：

例 10-4　栏目分类视图函数：views.py

```
01  #添加分类
02  @bp.route('/article_cat_add/',methods=['GET', 'POST'])
03  @login_required
04  def article_cat_add():
05      if request.method == 'GET':
06          categorys=Articles_Cat.query.all()            #取得所有分类
07          list = []
08          data =  {}
09          for cat in categorys:
10              data=dict(cat_id=cat.cat_id, parent_id=cat.parent_id, cat_
            name=cat.cat_name)
11              list.append(data)
12          data=build_tree(list,0,0)
13          html=build_table(data, parent_title='顶级菜单')
14          return render_template('admin/article_cat.html',message=html)
15      else:
16          form=Article_cat(request.form)
17          p = Pinyin()
18          dir = request.form.get('dir')
19              if form.validate():
20              parent_id = request.form.get('parent_id')
21              cat_name = request.form.get('cat_name')
22              dir = request.form.get('dir')
23              check=request.form.get('check')
24              if check:
25                  dir = request.form.get('cat_name')
26                  dir=p.get_pinyin(dir, '')
27              else:
28                  if dir:
29                      dir = request.form.get('dir')
30                  else:
31                      dir = request.form.get('cat_name')
32                      dir = p.get_pinyin(dir, '')
33              keywords = request.form.get('keywords')
34              description = request.form.get('description')
35              cat_sort = request.form.get('cat_sort')
36              status= request.form.get('status')
```

```
37              insert = Articles_Cat(parent_id=parent_id,cat_name=cat_
                name,dir=dir,keywords=keywords,description=description,cat_
                sort=cat_sort,status=status)
38              db.session.add(insert)
39              db.session.commit()
40              return redirect(url_for('admin.article_cat_list'))
41          else:
42              return "校验没通过"
```

02～03 行添加两个装饰器函数，一个是路由视图函数，另一个是限制登录视图函数；04 行开始定义 article_cat_add()视图函数；05～14 行功能是在 GET 方法中对静态文件进行渲染；06 行取得所有分类，放入 categorys 对象中；09、10 行使用 for 循环遍历 categorys，形成字典数据 data；11 行将字典数据 data 转化成列表 list；12、13 行调用 build_tree()和 build_table()方法栏目列表菜单；14 行开始渲染静态文件 article_cat.html；15、16 行表示如果是 POST 方法访问，则首先对表单数据进行验证；18 行从表单中获取字段 dir 的值；19～23 行表示如果表单验证通过，开始从表单接收 parent_id、cat_name、dir、check 等字段的值；24～26 行表示如果用户选择 dir 的值为 cat_name 字段的拼音，则调用 p.get_pinyin()方法将 cat_name 字段的文字转化成拼音存于 dir 中；27～29 行是直接将用户输入的信息作为 dir 的值；33～36 行继续从表单接收 keywords、description 等字段的值；37～39 行将表单提交过来的信息插入到数据库中；第 40 行网页重定位到网页的列表页。第 42 行表示如果表单没有通过表单校验，则返回“校验没通过验证”。

例 10-4　栏目分类树：views.py

```
01  def build_tree(data,p_id,level=0):
02      """
03      生成树菜单
04      :param data:    数据
05      :param p_id:    上级分类
06      :param level:   当前级别
07      :return:
08      """
09      tree = []
10      for row in data:
11          if row['parent_id'] ==p_id:
12              row['level'] = level
13              child = build_tree(data, row['cat_id'], level+1)
14              row['child'] = []
15              if child:
16                  row['child'] += child
17              tree.append(row)
18      return tree
```

11～12 行表示如果某记录的 parent_id 字段值和 0 相等，那么赋予它的等级就为 0；第 13 行开始递归查找，查找父 id 为该节点 id 的节点，等级则为原等级+1，实际这里查找的为子目录；第 14 行表示不管有没有子目录，都输出 row['child'] = []；15～17 行表示如果当前栏目有子栏目就把内容追加到 row['child']上；18 行将记录添加到 tree 列表中。

例 10-4　栏目分类树带 CSS：views.py

```
01  #生成分类
02  def build_table(data, parent_title='顶级菜单'):
03      html = ''
04      for row in data:
05          splice = '├ '
06          cat_id=row['cat_id']
07          title = splice * row['level'] + row['cat_name']
08          tr_td = """<option value={cat_id}>  {title}</option>
09                          """
10          if row['child']:
11              html += tr_td.format(class_name='top_menu', title=title,
                cat_id=cat_id)
12              html += build_table(row['child'], row['cat_name'])
13          else:
14              html += tr_td.format(class_name='', title=title,
                cat_id=cat_id)
15      return html
```

上面的程序生成分类树。03 行定义 html 为空；04 行遍历列表；05 行生成标题格式为“├分类名称”；06 行字符串格式为“<option value={cat_id}>　{title}</option>”；10～12 行表示如果为父类栏目，则生成格式并进行递归调用；14 行判断如果不是父类，只对 html 中的内容进行格式化，则不进行递归调用。

注意： 这里人为加上“├”，表示带了“├”所在行的栏目是从属于上一个栏目的，是上一个栏目的子类。

运行程序，效果如图 10.5 所示。

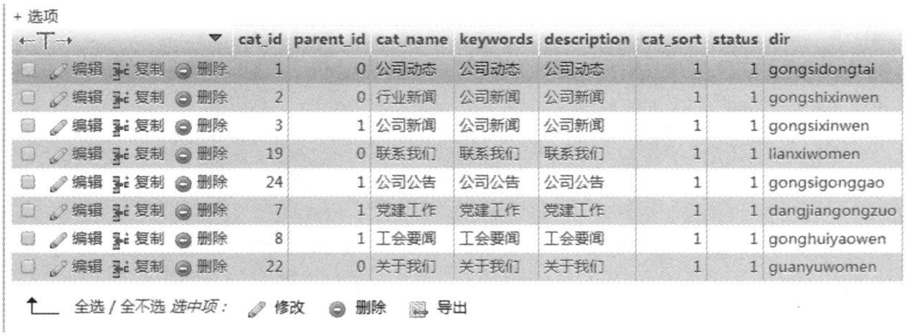

+ 选项

←T→	cat_id	parent_id	cat_name	keywords	description	cat_sort	status	dir
编辑 复制 删除	1	0	公司动态	公司动态	公司动态	1	1	gongsidongtai
编辑 复制 删除	2	0	行业新闻	公司新闻	公司新闻	1	1	gongshixinwen
编辑 复制 删除	3	1	公司新闻	公司新闻	公司新闻	1	1	gongsixinwen
编辑 复制 删除	19	0	联系我们	联系我们	联系我们	1	1	lianxiwomen
编辑 复制 删除	24	1	公司公告	公司公告	公司公告	1	1	gongsigonggao
编辑 复制 删除	7	1	党建工作	党建工作	党建工作	1	1	dangjiangongzuo
编辑 复制 删除	8	1	工会要闻	工会要闻	工会要闻	1	1	gonghuiyaowen
编辑 复制 删除	22	0	关于我们	关于我们	关于我们	1	1	guanyuwomen

全选 / 全不选　选中项：　修改　删除　导出

图 10.5　栏目相关数据被成功保存到数据库

10.2.2　栏目的编辑功能

在上一节中，实现了栏目的添加，并保存到了数据库中，同时利用了递归算法把所有分类都取了出来。现在，我们有这样一个需求，需要编辑修改栏目的内容，该如何实现呢？

要编辑栏目，首先必须将所有栏目取出来，然后列表进行显示。

首先搭建修改栏目的页面。在 templates\admin 目录下新建一个名称为 articel_cat_list.html 的静态文件：

例 10-5　栏目编辑之静态页面：article_cat_list.html

```
01  <!DOCTYPE html PUBLIC "-//W3C//DTD XHTML 1.0 Transitional//EN"
    "http://www.w3.org/TR/xhtml1/DTD/xhtml1-transitional.dtd">
02  <html xmlns="http://www.w3.org/1999/xhtml">
03  <head>
04  <meta http-equiv="Content-Type" content="text/html; charset=utf-8" />
05      <title>用户登录</title>
06      <!-- 新 Bootstrap 核心 CSS 文件 -->
07  <link href="https://cdn.bootcss.com/bootstrap/3.3.7/css/bootstrap.
    min.css" rel="stylesheet">
08      <link rel="stylesheet"href="{{url_for('static',filename='static/h-ui.
        admin/css/public.css')}}">
09      <script type="text/javascript" src="{{url_for('static',filename='static/
        h-ui.admin/js/qikoo.js')}}"></script>
10  <!-- jQuery 文件。务必在 bootstrap.min.js 之前引入 -->
11    <script type="text/javascript" src="{{url_for('static',filename='lib/
      jquery/1.9.1/jquery.min.js')}}"></script>
12  <!-- 最新的 Bootstrap 核心 JavaScript 文件 -->
13  <script src="http://cdn.bootcss.com/bootstrap/3.2.0/js/bootstrap.min.js">
     </script>
14      <script type="text/javascript" src="{{url_for('static',filename='layer/
        layer.js')}}"></script>
15              <div style="height:10px;clear:both;display:block"></div>
               <style type="text/css">
16          .form_div{
17              width: 100%;
18              margin-left: 0px;
19              padding: 10px 20px;
20          }
21      </style>
22  </head>
23  <body>
24  <script language="JavaScript">
25    function rec() {
26  if(confirm("确定删除该条记录？")){
27  a.setAttribute("onclick",'');
28  return true;
29  }
30  return false;
31  }
32   </script>
33  <div class="container">
34      <div class="mainBox" style="height:auto!important;height:550px;
        min-height:550px;">
35          <h3><a href="{{ url_for('admin.article_cat_add') }}" class=
            "actionBtn add">添加分类</a>文章分类</h3>
36  <table width="100%" border="0" cellpadding="8" cellspacing="0" class=
    "tableBasic">
37      <tr>
```

```
38          <th width="120" align="left">分类名称</th>
39        <th align="left">别名</th>
40          <th align="left">简单描述</th>
41         <th width="60" align="center">排序</th>
42          <th width="80" align="center">操作</th>
43        </tr>             {% if message %}
44                        {{ message| safe }}
45                     {% endif %}   </table>
46      </div>
47      </div>
48  </body>
49  </html>
```

06～14 行引用相关 CSS 文件和 JS 文件；15～21 行定义 CSS 下一个样式类；24～32 行定义 a 标签的单击事件；35 行定义添加文章分类超链接；36～45 行定义 5 列若干行的表格，表格的若干行动态生成。

有了静态页面后，接下来就是在视图函数中取得栏目的数据集。在 apps 目录下的 admin 目录下的 views.py 文件中增加如下代码：

例 10-5　栏目编辑之视图函数：views.py

```
01  #栏目列表
02  @bp.route('/article_cat_list/',methods=['GET'])
03  @login_required
04  def article_cat_list():
05      if request.method == 'GET':
06          categorys = Articles_Cat.query.all()     #取得所有分类
07          list = []
08          data = {}
09          for cat in categorys:
10              data = dict(cat_id=cat.cat_id, parent_id=cat.parent_id,
                 cat_name=cat.cat_name,description=cat.description,dir=
                 cat.dir,cat_sort=cat.cat_sort)
11              list.append(data)
12          data = build_tree(list, 0, 0)
13          html = creat_cat_list(data, parent_title='顶级菜单')
14          return render_template('admin/articel_cat_list.html',message=
            html)
```

注意：build_tree()和 creat_cat_list()都是调用定义好的函数进行递归，最终向静态页面输出了带有 CSS 样式的数据。

02 行定义路由为 article_cat_list，指定访问方法为 GET 方法；03 行要求用户登录才能访问；04 行定义视图函数 article_cat_list()；05 行表示如果访问网页的方法为 GET 方法，就执行下面代码。

06 行取得所有分类；07 行定义列表 list；08 行定义字典 data；09～11 行遍历 categorys 对象，将数据库中一条记录作为一个字典 data 的内容，有多少个记录就对应多少个字典。结果如下面：

```
{'cat_id': 22, 'parent_id': 0, 'cat_name': '关于我们', 'description':
'关于我们', 'dir': 'guanyuwomen', 'cat_sort': 1}
```

再将所有遍历出的字典作为一个列表输出，结果如下：

```
[{'cat_id': 1, 'parent_id': 0, 'cat_name': '公司动态', 'description':
'公司动态', 'dir': 'gongsidongtai', 'cat_sort': 1}, {'cat_id': 2,
'parent_id': 0, 'cat_name': '行业新闻', 'description': '公司新闻', 'dir':
'gongshixinwen', 'cat_sort': 1},…]
```

12、13 行生成目录树；14 行渲染模板并将相应值传到模板中。

运行代码，结果如图 10.6 所示。

文章分类　　添加分类

分类名称	别名	简单描述	排序	操作
公司动态	gongsidongtai	公司动态	1	编辑| 删除
-- 公司新闻	gongsixinwen	公司新闻	1	编辑| 删除
-- 公司公告	gongsigonggao	公司公告	1	编辑| 删除
-- 党建工作	dangjiangongzuo	党建工作	1	编辑| 删除
-- 工会要闻	gonghuiyaowen	工会要闻	1	编辑| 删除
行业新闻	gongshixinwen	公司新闻	1	编辑| 删除
联系我们	lianxiwomen	联系我们	1	编辑| 删除
关于我们	guanyuwomen	关于我们	1	编辑| 删除

图 10.6　文章栏目列表

接下来介绍文章栏目编辑功能的实现。

首先搭建修改栏目的页面，在 templates\admin 目录下新建一个名称为 articel_cat_edit.html 的静态文件：

在 head 区域引入相关的 CSS 和 JS 文件：

例 10-5　栏目编辑之静态 CSS 和 JS 引入：article_cat_list.html

```
01   <!-- 新 Bootstrap 核心 CSS 文件 -->
02   <link href="https://cdn.bootcss.com/bootstrap/3.3.7/css/bootstrap.
     min.css" rel="stylesheet">
03       <link rel="stylesheet" href="{{url_for('static',filename='static/
          h-ui.admin/css/public.css')}}">
04   <!-- jQuery 文件。务必在 bootstrap.min.js 之前引入 -->
05     <script type="text/javascript" src="{{url_for('static',filename=
       'lib/jquery/1.9.1/jquery.min.js')}}"></script>
06   <!-- 最新的 Bootstrap 核心 JavaScript 文件 -->
07   <script src="http://cdn.bootcss.com/bootstrap/3.2.0/js/bootstrap.
      min.js"></script>
08       <script type="text/javascript" src="{{url_for('static',filename=
         'layer/layer.js')}}"></script>
```

上面的代码是引入 Bootstarap 相关样式表文件和 JS 文件。

定义一个样式表下的类，如下：

例 10-5　栏目编辑之静态页面 CSS：article_cat_list.html

```
01  <style type="text/css">
02          .form_div{
03              width: 100%;
04              margin-left: 0px;
05              padding: 10px 20px;
06
07          }
```

上面的代码定义 form_div 的一个类，定义其宽度为 100%，设置元素的左外边距为 0px，上下内边距为 10px，左右内边距离为 20px。

在该静态文件的 body 区域中增加下面代码：

例 10-5　栏目编辑之静态页面修改：article_cat_list.html

```
01  <div class="container">
02      <form action="{{ url_for('admin.article_cat_save') }}" class=
        "form-horizontal"role="form" method='post'>
03    <div class="form-group form-group-sm">
04      <label class="col-sm-2 control-label" >上级栏目 </label>
05      <div class="col-sm-2">
06        <select name="parent_id" id="parent_id" class="selectpicker
          show-tick form-control">
07            <option value="0">无</option>
08             {% if message %}
09                          {{ message| safe }}
10                      {% endif %}
11                              </select>
12      </div>
13    </div>
14          <div class="form-group form-group-sm">
15      <label class="col-sm-2 control-label" >栏目名称</label>
16      <div class="col-sm-4">
17        <input id="cat_name" name="cat_name" class="form-control" type=
          "text" value="{%- if content -%}
18                          {{ content.cat_name }}
19                      {%- endif %}" style="text-align:left ">
20      </div>
21    </div>
22          <div class="form-group form-group-sm">
23      <label class="col-sm-2 control-label" >分类别名</label>
24      <div class="col-sm-4">
25          <div class="form-inline">
26          <input id="dir" name="dir" class="form-control" type="text"
            style="text-align:left " value="
27  {%- if content -%}{{ content.dir| safe }}
28                      {%- endif %}" >
29            <input name="check" id="check" type="checkbox" value="1">
              拼音
30          </div>
31      </div>
32    </div>
```

```
33      <div class="form-group form-group-sm">
34        <label class="col-sm-2 control-label" >关键字 </label>
35        <div class="col-sm-4">
36          <input class="form-control" style="text-align:left " type="text"
          id="keywords" name="keywords" value="{%- if content -%}
37                      {{ content.keywords}}
38                  {%- endif %}" >
39        </div>
40      </div>
41     <div class="form-group form-group-sm">
42        <label class="col-sm-2 control-label" >栏目描述</label>
43        <div class="col-sm-6">
44          <textarea id="description" class="form-control" rows="3" name=
          "description">{%- if content -%}
45                      {{ content.description| safe }}
46                  {%- endif %}</textarea>
47        </div>
48      </div>
49    <div class="form-group form-group-sm">
50        <label class="col-sm-2 control-label" >排序 </label>
51        <div class="col-sm-3">
52          <input id="cat_sort" class="form-control" type="text" name=
          "cat_sort" value="1">
53        </div>
54      </div>
55     <input type="hidden" id="status" class="form-control"  name="status"
     value="1">
56        <input type="hidden" id="cat_id" class="form-control"name=
        "cat_id"value="{{ content.cat_id| safe }}">
57            <div class="form-group form-group-sm">
58        <label class="col-sm-2 control-label" >    </label>
59        <div class="col-sm-2">
60          <button id="submit" neme="submit" class="btn btn-sm btn-primary
          btn-block" type="submit">提交</button>
61        </div>
62      </div>
63    </form> </div>
```

在 container 容器中定义一个 form 表单，02、03 行设置表单提交的目标地址为 action 中的值，提交方法为 POST 方法；03～13 行显示所有栏目；14～21 行显示栏目名称；23～54 行显示栏目关键字、栏目描述等；55 设置引藏字段 status；56 行设置隐藏字段 cat_id。

注意：输入文本框设置为 hidden，表示对用户是不可见的，服务器存储数据的时候，有时需要一些引藏域的值，才能正确保存数据。

在 apps 目录下的 admin 目录下的 views.py 文件中增加如下代码：

例 10-5　栏目编辑之视图函数：views.py

```
01  @bp.route('/article_cat_edit/<id>/', methods=['GET'])
02  @login_required
03  def article_cat_edit(id):
04      if request.method == 'GET':
```

```
05          cat_list = Articles_Cat.query.filter_by(cat_id=id).first()
06          categorys = Articles_Cat.query.all()    #取得所有分类
07          list = []
08          data = {}
09          for cat in categorys:
10             data = dict(cat_id=cat.cat_id, parent_id=cat.parent_id,
               cat_name=cat.cat_name)
11             list.append(data)
12          data = build_tree(list, 0, 0)
13          html = build_table(data, parent_title='顶级菜单')
14          return render_template('admin/articel_cat_edit.html',content=
            cat_list,message=html)
```

01 行指定文章栏目编辑的路由函数为/article_cat_edit/<id>，指定其访问方法为 GET 方法；02 行使用登录限制装饰器；03 行定义视图函数 article_cat_edit；05 行取得要修改的那条记录对应的对象；06 行取得所有分类；07 行定义列表 list；08 行定义字典 data；09～11 行遍历 categorys 对象，定义字典内容并赋予初值，并将字典 data 添加到列表 list 中；12、13 行生成目录树；14 行渲染模板并将相应值传到模板中。

运行上面的代码，效果如图 10.7 所示。

图 10.7　文章栏目编辑的静态页面搭建

上面的代码存在一个问题，那就是文章栏目编辑的展示页面中没有显示出该栏目的上级栏目到底属于哪一个，都显示的是无，这一点不太符合实际情况，下面对其进行修改。

在 article_cat_edit.html 中找到下面代码：

```
01   <select name="parent_id" id="parent_id" class="selectpicker show-tick
     form-control">
02            <option value="0">无</option>
03             {% if message %}
04                         {{ message| safe }}
05                      {% endif %}
06                            </select>
07       </div>
```

🔔注意：select 中的 id 属性为 parent_id。

在该代码下增加如下代码：

例 10-5　栏目编辑之静态页面修改：article_cat_list.html

```
01    <script type="text/javascript" >
02        $(function(){
03        $("#parent_id option[value={{ content. parent_id| safe }}]").attr
          ("selected", "selected");
04         });
05    </script>
```

01、02 行表示在 DOM（DOM ，是英文 Document Object Model 的缩写，中文意思为文档对象模型，一个网页中的内容就可以简单理解为一个 DOM）加载完毕后执行了 ready() 方法；03 行表示查找名称为 parent_id 的 select（下拉列表框）元素，进一步查找列表框中的 value 值为 content.parent_id 的元素，将其设置为选中状态。

运行程序，效果如图 10.8 所示。

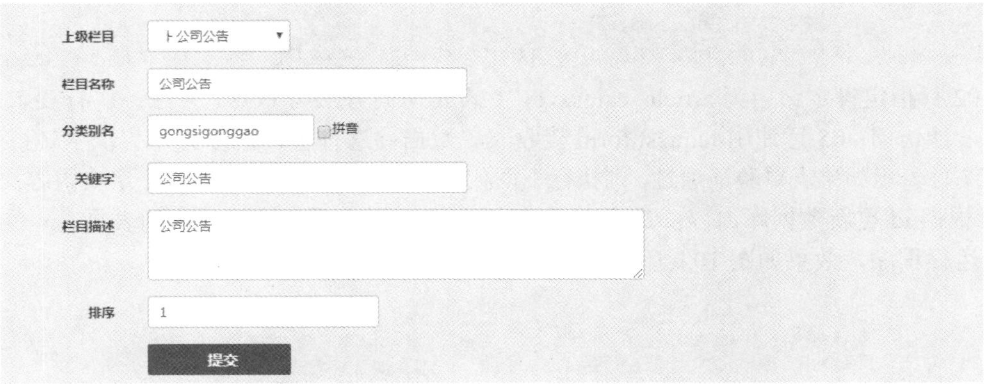

图 10.8　自动选中当前栏目所属父栏目

有了静态页面以后，就可以对其提交过来的表单进行保存。在 apps 下的 admin 目录下的 views.py 文件中增加如下代码：

例 10-5　栏目编辑之保存代码：views.py

```
01    #文章栏目修改保存
02    @bp.route('/article_cat_save/', methods=['POST'])
03    @login_required
04    def article_cat_save():
05        form = Article_cat(request.form)
06        p = Pinyin()
07        if form.validate():
08            parent_id = request.form.get('parent_id')
09            cat_id = int(request.form.get('cat_id'))
10            cat_name = request.form.get('cat_name')
11            dir = request.form.get('dir')
12            check = request.form.get('check')
```

```
13          if check:
14              dir = request.form.get('cat_name')
15              dir = p.get_pinyin(dir, '')
16          else:
17              if dir:
18                  dir = request.form.get('dir')
19              else:
20                  dir = request.form.get('cat_name')
21                  dir = p.get_pinyin(dir, '')
22          keywords = request.form.get('keywords')
23          description = request.form.get('description')
24          cat_sort = request.form.get('cat_sort')
25          status = request.form.get('status')
26          Articles_Cat.query.filter(Articles_Cat.cat_id==cat_id).update
            ({Articles_Cat.parent_id: parent_id,Articles_Cat.cat_name:
            cat_name,Articles_Cat.dir: dir,\
27                                  Articles_Cat.keywords:keywords,
                                    Articles_Cat. description: description,
                                    Articles_Cat.cat_sort: cat_sort,
                                    Articles_Cat.status: status\
28                                                                  })
29          db.session.commit()
30          return redirect(url_for('admin.article_cat_list'))
```

02 行指定设定路由为 article_cat_save，并设定访问方法为 POST 方法；03 行要求成功登录才能访问；05 行使用 request.form 接收表单数据并进行验证；06 行产生汉字转拼音对象；07 行表示如果表单验证通过，则执行下面代码；08～25 行依次接收各个字典内容；26～28 行根据 id 更新数据库内容；29 行提交事务；30 行网页重定位到栏目列表页。

运行程序，效果如图 10.9 所示。

图 10.9　修改栏目内容

将栏目名称修改为“工会摘要”，单击“提交”按钮，然后就可以在栏目列表页查看是否修改成功，如图 10.10 所示。

文章分类

分类名称	别名	简单描述
公司动态	gongshidontai	公司动态
-- 公司新闻	gongsixinwen	公司新闻
-- 公司公告	gongsigonggao	公司公告
-- 党建工作	dangjiangongzuo	党建工作
-- 工会摘要	gonghuiyaowen	工会要闻
行业新闻	gongshixinwen	公司新闻
联系我们	lianxiwomen	联系我们
关于我们	guanyuwomen	关于我们

图 10.10　修改栏目成功

10.2.3　栏目的删除功能

上节中已经实现了栏目的添加、编辑功能。按照一般需求，我们还需要有对栏目的删除功能。下面我们介绍一下删除功能如何实现。

在 articel_cat_list.html 静态页面中用到了动态程序，将下面的代码渲染到 articel_cat_list.htm 页面中。

例 10-6　栏目删除之静态页面：article_cat_list.html

```
01  tr_td = """<tr>
02          <td align="left">{title}</td>
03          <td>{dir}</td>
04          <td>{description}</td>
05          <td align="center">{cat_sort}</td>
06          <td align="center"><a href="../article_cat_edit/{cat_id}">编辑
            </a>| <a href="../article_cat_del/{cat_id}" onClick="rec();
            return false">删除</a> </td>
07        </tr>
08                                    """
```

06 行指定删除栏目的超链接，并给 a 标签添加 onclick 事件，在该事件中，会执行 JS 中对应名称为“rec()”部分的代码。

例 10-6　栏目删除之静态页面下的 JQuery 代码：article_cat_list.html

```
01  <script language="JavaScript">
02    function rec() {
03  if(confirm("确定删除该条记录？")){
04  a.setAttribute("onclick",'');
05  return true;
06  }
07  return false;
08  }
09   </script>
```

02、03 行定义 rec 函数，确认用户是否删除；如果用户确认了，通过 setAttribute()方法确认用户的 onclick 事件有效。

例 10-6　栏目删除之视图函数：views.py

```
01    #文章栏目删除
02    @bp.route('/article_cat_del/<id>', methods=['GET'])
03    @login_required
04    def article_cat_del(id):
05        cat1 = Articles_Cat.query.filter(Articles_Cat.cat_id == id).
          first()  # 查询出数据库中的记录
06        db.session.delete(cat1)
07        db.session.commit()
08        return redirect(url_for('admin.article_cat_list'))
```

注意： 找到对应的栏目后，这里直接物理删除，不可恢复。

02 行指定路由为 article_cat_del/<id>，访问方法为 GET 方法；03 行使用登录限制装饰器；05 行查询出指定 id 的那个对象；06、07 行删除该记录并进行提交事务；08 行网页重定位到栏目列表页。

运行程序，效果如图 10.11 及图 10.12 所示。

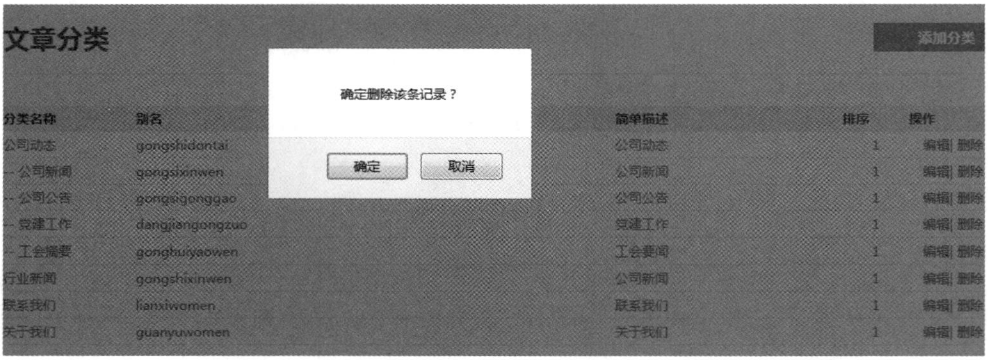

文章分类　添加分类

确定删除该条记录？

确定　取消

分类名称	别名	简单描述	排序	操作
公司动态	gongshidontai	公司动态	1	编辑| 删除
-- 公司新闻	gongsixinwen	公司新闻	1	编辑| 删除
-- 公司公告	gongsigonggao	公司公告	1	编辑| 删除
-- 党建工作	dangjiangongzuo	党建工作	1	编辑| 删除
-- 工会摘要	gonghuiyaowen	工会要闻	1	编辑| 删除
行业新闻	gongshixinwen	公司新闻	1	编辑| 删除
联系我们	lianxiwomen	联系我们	1	编辑| 删除
关于我们	guanyuwomen	关于我们	1	编辑| 删除

图 10.11　删除文章分类弹出对话框

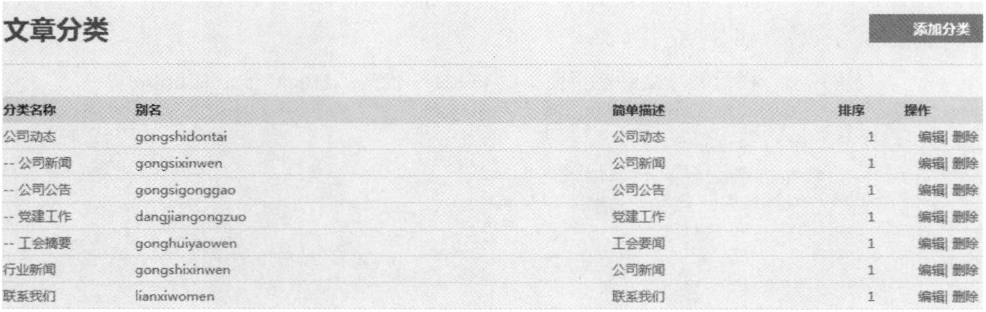

文章分类　添加分类

分类名称	别名	简单描述	排序	操作
公司动态	gongshidontai	公司动态	1	编辑| 删除
-- 公司新闻	gongsixinwen	公司新闻	1	编辑| 删除
-- 公司公告	gongsigonggao	公司公告	1	编辑| 删除
-- 党建工作	dangjiangongzuo	党建工作	1	编辑| 删除
-- 工会摘要	gonghuiyaowen	工会要闻	1	编辑| 删除
行业新闻	gongshixinwen	公司新闻	1	编辑| 删除
联系我们	lianxiwomen	联系我们	1	编辑| 删除

图 10.12　文章栏目被成功删除

10.3　文章的添加、修改、删除功能的实现

在前面小节中，我们已经实现了文章栏目的管理，即已经实现了栏目的增加、修改、删除，在本小节中，我们准备实现文章的添加、修改及删除功能。本节中主要介绍富文本如何处理以及百度编辑器 Ueditor 如何使用。

10.3.1　文章添加功能的基本实现

为了支持本内容管理系统的文章内容，我们需要创建一个新的数据库模型。代码如下：

例 10-7　文章添加数据库设计：models.py

```
01   class Articles(db.Model):
02       __tablename__ = 'jq_article'
03       aid = db.Column(db.Integer,primary_key=True,autoincrement=True)
                                                                  #文章 ID
04       cat_id = db.Column(db.Integer, db.ForeignKey("jq_article_
         category.cat_id"))                                       #分类 ID
05       title = db.Column(db.String(255), nullable=False)
                 #文章标题,nullable=false 是这个字段在保存时必须有的值
06       shorttitle=db.Column(db.String(255),nullable=True) #短标题可以为空
07       source = db.Column(db.String(64), nullable=False)  #文章来源
08       keywords=db.Column(db.String(64),nullable=False)   #关键字不能为空
09       description = db.Column(db.String(512), nullable=False)
                                                                  #文章摘要
10       body = db.Column(db.Text, nullable=False)                #文章内容
11       clicks = db.Column(db.Integer, default=0)                #浏览量
12       picture = db.Column(db.String(255))                     #文章列表图片路径
13       author_id = db.Column(db.Integer, db.ForeignKey("jq_user.uid"))
                                                              #当前文章的作者 id
14       allowcomments=db.Column(db.Integer,default=0)            #是否允许评论
15       status = db.Column(db.Integer, default=0)
                 #当前文章状态 如果为 0 代表审核通过，1 代表审核中，-1 代表审核不通过
16       create_time=db.Column(db.DateTime,default=datetime.now)
                                                                  #文章添加时间
17       is_delete=db.Column(db.Boolean,default=0)                #删除标志
18       tags = db.relationship('Articles_Tag', secondary=article_tag,
         backref=db.backref('articles'))
```

01、02 行定义文章类名为 Articles，实际表的名称为 jq_article；03 行定义文章 ID 字段为 aid；04 行定义分类 ID 为 cat_id，并指明为外键；05 行定义文章标题；06 行定义文章短标题；07 行定义文章来源；08 行定义文章关键字；09 行定义文章摘要字段；10 行定义文章内容字段，body 字段定义的类型为 db.Text，没有限制其长度。

要提交文章资讯信息，必须要有表单，要使用表单，需要对其进行表单验证。代码如下：

例 10-7　文章添加表单验证：forms.py

```
01  class Article(Form):
02      cat_id = StringField(validators=[Length(1, 20, message='栏目为
        1-20 位')])
03      title=StringField(validators=[Length(2,120,message='文章标题长度为
        2-120 位')])
04      shorttitle=StringField(validators=[Length(2,20,message='短标题长
        度为 2-20 位')])
05      source=StringField(validators=[Length(1,50,message='短标题长度为
        1-50 位')])
06      keywords=StringField(validators=[Length(1,30,message='关键字长度为
        1-30 位')])
07      description=StringField(validators=[Length(1,200,message='摘要长
        度为 1-200 位')])
08      body=StringField(validators=[Length(0,20000000,message='摘要长度
        为 0-20000000')])
09      picture=StringField(validators=[Length(1,200,message='缩略图长度
        为 1-200 位')])
10      author_id=StringField(validators=[Length(1,30,message='作者名称长
        度需要 1-30 位长度')])
11      allowcomments=StringField(validators=[Length(1,2,message='允许评
        论长度为 1-2 位')])
12      status=StringField(validators=[Length(1,2,message='发布状态长度为
        1-2 位')])
```

01 行定义表单验证类为 Article；02～12 行定义 cat_id、title 等 11 个字段的验证值。

注意：这里的表单验证类和文章类在 apps 下的 admin 目录下的 views.py 文件中使用都需要先引入，使用时候注意区分。

在当前工程的虚拟环境中，运行如下命令：

（1）（venv）python manager.py db migrate；

（2）（venv）python manager.py db upgrade。

注意：请切换到当前工程的虚拟环境中，再执行上面命令。

运行以后，可以进入 MySQL 数据库进行查看，如图 10.13 所示。

在数据库创建成功以后，下面简单介绍一下百度编辑器 Ueditor 的基本配置。

（1）首先从 http://ueditor.baidu.com/website/这个地址上找到 PHP 版本的 utf-8 包进行下载。下载完成以后将压缩包进行解压，解压出来有 dialogs、lang、php、themes 和 third-party5 个文件夹，可以删除 php 文件夹。

（2）在 Flask 项目 static 目录下创建目录 ueditor，把上面步骤（1）得到的目录和文档文件复制到 static/ueditor 中。

浏览	结构	SQL	搜索	插入	导出	导入	操作	触发器

#	名字	类型	整理	属性	空	默认	额外	操作
1	aid	int(11)			否	无	AUTO_INCREMENT	修改 删除 浏览非重复值 (DISTINCT)
2	cat_id	int(11)			是	NULL		修改 删除 浏览非重复值 (DISTINCT)
3	title	varchar(255)	utf8_general_ci		否	无		修改 删除 浏览非重复值 (DISTINCT)
4	shorttitle	varchar(255)	utf8_general_ci		是	NULL		修改 删除 浏览非重复值 (DISTINCT)
5	source	varchar(64)	utf8_general_ci		否	无		修改 删除 浏览非重复值 (DISTINCT)
6	keywords	varchar(64)	utf8_general_ci		否	无		修改 删除 浏览非重复值 (DISTINCT)
7	description	varchar(512)	utf8_general_ci		否	无		修改 删除 浏览非重复值 (DISTINCT)
8	body	text	utf8_general_ci		否	无		修改 删除 浏览非重复值 (DISTINCT)
9	clicks	int(11)			是	NULL		修改 删除 浏览非重复值 (DISTINCT)
10	picture	varchar(255)	utf8_general_ci		是	NULL		修改 删除 浏览非重复值 (DISTINCT)
11	author_id	int(11)			是	NULL		修改 删除 浏览非重复值 (DISTINCT)
12	allowcomments	int(11)			是	NULL		修改 删除 浏览非重复值 (DISTINCT)
13	status	int(11)			是	NULL		修改 删除 浏览非重复值 (DISTINCT)
14	create_time	datetime			是	NULL		修改 删除 浏览非重复值 (DISTINCT)
15	is_delete	tinyint(1)			是	NULL		修改 删除 浏览非重复值 (DISTINCT)

图 10.13　jq_article 表创建成功

（3）编辑系统配置文件 config.py，该文件位于工程的根目录下，添加如下配置：

```
#上传到本地
UEDITOR_UPLOAD_PATH = os.path.join(os.path.dirname(__file__),'static','images')
```

上面的代码设置了文件的上传路径为 static 目录下的 images 目录中，如果读者想要更改上传文件的保存路径，可以更改 images 目录。

（4）Flask 需要有一个视图路由来处理百度编辑器 Ueditor 的上传等动作，这里需要配置一个蓝图，创建 ueditor.py，在该文件中，我们使用了如下代码：

```
bp = Blueprint('ueditor',__name__,url_prefix='/ueditor')
```

注意： 限于篇幅，这里对 ueditor.py 文件中获取 Ueditor 编辑器基本配置的方法、获取上传动作及保存功能等代码没有给出，完整代码请参考本书配套资源。

（5）在主程序中注册蓝图。

```
01  from apps.ueditor import bp as edtior_bp
02  app.register_blueprint(edtior_bp)
```

01 行表示导入 ueditor.py 文件中的蓝图定义；02 行表示在主程序中注册注册蓝图。

（6）在模板文件中，需要引入 Ueditor 编辑器相关的 JS 等文件，具体如下：

```
01  <script src="{{ url_for('static',filename='ueditor/ueditor.config.
    js') }}"></script>
02  <script src="{{ url_for('static',filename='ueditor/ueditor.all.min.
    js') }}"></script>
03  <script id="editor" type="text/plain" style="width:768px;height:500px;">
04  </script>
05  <script>
06    var ue = UE.getEditor("editor",{
07        'serverUrl': '/ueditor/upload/'
08    });
09  </script>
```

01、02 行表示导入两个配置文件；03 行表示创建一个编辑器容器，该容器可以指定其宽和高，id 等于 editor，要注意 editor 这个 id 名称在你的页面中要唯一；06～09 行表示初始化 Ueditor，serverUrl 表示请求的 URL 地址。

在 Ueditor 基本配置完成以后，下面介绍文章添加功能的实现。

（1）文章提交页面 article-add.html 的搭建

对 templates\admin 目录下的 article-add.html 文件进行修改，找到<meta charset="UTF-8">到<!--/meta 作为公共模板分离出去-->，将其内容修改如下：

例 10-7　文章添加静态文件：article_add.html

```
01  <!--/meta 作为公共模板分离出去-->
02  <!--[if lt IE 9]>
03  <script src="{{ url_for('static',filename='lib/html5shiv.js')}}">
    </script>
04  <script src="{{ url_for('static',filename='lib/respond.min.js') }}">
    </script>
05  <![endif]-->
06    <link rel="stylesheet" href="{{url_for('static',filename='static/
      h-ui/css/H-ui.min.css')}}">
07    <link rel="stylesheet" href="{{url_for('static',filename='static/h-ui.
      admin/css/H-ui.admin.css')}}">
08     <link rel="stylesheet" href="{{url_for('static',filename='lib/Hui-
       iconfont/1.0.8/iconfont.css')}}">
09      <link rel="stylesheet" href="{{url_for('static',filename='static/
        h-ui.admin/skin/default/skin.css')}}" id="skin">
10        <link rel="stylesheet" href="{{url_for('static',filename='static/
          h-ui.admin/css/style.css')}}">
11
12  <!--[if IE 6]>
13  <script src="{{ url_for('static',filename='lib/DD_belatedPNG_0.0.8a-
    min.js') }}"></script>
14
15  <script>DD_belatedPNG.fix('*');</script>
16  <![endif]-->
17  <!--/meta 作为公共模板分离出去-->
```

上面的代码主要是引入项目所需要的样式表文件，并针对 IE 浏览器的不同版本存在的兼容性问题做了处理。

注意：引入静态样式表文件和 JS 文件的正确方法。

找到</article>到</body>之间的内容，将其修改为：

例 10-7　文章添加静态文件之引入资源文件：article_add.html

```
01  <!--_footer 作为公共模板分离出去-->
02  <script src="{{ url_for('static',filename='lib/jquery/1.9.1/jquery.
    min.js')}}"></script>
03  <script src="{{ url_for('static',filename='lib/layer/2.4/layer.js') }}">
    </script>
04  <script src="{{ url_for('static',filename='static/h-ui/js/H-ui.min.
    js') }}"></script>
05  <script src="{{ url_for('static',filename='static/h-ui.admin/js/ H-ui.
    admin.js') }}"></script>
06  <!--/_footer /作为公共模板分离出去-->
```

```
07  <!--请在下方写此页面业务相关的脚本-->
08  <script src="{{ url_for('static',filename='lib/My97DatePicker/4.8/
    WdatePicker.js') }}"></script>
09  <script src="{{ url_for('static',filename='lib/jquery.validation/
    1.14.0/jquery.validate.js') }}"></script>
10  <script src="{{ url_for('static',filename='lib/jquery.validation/
    1.14.0/validate-methods.js') }}"></script>
11  <script src="{{ url_for('static',filename='lib/ .validation/1.14.0/
    messages_zh.js') }}"></script>
12  <script src="{{ url_for('static',filename='lib/webuploader/0.1.5/
    webuploader.min.js') }}"></script>
```

以上的代码主要为了引入项目所需要的 JS 文件。

找到 autoHeightEnabled:false，将其内容修改为：

```
01  autoHeightEnabled:false,
02          'serverUrl': '/ueditor/upload/'
```

注意：上面的代码只是修改了 serverUrl 的值，将其值修改为/ueditor/upload/。

将<article class="page-container">到</article>之间的内容修改为：

例 10-7　文章添加静态文件：article_add.html

```
01  <article class="page-container">
02      <form action="{{ url_for('admin.article_add') }}" class="form
        form-horizontal" id="form-article-add" method="post">
03          <div class="row cl">
04              <label class="form-label col-xs-4 col-sm-2"><span class=
                "c-red">*</span>文章标题：</label>
05              <div class="formControls col-xs-8 col-sm-9">
06                  <input type="text" class="input-text" value=""placeholder="
                    "id="title" name="title">
07              </div>
08          </div>
09          <div class="row cl">
10              <label class="form-label col-xs-4 col-sm-2">简略标题：</label>
11              <div class="formControls col-xs-8 col-sm-9">
12                  <input type="text" class="input-text"value=""placeholder="
                    "id="shorttitle" name="shorttitle">
13              </div>
14          </div>
15          <div class="row cl">
16              <label class="form-label col-xs-4 col-sm-2"><span class=
                "c-red">*</span>分类栏目：</label>
17              <div class="formControls col-xs-8 col-sm-9"> <span class=
                "select-box">
18                  <select name="cat_id" class="select" id="cat_id" >
19                      {% if cat %}
20                      {{ cat| safe }}
21                    {% endif %}
22                  </select>
23                  </span> </div>
24          </div>
25          <div class="row cl">
```

```
26                <label class="form-label col-xs-4 col-sm-2">关键词：</label>
27                <div class="formControls col-xs-8 col-sm-9">
28                    <input type="text" class="input-text" value="
                      "placeholder="" id="keywords" name="keywords">
29                </div>
30            </div>
31            <div class="row cl">
32                <label class="form-label col-xs-4 col-sm-2">文章摘要：</label>
33                <div class="formControls col-xs-8 col-sm-9">
34                    <textarea name="description" id="description" cols="
                      "rows="" class="textarea"  placeholder="说点什么...
                      最少输入 10 个字符" datatype="*10-100" dragonfly="true"
                      nullmsg="备注不能为空！"onKeyUp="$.Huitextarealength
                      (this,200)"></textarea>
35                    <p class="textarea-numberbar"><emclass="textarea-length">
                      0</em>/200</p>
36                </div>
37            </div>
38            <div class="row cl">
39                <label class="form-label col-xs-4 col-sm-2">文章作者：</label>
40                <div class="formControls col-xs-8 col-sm-9">
41                    <input type="text" class="input-text" value="0"
                      placeholder="" id="author_id" name="author_id">
42                </div>
43            </div>
44            <div class="row cl">
45                <label class="form-label col-xs-4 col-sm-2">文章来源：</label>
46                <div class="formControls col-xs-8 col-sm-9">
47                    <input type="text" class="input-text" value="0"
                      placeholder="" id="source" name="source">
48                </div>
49            </div>
50            <div class="row cl">
51                <label class="form-label col-xs-4 col-sm-2">允许评论：</label>
52                <div class="formControls col-xs-8 col-sm-9 skin-minimal">
53                    <div class="check-box">
54                        <input type="checkbox" id="allowcomments" name=
                          "allowcomments" value="0">
55                        <label for="checkbox-pinglun"> </label>
56                    </div>
57                </div>
58            </div>
59
60    <div class="row cl">
61                <label class="form-label col-xs-4 col-sm-2">允许发布：</label>
62                <div class="formControls col-xs-8 col-sm-9 skin-minimal">
63                    <div class="check-box">
64                        <input type="checkbox" id="status" name="status"
                          value="0">
65                        <label for="checkbox-moban"> </label>
66                    </div>
67
68                </div>
69            </div>
```

```
70
71             <div class="row cl">
72                 <label class="form-label col-xs-4 col-sm-2">缩略图：</label>
73                 <div class="formControls col-xs-8 col-sm-9">
74                     <div class="uploader-thum-container">
75                         <div id="fileList" class="uploader-list"></div>
76                     <input type="text" class="input-text" id="picture"
                       name="picture" value=""/>
77         <button type="button" onClick="upImage()">上传图片</button>
78
79                     </div>
80                 </div>
81             </div>
82             <div class="row cl">
83                 <label class="form-label col-xs-4 col-sm-2">文章内容：</label>
84                 <div class="formControls col-xs-8 col-sm-9">
85                     <script id="editor" type="text/plain"style="width:
                     100%; height:300px;"></script>
86                     <script>
87         var ue = UE.getEditor("editor",{
88             'serverUrl': '/ueditor/upload/'
89         });
90          var ue = UE.getEditor('editor');
91                 ue.addListener("blur",function(){
92                     var editor=UE.getEditor('editor');
93                     var arr =(UE.getEditor('editor').getContentTxt());
94                     vardescription=document.getElementById("description");
                     //摘要 id
95                     description.value=arr.substring(0,180);
96                 })
97     </script>
98                 </div>
99             </div>
100            <div class="row cl">
101                <div class="col-xs-8 col-sm-9 col-xs-offset-4 col-sm-offset-2">
102                    <button onClick="article_save_submit();" class="btn
                    btn-primary radius" type="submit"><iclass="Hui-iconfont">
                    &#xe632; </i> 保存并提交审核</button>
103                    <button onClick="article_save();" class="btn btn-
                    secondary radius" type="button"><iclass="Hui-iconfont">
                    &#xe632;</i> 保存草稿</button>
104                    <button onClick="removeIframe();" class="btn btn-default
                    radius" type="button">  取消  
                    </button>
105                </div>
106            </div>
107        {% if errors %}
108                        {{ errors| safe }}
109                    {% endif %}
110        </form>
111    </article>
```

02 行指定表单提交地址和方式；04～81 行设定表单中文本输入框等的键和值；84 行设定 Ueditor 编辑器的宽和高度及类型；87～89 行获取 Ueditor 编辑器的实例，并规定了后台统一请求路径；90 行获取编辑器实例；91 行表示当编辑器失去焦点时，定义监听事件；92、93 行获取编辑器的内容并放入变量 attr 中；94、95 行表示获取摘要文本输入框中的内容，将编辑器中截取的 180 个字符内容作为摘要文本输入框的内容。

注意：获取 Ueditor 编辑器内容的方法，其中 getContent()函数是是获取编辑器中的内容（包含 HTML 代码）；获取编辑器里面的纯文本可以使用 GetEditor().getContentTxt()方法；使编辑器获取焦点可以使用 GetEditor().focus()方法;使编辑器失去焦点可以使用 GetEditor().blur()方法。

（2）有了静态页面之后，通过表单可以向服务器提交信息。那么接收到表单提交过来的信息后，该如何保存信息呢？保存表单提交过来的信息程序代码如下：

例 10-7　文章添加对应的视图函数：views.py

```
#添加文章
01   @bp.route('/article_add', methods=['GET','POST'])
02   @login_required
03   def article_add():
04       if request.method == 'GET':
05           categorys = Articles_Cat.query.all()          #取得所有分类
06           list = []
07           data = {}
08           for cat in categorys:
09               data = dict(cat_id=cat.cat_id, parent_id=cat.parent_id,
              cat_name=cat.cat_name)
10               list.append(data)
11           data = build_tree(list, 0, 0)
12           html = build_table(data, parent_title='顶级菜单')
13           return render_template('admin/article-add.html',cat=html)
14       else:
15           form=Article(request.form)
16           if form.validate():
17               title=request.form['title']
18               shorttitle=request.form['shorttitle']
19               cat_id=request.form['cat_id']
20               keywords = request.form['keywords']
21               description = request.form['description']
22               author_id=request.form['author_id']
23               user_id = session.get(config.ADMIN_USER_ID)
24               author_id=user_id
25               source=request.form['source']
26               allowcomments = request.form['allowcomments']
27               status = request.form.get('status')
28               picture = request.form['picture']
29               body = request.form['editorValue']
30               article1 =Articles(title=title, shorttitle=shorttitle,
              cat_id=cat_id, keywords=keywords,description=description,
              author_id=author_id,
31                               source=source,allowcomments=allowcomments,
                              status=status,picture=picture,body=body)
32               db.session.add(article1)
```

```
33                db.session.commit()
34                rows = Articles.query.filter(Articles.status == 0).all()
35                return render_template('admin/article-list.html',rows=rows)
36            else:
37                # 验证失败
38                errors=form.errors
39                return render_template('admin/article-add.html', errors=errors)
```

01 行定义路由为 article_add，指定访问方法为 GET 和 POST；02 行使用了登录要求的装饰器；03 行定义视图函数 article_add()；04 行表示如果网页请求方法为 GET 就执行 04 行下面的代码；05 行获取所有分类；06～12 行形成分类树；13 行进行模板渲染；14 行表示如果是 POST 方式提交数据，则执行 14 行以下的代码；15 行进行表单验证；17～29 行使用 request.form 方法接收表单数据；30～31 行给 article1 对象赋值；32 行执行数据的 insert 操作；33 行提交事务；35 行渲染静态页面；36～39 行表示如果表单验证出错，则将出错信息渲染给出错的页面。

注意： 读者可以先使用“127.0.0.1:5000/ueditor/upload/?action=config”这个地址来测试 UEditor 编辑器的基本配置是否成功，页面会返回百度 UEditor 编辑器程序文件下的 config.json 内容，如果没有返回相应内容，则说明配置没有成功。

运行程序，在浏览器输入 http://127.0.0.1:5000/admin/article_add，然后回车，运行结果如图 10.14 所示。

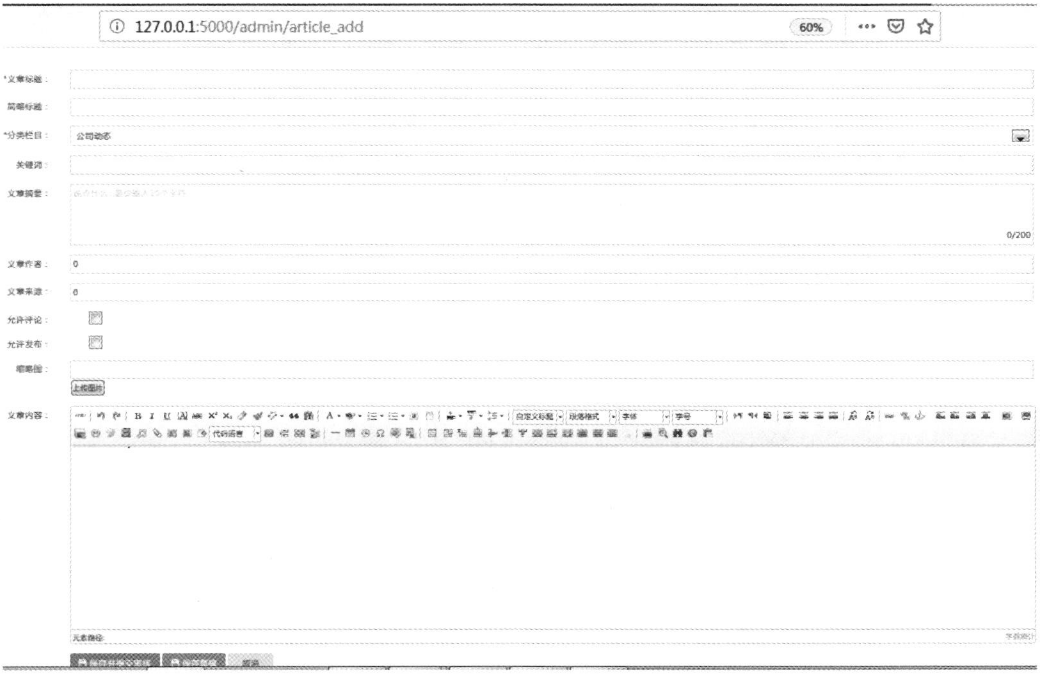

图 10.14　添加文章页面

在此页面上输入信息后提交，然后进入数据库中查看信息是否提交成功。下面输入一条信息，单击“提交”按钮，运行结果如图 10.15 所示：

9	2	加速物联网生态建设，予力全球企业转型	物联网生态建设	网络	物联网，转型	今天，世界正变成一台计算机。无处不在的计算把五花八门的传感器和数据连接起来，通过分析数据、发现洞察，...	<p class="x-hidden-focus">今天，世界正变成一台计算机。无处不在的计算把五花	0	/ueditor/files/4701fd5dbf6f42381322003c21bd7cfd.jp...	4

图 10.15　添加信息成功

10.3.2　文章的列表显示

在上一节中，我们实现了将文章添加到数据库中进行保存，如何在后台中进行列表显示是我们关心的问题，因为只有列表显示出来，才能进一步进行编辑、删除等工作。

对 templates\admin 目录下的 article-list.html 文件进行修改，修改后的文件内容如下：

例 10-8　文章的列表之静态页面：article-list.html

```
01	<!DOCTYPE HTML>
02	<html>
03	<head>
04	<meta charset="utf-8">
05	<meta name="renderer" content="webkit|ie-comp|ie-stand">
06	<meta http-equiv="X-UA-Compatible" content="IE=edge,chrome=1">
07	<meta name="viewport" content="width=device-width,initial-scale=1,
	minimum-scale=1.0,maximum-scale=1.0,user-scalable=no" />
08	<meta http-equiv="Cache-Control" content="no-siteapp" />
09	<!--[if lt IE 9]>
10	<script src="{{ url_for('static',filename='lib/html5shiv.js') }}">
	</script>
11	<script src="{{ url_for('static',filename='lib/respond.min.js') }}">
	</script>
12	<![endif]-->
13	<link rel="stylesheet" href="{{url_for('static',filename='static/h-ui
	/css/H-ui.min.css')}}">
14	<link rel="stylesheet" href="{{url_for('static',filename='static/h-ui.
	admin/css/H-ui.admin.css')}}">
15	<link rel="stylesheet" href="{{url_for('static',filename='lib/
	 Hui-iconfont/1.0.8/iconfont.css')}}">
16	<link rel="stylesheet" href="{{url_for('static',filename='static/h-ui.
	admin/skin/default/skin.css')}}" id="skin">
17	<link rel="stylesheet" href="{{url_for('static',filename='static/h-ui.
	admin/css/style.css')}}">
18	<script type="text/javascript" src="{{url_for('static',filename='
	lib/jquery/1.9.1/jquery.min.js')}}"></script>
19	<!--[if IE 6]>
20	<script src="{{ url_for('static',filename='lib/DD_belatedPNG_0.0.8a-min.
	js') }}"></script>
21	<script>DD_belatedPNG.fix('*');</script>
22	<![endif]-->
23	<title>资讯列表</title>
```

```
24      </head>
25      <body>
26      <script type="text/javascript">
27      $(document).ready(function(){
28        $("#do_search").click(function(){
29         var key=$("#searchString").val();
30         location.href="{{url_for('admin.search_list')}}?p=1&key=" +key;
31        });
32      });
33      </script>
34      <nav class="breadcrumb"><i class="Hui-iconfont">&#xe67f;</i> 首页
        <span class="c-gray en">&gt;</span> 资讯管理 <span class="c-gray en">
        &gt;</span> 资讯列表 <a class="btn btn-success radius r" style=
        "line-height:1.6em;margin-top:3px" href="javascript:location.
        replace(location.href);" title="刷新" ><i class="Hui-iconfont">
        &#xe68f;</i></a></nav>
35      <div class="page-container">
36        <div class="text-c">
37            <button onclick="removeIframe()" class="btn btn-primary
              radius">关闭选项卡</button>
38    <input type="text" name="searchString" id="searchString" placeholder=
    "资讯名称" style="width:550px" class="input-text">
39            <button name="do_search" id="do_search" class="btn btn-success"
              type="submit"><i class="Hui-iconfont">&#xe665;</i> 搜资讯
              </button>
40        </div>
41        <div class="cl pd-5 bg-1 bk-gray mt-20"> <span class="l"><a href=""
          id="delAll" class="btn btn-danger radius"><i class="Hui-iconfont">
          &#xe6e2;</i> 批量删除</a> <a class="btn btn-primary radius" data-title=
          "添加资讯" data-href="{{ url_for('admin.article_add') }}" onclick=
          "Hui_admin_tab(this)" href="{{ url_for('admin.article_add') }}">
          <i class="Hui-iconfont">&#xe600;</i> 添加资讯</a></span> <span
          class="r">共有数据: <strong>{{ total }}</strong> 条</span> </div>
42        <div class="mt-20">
43            <table class="table table-border table-bordered table-bg
              table-hover table-sort table-responsive">
44                <thead>
45                    <tr class="text-c">
46                        <th width="25"><input type="checkbox" name=""
                          value=""></th>
47                        <th width="80">ID</th>
48                        <th>标题</th>
49                        <th width="80">分类</th>
50                        <th width="80">来源</th>
51                        <th width="120">更新时间</th>
52                        <th width="75">浏览次数</th>
53                        <th width="60">发布状态</th>
54                        <th width="120">操作</th>
55                    </tr>
56                </thead>
57                <tbody>
58                 {% if rows %}
```

```
59                          {% for row in rows %}
60                      <tr class="text-c">
61                          <td><input type="checkbox" value="{{ row.aid }}"
                            name="smallBox" id="smallBox"></td>
62                          <td>{{ row.aid }}</td>
63                          <td class="text-l"><u style="cursor:pointer" class=
                            "text-primary" onClick="article_edit('查看',
                            'article-zhang.html','{{ row.aid }}')" title="查看">
                            {{ row.title }}</u></td>
64                          <td>行业动态</td>
65                          <td>H-ui</td>
66                          <td>{{ row.create_time }}</td>
67                          <td>{{ row.clicks }}</td>
68                          <td class="td-status">
69                          {% if row.status==0 %}
70                          <span class="label label-success radius">已发布
                            </span>
71                          {% else %}
72                          <span class="label label-defaunt radius">已下架
                            </span>
73                          {% endif %}
74                          </td>
75                          <td class="f-14 td-manage">
76                          {% if row.status==0 %}
77                          <a style="text-decoration:none" onClick="article_
                            stop(this,'{{ row.aid }}')" href="javascript:;"
                            title="下架"><i class="Hui-iconfont">&#xe6de;
                            </i></a>
78                          {% else %}
79                          <a style="text-decoration:none" onClick="article_
                            start(this,'{{ row.aid }}')" href="javascript:;"
                            title="发布"><i class="Hui-iconfont">&#xe603;
                            </i></a>
80                          {% endif %}86
81                          <a style="text-decoration:none" class="ml-5" href=
                            "../admin/article_edit/{{ row.aid }}" title="编辑">
                            <i class="Hui-iconfont">&#xe6df;</i></a> <a style=
                            "text-decoration:none" class="ml-5" onClick=
                            "article_del(this,'{{ row.aid }}')" href=
                            "javascript:;" title="删除"><i class="Hui-iconfont">
                            &#xe6e2;</i></a></td>
82                      </tr>
83                        {% endfor %}
84                      {% endif %}
85                  </tbody>
86              </table>
87          </div>
88      </div>
...
```

10～20 行引入相关资源文件；26～33 行表示如果检测搜索按键的单击事件，则在当前页面打开 URL 页面，并通过 URL 传递搜索关键字；41 行给批量删除设置超级链接；59～83 行循环显示服务器传递过来的数据。

🔔注意：这里的搜索是利用了 button 的单击事件，在该单击事件中，获取到了用户输入的关键字，并用 location.href 方法向服务器传递关键字。

对应的视图函数如下：

例 10-8　文章的列表之视图函数：views.py

```
01   #文章列表
02   @bp.route('/article_list', methods=['GET','POST'])
03   def article_list():
04       if request.method=='GET':
05           rows=db.session.query(Articles).filter(Articles.
             is_delete==0).all()
06           #获取总的记录
07           #total1=db.session.execute('select count(*) from jq_article
             where status=0').first()
08           total=db.session.query(func.count(Articles.aid)).filter
             (Articles.is_delete==0).scalar()
09           return render_template('admin/article-list.html',rows=rows,
             total=total,)
```

02 行定义路由，限制访问方法为 GET 和 POST 方法；03 行定义视图函数 article_list()；04 行表示如果访问方法为 GET 方法，就执行 04 行以下的代码；06 行表示取得符合条件的所有对象；07 行获取总的记录；09 行开始渲染模板。

运行程序，效果如图 10.16 所示。

条　　　　从当前数据中检索:

ID	标题	分类	来源	更新时间	浏览次数	发布状态
9	加速物联网生态建设，予力全球企业转型	行业动态	H-ui	2018-12-23 20:11:04	0	已发布
8	中国云服务企业出海五年的冰与火之歌	行业动态	H-ui	2018-12-19 21:34:23	0	已发布
7	为什么说实体零售商构建流量池是未来竞争刚需?	行业动态	H-ui	2018-12-19 21:33:57	0	已发布
6	写在Predix独立之后：中国工业互联网做对了什么	行业动态	H-ui	2018-12-19 20:33:48	0	已发布
5	新零售快讯：瑞幸咖啡9个月净亏8.6亿	行业动态	H-ui	2018-12-17 14:24:59	0	已发布

到5，共5条

图 10.16　文章列表页

10.3.3　文章的编辑修改

将 artilce_list.html 文件另存为 artilce_edit.html，将<article class="page-container">…</article>之间的内容修改为：

例 10-9　文章的编辑之静态页面：article_edit.html

```
1   <article class="page-container">
2   {% if article %}
3    <form action="{{ url_for('admin.article_edit_save') }}" class="form
     form-horizontal" id="form-article-add" method="post" type="multipart/
```

```
    form-data">
4       <div class="row cl">
5           <label class="form-label col-xs-4 col-sm-2"><span class="c-red">
            *</span>文章标题：</label>
6           <div class="formControls col-xs-8 col-sm-9">
7               <input type="text" class="input-text" value="{{ article.
                title| safe }}" placeholder="" id="title" name="title">
8           </div>
9       </div>
10          <div class="row cl">
11              <label class="form-label col-xs-4 col-sm-2">简略标题：
                </label>
12              <div class="formControls col-xs-8 col-sm-9">
13                  <input type="text" class="input-text" value="{{ article.
                    shorttitle| safe }}" placeholder="" id="shorttitle"
                    name="shorttitle">
14              </div>
15          </div>
16          <div class="row cl">
17              <label class="form-label col-xs-4 col-sm-2"><span class="c-red">
                *</span>分类栏目：</label>
18              <div class="formControls col-xs-8 col-sm-9">
19  <span class="select-box">
20                  <select name="cat_id" class="select" id="cat_id" >
21                      {% if cat %}
22                      {{ cat| safe }}
23                   {% endif %}
24                  </select>
25                  </span>
26                  <script type="text/javascript" >
27      $(function(){
28  //$("#cat_id option[value={{ article.cat_id| safe }}]").attr
    ("selected", "selected");
29     $("#cat_id  option[value={{ article.cat_id| safe }}] ").attr
       ("selected",true)       });
30  </script>
31                  </div>
32          </div>      <div class="row cl">
33              <label class="form-label col-xs-4 col-sm-2">关键词：</label>
34              <div class="formControls col-xs-8 col-sm-9">
35                  <input type="text" class="input-text" value="{{ article.
                    keywords| safe }}" placeholder="" id="keywords" name=
                    "keywords">
36              </div>
37          </div>
38          <div class="row cl">
39              <label class="form-label col-xs-4 col-sm-2">文章摘要：</label>
40              <div class="formControls col-xs-8 col-sm-9">
41                  <textarea name="description" id="description" cols="
                    "rows="" class="textarea"  placeholder="说点什么...
                    最少输入 10 个字符" datatype="*10-100" dragonfly="true"
                    nullmsg="备注不能为空！" onKeyUp="$.Huitextarealength
                    (this,200)">{{ article.description| safe }}
42
```

```
43                  </textarea>
44                  <p class="textarea-numberbar"><em class="textarea-length">
                    0</em>/200</p>
45              </div>
46          </div>
47          <div class="row cl">
48              <label class="form-label col-xs-4 col-sm-2">文章作者：</label>
49              <div class="formControls col-xs-8 col-sm-9">
50                  <input type="text" class="input-text" value="{% if
                    username %}{{ username| safe }}{% endif %}" placeholder="
                    "id="author_id" name="author_id">
51              </div>
52          </div>
53          <div class="row cl">
54              <label class="form-label col-xs-4 col-sm-2">文章来源：</label>
55              <div class="formControls col-xs-8 col-sm-9">
56                  <input type="text" class="input-text" value="{{ article.
                    source| safe }}" placeholder=""id="source"name="source">
57              </div>
58          </div>
59          <div class="row cl">
60              <label class="form-label col-xs-4 col-sm-2">允许评论：</label>
61              <div class="formControls col-xs-8 col-sm-9 skin-minimal">
62                  <div class="check-box">
63                      <input type="checkbox" id="allowcomments" name=
                        "allowcomments" checked="checked" value="0">
64                      <label for="checkbox-pinglun"> </label>
65                  </div>
66              </div>
67          </div>
68  <div class="row cl">
69              <label class="form-label col-xs-4 col-sm-2">允许发布：
                </label>
70              <div class="formControls col-xs-8 col-sm-9 skin-minimal">
71                  <div class="check-box">
72                      <input type="checkbox" id="status" name="status"
                        checked="checked" value="0">
73                      <label for="checkbox-moban"> </label>
74                  </div>
75              </div>
76          </div>
77          <div class="row cl">
78              <label class="form-label col-xs-4 col-sm-2">缩略图：</label>
79              <div class="formControls col-xs-8 col-sm-9">
80                  <div class="uploader-thum-container">
81                      <div id="fileList" class="uploader-list"></div>
82                  <input type="text" class="input-text" id="picture"
                    name="picture" value="{{ article.picture| safe }}"/>
83      <button type="button" onClick="upImage()">上传图片</button>
84                  </div>
85              </div>
86          </div>
87          <div class="row cl">
88              <label class="form-label col-xs-4 col-sm-2">文章内容：</label>
```

```
89                <div class="formControls col-xs-8 col-sm-9">
90                    <script id="editor" type="text/plain" style="width:
                      100%;height:300px;">
91                    {{ article.body| safe }}
92                    </script>
93                    <script>
94        var ue = UE.getEditor("editor",{
95            'serverUrl': '/ueditor/upload/'
96        });
97            //UE.getEditor('editor').addListener("ready", function () {
98    // editor 准备好之后才可以使用
99    //UE.getEditor('editor').setContent('提示的文字');
100    //});
101    </script>
102               </div>
103           </div>
104           <input type="hidden" id="article_id" name="article_id" value=
              "{{ article.aid| safe }}"/>
105           <input type="hidden" id="author_id_new" name="author_id_new"
              value="{{ article.author_id| safe }}"/>
106           <div class="row cl">
107               <div class="col-xs-8 col-sm-9 col-xs-offset-4 col-sm-offset-2">
108                   <button  class="btn btn-primary radius" type="submit">
                      <i class="Hui-iconfont">&#xe632;</i> 保存并提交审核
                      </button>
109                   <button onClick="article_save();" class="btn btn-
                      secondary radius" type="button"><iclass="Hui-iconfont">
                      &#xe632;</i> 保存草稿</button>
110                   <button onClick="removeIframe();" class="btn btn-default
                      radius" type="button">  取消  
                      </button>
111               </div>
112           </div>
113      {% if errors %}
114                         {{ errors| safe }}
115                      {% endif %}
116     </form>
117     {% endif %}
118  </article>
```

渲染静态页面的视图函数为：

例 10-9　文章的编辑之视图函数：views.py

```
01  @bp.route('article_edit/<id>',methods=['GET'])
02  def article_edit(id):
03     if request.method=='GET':
04                                                        #取得栏目列表
05          categorys = Articles_Cat.query.all()         #取得所有分类
06          list = []
07          data = {}
08          for cat in categorys:
09              data = dict(cat_id=cat.cat_id, parent_id=cat.parent_id,
                cat_name=cat.cat_name)
10              list.append(data)
11          data = build_tree(list, 0, 0)
```

```
12          html = build_table(data, parent_title='顶级菜单')
13          article = Articles.query.filter(Articles.aid == id).first()
                                                     #查询出要修改的记录
14          #获取用户名
15          user=Users.query.filter(Users.uid==article.author_id).first()
16          if user:
17              username = user.username
18          else:
19              username='admin'20
20          return render_template('admin/article-edit.html',article=article,
            cat=html,username=username)
```

01 行定义路由为 article_edit/id，限制其访问方法为 GET 方法；02 行定义视图函数为 article_edit()；03 行表示如果访问方法为 GET 方法，就执行下面的程序；05 行取得所有分类。

保存文章信息的视图函数为:

例 10-9　文章的编辑之保存表单信息视图函数：views.py

```
01  #保存编辑后的文章
02  @bp.route('article_edit_save',methods=['POST'])
03  def article_edit_save():
04      errors = None
05      if request.method == 'POST':
06          form = Article(request.form)
07          if form.validate():
08              id = request.form['article_id']
09              title = request.form['title']
10              shorttitle = request.form['shorttitle']
11              cat_id = request.form['cat_id']
12              keywords = request.form['keywords']
13              description = request.form['description']
14              author_id = request.form['author_id_new']
15              source = request.form['source']
16              allowcomments = request.form['allowcomments']
17              status = request.form.get('status')
18              picture = request.form['picture']
19              body = request.form['editorValue']
20              Articles.query.filter(Articles.aid == id).update(
21                  {Articles.title: title, Articles.shorttitle: shorttitle,
                    Articles.cat_id: cat_id, \
22                   Articles.keywords: keywords, Articles.description:
                     description,Articles.author_id: author_id, \
23                   Articles.source: source, Articles.allowcomments:
                     allowcomments, Articles.status: status,\
24                   Articles.picture: picture, Articles.body: body
25                   })
26              db.session.commit()
27          else:
28              # 验证失败
29              if form.errors:
30                  errors=form.errors
31              else:
32                  errors = None
33              print(errors)
34          data = {
```

```
35                 "msg": "修改成功",
36                 "success": 1,
37                 "errors":errors
38             }
39         return jsonify(data)
```

运行程序，如图 10.17 所示。

图 10.17　文章编辑页面

在此页面上，将标题“加速物联网生态建设，予力全球企业转型”修改为“加速物联网生态建设，予力全球企业转型！！”，测试是否修改成功，如图 10.18 所示。

图 10.18　文章编辑保存成功

10.3.4　文章的删除

前面的章节实现了文章的添加和编辑，根据系统的实际需要，我们需要对某条文章记录进行删除。这里实现的删除并不是真正意义上的删除，而是给某条记录打上删除标签，让后台文章列表页不可见，打上该标志的这条记录会在回收站中可见，在回收站中再让管理员确定是否物理删除。

注意： 这里的删除不是真删除，只是在文章列表中不可见而已，真正的删除功能放到了回收站中。

首先构建静态页面，在列表页中做了关于删除的超链接。代码如下：

例 10-10　文章的删除之静态页面：article-list.html

```
01  <a style="text-decoration:none" class="ml-5" onClick="article_del
    (this,'{{ row.aid }}')" href="javascript:;" title="删除"><i class=
    "Hui-iconfont">&#xe6e2;</i></a>
```

给 a 标签添加上鼠标单击事件，名称为 article_del，传递的参数为需要被删除的这条记录的 ID 号，对应的响应事件代码如下：

例 10-10　文章的删除之 JQuery 代码：article-list.html

```
01  /*资讯-删除*/
02  function article_del(obj,id){
03      layer.confirm('确认要删除吗？ ',function(index){
04          $.ajax({
05              type: 'POST',
06              url: '..{{ url_for('admin.article_del') }}',
07              data : {
08              aid : id
09              },
10              success: function(data){
11                  layer.msg('已删除!',{icon:1,time:1000});
12                  window.location.href=window.location.href;
13              },
14              error:function(data) {
15                  console.log(data.msg);
16                   alert(失败);
17                   alert(data);
18              },
19          });
20      });
21  }
```

再次确认用户是否要删除，如果用户确认要删除，就发出 ajax 请求，请求的类型为 POST，产生的链接为 admin/article_del?aid=id，传输的数据为 aid。如果成功返回数据，就提示用户已经删除该记录，并同时使用 window.location.href=window.location.href 刷新当前串口；如果出现错误，就提示出错信息。

例 10-10　文章的删除之视图函数：views.py

```
01  #删除某篇文章
02  @bp.route('article_del',methods=['GET','POST'])
03  def article_del():
04      if request.method=='POST':
05          id = request.values.get('aid')          #接收字典数据
06          db.session.query(Articles).filter_by(aid=id).update({Articles.
            is_delete:1})
07          db.session.commit()
08          data = {
09              "msg": "保存成功",
10              "success": 1
11          }
12      return jsonify(data)
```

02 行定义删除文章的路由为 article_del，指定其访问方法为 GET 和 POST；03 行定义视图函数 article_del；04 行表示如果请求网页的方法为 POST，就执行下面的代码；05 行将接收传过来的 aid 值送给 id 变量；06、07 行表示在 Articles 表中查找 aid=id 的那条记录，将其 is_delete 字段内容修改为 1；08、09 行构造返回的 data 数据；10 行返回 JSON 数据。

运行程序，运行结果如图 10.19 所示。

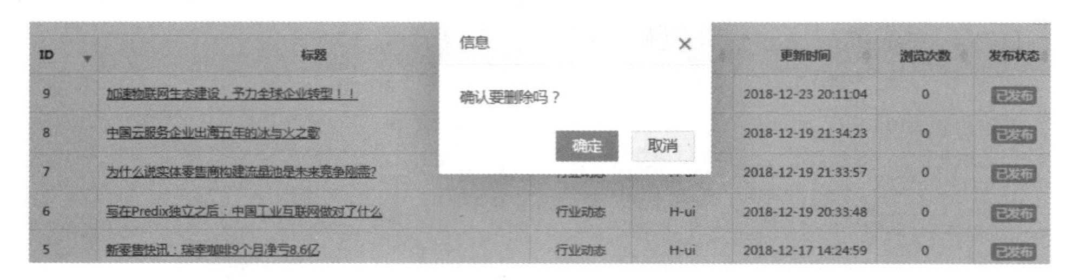

图 10.19　删除时弹出确认对话框

根据实际需要可以批量删除数据。批量删除数据的思想，就是先在 JQuery 中得到哪些选择框被选中了，然后通过 AJAX 请求把该参数传递给视图函数，视图函数接收到这些参数后，在数据库中进行相应的操作。

例 10-10　文章的删除之批量删除视图函数：views.py

```
#批量删除文章
01   @bp.route('article_all_del',methods=['GET','POST'])
02   def article_all_del():
03       if request.method=='POST':
04           id=request.values.get('aid')
05           artilces = db.session.query(Articles).filter(Articles.
             aid.in_(id)).all()
06           for art in artilces:
07               art.is_delete=1
08               db.session.commit()
09           data = {
10               "msg": "保存成功",
11               "success": 1
12           }
13       return jsonify(data)
```

01 行定义删除文章的路由为 article_all_del，指定其访问方法为 GET 和 POST；02 行定义视图函数 article_all_del；03 行表示如果请求网页的方法为 POST，就执行 04 行以下的代码；04 行将接收传过来的 aid 的值赋值给 id 变量；05 行查找 Articles 表中 aid=id 的所有记录；06～08 行遍历整个字典，将遍历到的每个对象的 is_delete 属性更改为 1；09～13 行构造返回数据 data；然后将 data 转换成 JSON 格式的数据进行返回。

在 article-list.html 中为 a 标签添加一个 id，名称为 delAll，代码如下：

例 10-10　文章的删除之批量删除 JQuery 代码：article-list.html

```
<a href="" id="delAll" class="btn btn-danger radius"><i class="Hui-
iconfont">&#xe6e2;</i> 批量删除</a>
```

接下来准备为名为 delAll 的 a 标签设置单击事件，编写下面的 JQuery 代码：

```
01  <script type="text/javascript">
02  …
03  //AJAX 批量删除
04          $("#delAll").click(function(){
05           if($("input[name=smallBox]:checked").length==0){
06           alert("请必须选择一项" );
07           }
08           else{
09           var params = "";
10        //拼接参数开始
11       $("input[name=smallBox]:checked").each(function(index,element){
12        //第一个 id 不需要加前缀
13        if(index == 0) {
14             params += "" +
15          $(this).val();
16        } else {
17             params += "," +
18          $(this).val();
19        }
20       });//拼接参数完成
21               $.ajax({
22               type: 'POST',
23               url: '..{{ url_for('admin.article_all_del') }}',
24               data : {
25                 aid : params
26             },
27               success: function(data){
28            $("input[name=smallBox]:checked").each(function () {
29                      $(this).parents('tr').remove();
30                   });
31                 window.location.href=window.location.href;
32                   layer.msg('已删除!',{icon:1,time:1000});
33
34               },
35               error:function(data) {
36                   console.log(data.msg);
37                    alert(失败);
38                    alert(data);
39               },
40           });
41        }
42   })
43
44   …
```

🔔**注意**：详细的 JQuery 代码请参阅本书配套资源。

04～06 行统计被选中的选择框数量，如果用户一个都没有选择，那么提示用户“请必须选择一项”；09～18 行表示如果用户选择有数据，就开始构造参数，如果是第一个参数，就给 params 参数拼接上选择框的值，不是第一个参数，那么参数中要加上“，”进行分割；21～38 行表示如果参数完成拼接，就发出 AJAX 请求，请求的类型为 POST

请求，请求的地址就设定为 admin/ article_all_del，传递的参数为 aid。如果数据返回成功，就删除的对象，并刷新窗口，然后弹出对话框，提示已经删除；如果返回的数据出错，则弹出出错的提示框。

更多关于文章模块中文章的下架、发布、删除、搜索等功能的实现请参阅本书的配套资源。

10.4 温故知新

1．学完本章内容后，读者需要回答：

（1）什么是无限级分类？

（2）什么是模板抽离技术？

2．在下一章中将会学习：

（1）评论信息管理。

（2）Flask 下创建分页的基本方法。

（3）评论的下架与重新发布技术。

（4）管理员操作日志和登录日志的实现。

10.5 习　　题

通过下面的习题来检验本章的学习效果，习题答案请参考本书配套资源。

【本章习题答案见配套资源\源代码\C10\习题】

1．下面的代码给出了下拉选择框，请使用 JS 或 JQuery 代码默认选择第 2 项，实现如图 10.20 所示的代码效果。

```
01     <!DOCTYPE html>
02     <html lang="zh-cn">
03    <head>
04         <meta charset="UTF-8" />
05        <title>select 下拉选择框练习</title>
06         <link rel="stylesheet" href="css/bootstrap.css">
07        <link href="https://cdn.bootcss.com/bootstrap/3.3.7/
          css/bootstrap.min.css" rel="stylesheet">
08     </head>
09     <body>
10     <div class="container" sytle="width:520px">
11      <h2>selcect 下拉选择框练习</h2>
12         <select  id =  "sel" >
13  <option  value = "1" >公司公告</option >
14  <option  value = "2" >公司招聘</option >
15  <option  value = "3" >公司招标</option >
16  </select >
```

```
17       </div>
18       </body>
19       </html>
```

selcect下拉选择框练习

公司招聘 ▾

图 10.20　select 下拉选择框默认被选中

2．下面的代码给出了复选框，请使用 JS 或 JQuery 代码默认选择第 2 项，实现如图 10.21 所示的代码效果。

```
01    <!DOCTYPE html>
02       <html lang="zh-cn">
03      <head>
04           <meta charset="UTF-8" />
05          <title>复选框练习</title>
06           <link rel="stylesheet" href="css/bootstrap.css">
07          <link href="https://cdn.bootcss.com/bootstrap/3.3.7/
         css/bootstrap.min.css" rel="stylesheet">
08          <script src="https://code.jquery.com/jquery-3.0.0.min.
         js"></script>
09       </head>
10       <body>
11       <div class="container" sytle="width:520px">
12        <h2>复选框练习</h2>
13         <form action="" method="get">
14    您都有哪些爱好？<br /><br />
15    <label><input name="Fruit" type="checkbox" value="1" />游泳 </label>
16    <label><input name="Fruit" type="checkbox" value="2" />唱歌 </label>
17    <label><input name="Fruit" type="checkbox" value="3" />跳舞 </label>
18    <label><input name="Fruit" type="checkbox" value="4" />武术 </label>
19    </form>
20          <a title="提交" href="javascript:;" onclick="danji()"
          style="text-decoration:none"><iclass="Hui-iconfont">&#xe6df;
          </i>提交获取参数</a>
21       </div>
22       </body>
23       </html>
```

复选框练习

您都有哪些爱好？

☐游泳 ☐唱歌 ☑跳舞 ☑武术

☐提交获取参数

图 10.21　复选框选中练习

第 11 章　CMS 后台基本评论及登录日志等功能的实现

本章实现后台评论的添加、评论的列表分页显示、评论的审核功能、后台管理员登录日志形成及功能实现、后台管理员操作记录日志功能等。本章主要涉及的知识点有：

- 编写分页显示评论等；
- 管理员登录、注销形成日志的方法；
- 记录管理员在后台进行增、删、改、查等敏感操作形成日志文件的方法。

11.1　评论信息管理

本节首先介绍评论展示页面的搭建，然后从数据库中取得评论的详细信息传递给静态页面并展示出来。

11.1.1　评论信息管理页面搭建

评论信息管理页面需要分页显示评论的列表，并实现评论的树形结构。在每条评论记录上显示评论的详情、评论者的信息等，并在每条评论的记录上做出评论的上线、下线和删除等操作按钮。

在 admin 目录下新建一名为 admin_articel_common_list.html 的静态文件，内容如下：

例 11-1　评论信息管理页面：admin_articel_common_list.html

```
01  {% extends 'admin/admin_base.html' %}
02  {% block title %} 评论列表{% endblock %}
03  {% block header %}{% endblock %}
04  {% block main_content %}
05  <div class="page-container">
06      <div class="mt-20">
07          <table class="table table-border table-bordered table-bg
            table-hover table-sort table-responsive">
08              <thead>
09                  <tr class="text-c">
```

```
10                  <th width="25"><input type="checkbox" name="
                    "value=""></th>
11                  <th width="80">ID</th>
12                  <th>评论</th>
13                  <th width="80">文章</th>
14                  <th width="80">评论人</th>
15                  <th width="120">评论时间</th>
16                  <th width="75">IP</th>
17                  <th width="60">状态</th>
18                  <th width="120">操作</th>
19              </tr>
20          </thead>
21          <tbody>
22  {% if datas.dic_list %}
23                  {{ datas.dic_list| safe }}
24                {% endif %}
25
26          </tbody>
27      </table>
28      <!--_分页开始-->
29      <div class="dataTables_wrapper">
30  <div class="dataTables_info" id="DataTables_Table_0_info" role=
    "status" aria-live="polite">共 {{datas.total}} 页</div>
31      <div class="dataTables_paginate paging_simple_numbers" id=
        "DataTables_Table_0_paginate">
32      {% if datas.show_shouye_status==1%}
33      <a class="paginate_button previous disabled" aria-controls=
        "DataTables_Table_0" data-dt-idx="0" tabindex="0" id=
        "DataTables_Table_0_previous" href='/admin/comment_list/? p=1' >
        首页</a>
34      <a class="paginate_button previous disabled" aria-controls=
        "DataTables_Table_0" data-dt-idx="0" tabindex="0" id=
        "DataTables_Table_0_previous" href='/admin/comment_list/?
        p={{datas.p-1}}' >上一页</a>
35  {%endif%}
36      <span><a class="paginate_button current" aria-controls=
        "DataTables_Table_0" data-dt-idx="1" tabindex="0">
        {{datas.p}}</a></span>
37       {% if datas.p < datas.total%}
38  {% if datas.is_end_page==0%}
39      <a class="paginate_button next disabled" aria-controls="DataTables_
        Table_0" data-dt-idx="2" tabindex="0" id="DataTables_Table_
        0_next" href='/admin/comment_list/?p={{datas.p+1}}'>下一页</a>
40     {%endif%}
41      <a class="paginate_button next disabled" aria-controls=
        "DataTables_Table_0" data-dt-idx="2" tabindex="0" id=
        "DataTables_Table_0_next" href='/admin/comment_list/?
        p={{datas.total}}'>尾页</a>
42        {%endif%}
43      </div>
44  </div>
45  <!--_分页结束-->
```

```
46    </div>
47    {% endblock %}
```

01 行表示引入基本模板文件 admin_base.html；02 行表示重写标题代码块；03 行表示继承模板文件 admin_base.html 的 header 块内容；06～21 行实现基本的表格，22～24 行表示把评论对应的数据库中的内容以表格的形式显示出来；28～44 行为显示分页的代码。

注意： 在分页显示评论中，如果是最后一页的话，应该是没有下一页链接的，因此要注意判断，不要显示下一页的链接。

增加相应的 JQuery 代码：

例 11-1　评论信息管理页面之 JQuery：admin_articel_common_list.html

```
01    {% block footr_css_js %}
02    <!--请在下方写此页面业务相关的脚本-->
03    <script src="{{ url_for('static',filename='lib/My97DatePicker/4.8/
      WdatePicker.js') }}"></script>
04    <!--/<script src="{{ url_for('static',filename='lib/datatables/
      1.10.0/jquery.dataTables.min.js') }}"></script>-->
05    <script src="{{ url_for('static',filename='lib/laypage/1.2/laypage.
      js') }}"></script>
06    <script type="text/javascript">
07    /*评论-删除*/
08    function comment_del(obj,id){
09        layer.confirm('确认要删除吗？',function(index){
10            $.ajax({
11                type: 'POST',
12                /*url: 'http://127.0.0.1:5000/admin/article_del/'+id,*/
13                url: '{{ url_for('admin.comment_del') }}',
14                data : {
15                aid : id
16    },
17                success: function(data){
18    layer.msg('已删除!',{icon:1,time:1000});
19                    window.location.href=window.location.href;
20                },
21                error:function(data) {
22                    console.log(data.msg);
23                     alert(失败);
24                     alert(data);
25                },
26            });
27        });
28    }
29    /*评论-下架*/
30    function comment_stop(obj,id){
31        layer.confirm('确认要下架吗？',function(index){
32         // 提交到服务器开始
33                $.ajax({
34                type: 'POST',
35                url: '{{ url_for('admin.comment_stop') }}',
36                data : {
```

```
37   aid : id
38   },
39   success: function(data){
40                if(data==''){
41   layer.msg('修改失败!',{icon: 5,time:1000});
42                 }else{
43          layer.msg('已下架!',{icon: 5,time:1000});
44   window.location.href=window.location.href;
45                 }
46               },
47               error:function(data) {
48                   console.log(data.msg);
49                   alert(data);
50               },
51          });
52          //提交到服务器结束
53      });
54   }
55   /*资讯-发布*/
56   function comment_start(obj,id){
57       layer.confirm('确认要发布吗? ',function(index){
58       // 提交到服务器开始
59               $.ajax({
60               type: 'POST',
61               url: '{{ url_for('admin.comment_start') }}',
62               data : {
63   aid : id
64   },
65   success: function(data){
66                if(data==''){
67                    alert("数据为空");
68                 }else{
69          layer.msg('已审核发布!',{icon: 5,time:1000});
70   window.location.href=window.location.href;
71                 }
72               },
73               error:function(data) {
74                   console.log(data.msg);
75                   alert(data);
76               },
77          });
78          //提交到服务器结束
79      });
80   }
81   </script>
82   {% endblock %}
```

01～06 行表示引入跟业务相关的 JS 文件；11～29 行定义评论删除函数，09 行再次向用户确认是否删除；10～16 行表示如果用户确认了，就向服务器端发出 AJAX 请求，AJAX 请求设置为 POST 请求，向服务器发送的数据为被删除评论的 id 号。comment_stop()函数表示将指定 id 对应的评论设置为下线的函数；comment_star()函数表示将指定 id 对应的评论设置为发布状态的函数。

注意：发布评论的时候，默认是用户一经发布，就显示出来。后台可以设置评论是否需要经过管理员审核才能显示出来。

有了静态页面以后，就可以从数据库中取出数据，然后将数据渲染到静态页面，进行显示处理。

但是这里还没有前端页面，因此暂时还没有办法通过前端页面来添加评论。我们可以在视图函数中来添加测试的评论数据。

例 11-1　评论信息管理添加测试数据 views.py

```
01    #评论列表
02    @bp.route('/comment_list/',methods=['GET'])
03    def comment_list():
04        #添加测试数据
05        test_commont=Comment(
06            aid=2,
07            title ="测试 1",
08            user_id = 1,
09            user_name = "admin",
10            comment = "评论数据 1",
11            status = 0,
12            parent_id = 0,
13            comment_ip = request.remote_addr
14        )
15        test_commont1 = Comment(
16            aid=2,
17            title="测试 1",
18            user_id=2,
19            user_name="admin",
20            comment="评论数据 1",
21            status=0,
22            parent_id=0,
23            comment_ip=request.remote_addr
24        )
25        test_commont2 = Comment(
26            aid=2,
27            title="测试 1",
28            user_id=1,
29            user_name="admin",
30            comment="评论数据 2",
31            status=0,
32            parent_id=1,
33            comment_ip=request.remote_addr
34        )
35        test_commont3 = Comment(
36            aid=2,
37            title="测试 1",
38            user_id=1,
39            user_name="admin",
40            comment="评论数据 3",
41            status=0,
```

```
42             parent_id=1,
43             comment_ip=request.remote_addr
44         )
45         test_commont4 = Comment(
46             aid=2,
47             title="测试 4",
48             user_id=1,
49             user_name="admin",
50             comment="评论数据 4",
51             status=0,
52             parent_id=0,
53             comment_ip=request.remote_addr
54         )
55         test_commont6 = Comment(
56             aid=2,
57             title="测试 6",
58             user_id=1,
59             user_name="admin",
60             comment="评论数据 6",
61             status=0,
62             parent_id=0,
63             comment_ip=request.remote_addr
64         )
65         test_commont7 = Comment(
66             aid=2,
67             title="测试 7",
68             user_id=1,
69             user_name="admin",
70             comment="评论数据 7",
71             status=0,
72             parent_id=0,
73             comment_ip=request.remote_addr
74         )
75         db.session.add(test_commont1)
76         db.session.add(test_commont2)
77         db.session.add(test_commont3)
78     db.session.add(test_commont4)
79     db.session.add(test_commont5)
80     db.session.add(test_commont6)
81     db.session.add(test_commont7)
82     db.session.commit()
83     return render_template('admin/admin_articel_common_list.html')
```

注意： Python 下获取用户 IP 地址的方法为 request.remote_addr。

02 行指定路由函数为 comment_list，访问方法限定为 GET 方法；03 行定义视图函数为 comment_list()，下面定义了 7 个对象，每个对象包括 aid、title、user_id、username、comment、parent_id 等属性，parent_id 属性定义该对象的父 id 是谁，然后通过 db.session.add()方法添加这 7 个对象，使用 db.session.commit()方法提交事务。

运行上面的程序，然后进入数据库查看数据是否添加成功。运行结果如图 11.1 所示。

编辑 复制 删除	5	2	测试4	1	admin	评论数据4	0	0	127.0.0.1
编辑 复制 删除	6	2	测试6	1	admin	评论数据6	-1	0	127.0.0.1
编辑 复制 删除	7	2	测试7	1	admin	评论数据7	0	0	127.0.0.1
编辑 复制 删除	8	2	测试7	1	admin	评论数据7	-1	0	127.0.0.1
编辑 复制 删除	9	2	测试7	1	admin	评论数据7	0	0	127.0.0.1
编辑 复制 删除	10	2	测试7	1	admin	评论数据7	-1	0	127.0.0.1
编辑 复制 删除	11	2	测试7	1	admin	评论数据7	0	0	127.0.0.1
编辑 复制 删除	12	2	测试7	1	admin	评论数据7	0	0	127.0.0.1

图 11.1　添加评论测试数据成功

数据添加成功以后，将添加测试数据对应的代码注释掉，代码如下：

```
# db.session.add(test_commont1)
   #db.session.add(test_commont2)
…
   #db.session.add(test_commont7)
   #db.session.commit()
```

然后在上面的代码中继续编写代码如下：

例 11-1　评论信息管理之视图函数 views.py

```
01   PAGESIZE = 2                                          #分页大小，每页显示两条
02   current_page = 1                                      #当前第几页，默认第一页
03   count = 0                                             #总记录数
04   total_page = 0                                        #一共有多少页
05   list = []                                             #列表
06   data = {}                                             #字典
07   list1=[]
08   if request.method == 'GET':
09       current_page = request.args.get("p", '') #传过来第几页数 current_page
10       show_shouye_status = 0                            #显示首页状态
11       is_end_page=0                                     #是否是尾页
12       if current_page == '':
13           current_page = 1
14       else:
15           current_page = int(current_page)
16           if current_page > 1:
17               show_shouye_status = 1
18                                                         #获取总记录数
19       count = db.session.query(func.count(Comment.id)).filter(Comment.
         parent_id == 0).scalar()
20                                                         #获取分页数
21       zone = int(count % PAGESIZE)
22       if zone == 0:
23           total_page = int(count / PAGESIZE)
24       else:
```

```
25            total_page = int(count / PAGESIZE + 1)
26        if current_page == total_page:
27            is_end_page=1
28        else:
29            is_end_page =0
30    commonts=Comment.query.filter(Comment.parent_id==0).limit(PAGESIZE).offset
    ((int(current_page) - 1) * PAGESIZE).all()
31        for row1 in commonts:
32            list1.append(row1)
33            commonts1 = Comment.query.filter(Comment.parent_id == row1.id).
             all()
34            for row2 in commonts1:
35                list1.append(row2)
36        for comment2 in list1:
37            #获取评论人用户名
38            data = dict(id=comment2.id, aid=comment2.aid, title=comment2.
             title, user_id=comment2.user_id,
39                        user_name=comment2.user_name, comment=comment2.
                        comment, \
40                        parent_id=comment2.parent_id, status=comment2.status,
                        add_time=comment2.add_time, comment_ip= comment2.
                        comment_ip)
41            list.append(data)
42        zz=creat_commont_tree(list,0,0)
43        html = creat_table(zz, parent_title='顶级菜单')
44        datas = {
45            'page_list': 'admin/comment_list/',
46            'p': int(current_page),
47            'total': total_page,
48            'count': count,
49            'show_shouye_status': show_shouye_status,
50            'is_end_page':is_end_page,
51            'dic_list': html    }
52        return render_template('admin/admin_articel_common_list.html',
         datas=datas)
```

01 行设定分页大小；02 行定义 current_page 表示当前页面值，默认是第一页；03 行表示一共的分页数目；05 行定义 list 为列表；06 行表示定义 data 为字典；07 行定义 list1 为列表；08 行表示如果访问为 GET 方法，就开始执行 08 行以下的代码；09 行使用 request.args.get()方法来接收用户请求访问的第几个页面参数 p；10 行显示首页状态；11 行定义是否是最后一页标志；12～17 行表示如果接收的请求页面参数 p 为空，则设置当前页面 current_page = 1，否则就以传递过来的页面参数 p 为 current_page 的值；16、17 行表示如果 current_page>1，则设置 show_shouye_status=1；21 行取得总的评论数放到 count 变量中；23～26 行表示取得分页总数，方法是用总的记录数除以分页大小（int(count % PAGESIZE)），如果能够被整除，分页数目就为 int(count / PAGESIZE)，否则总的分页数就为 int(count % PAGESIZE)+1。

第 30 行取得所有 parent_id=0 的记录，从(int(current_page) - 1) * PAGESIZE 的位置开始取 PAGESIZE 条记录；31、32 行遍历 commonts，然后把遍历出的对象放到列表 list1

中；第 33 行以遍历的 row1.id 等于其父 id 的对象（即查找子孙），将查找的子孙对象也加到列表 list1 中；第 36～40 行表示对 list1 列表进行遍历，然后构造字典 data；第 41 行把字典 data 放到列表 list 中。

第 42 行形成评论的树形结构；43 行形成树形结构的 html 代码；44～51 行构造分页所需要的数据字典；第 52 行渲染静态模板。

注意：这里形成评论的树形结构代码放到了 appy/admin 下的 recursion.py 文件中，需要使用 from .recursion import creat_commont_tree,creat_table 方法进行引入。

recursion.py 文件的代码如下：

例 11-1　评论信息管理之目录树代码：recursion.py

```
01  # -*- coding:utf-8 -*-
02  def creat_commont_tree(data,p_id,level=0):
03      tree = []
04      for row in data:
05          if row['parent_id'] ==p_id:
06              row['level'] = level
07              child = creat_commont_tree(data, row['id'], level+1)
08              row['child'] = []
09              if child:
10                  row['child'] += child
11              tree.append(row)
12  return tree
13  def creat_table(data, parent_title='顶级菜单'):
14      html = ''
15      for row in data:
16          splice = '├ '
17          id=row['id']
18          title=row['title']
19          comment = splice * row['level'] + row['comment']
20          parent_id=row['parent_id']
21          user_name=row['user_name']
22          status = row['status']
23          add_time=row['add_time']
24          comment_ip=row['comment_ip']
25          if status==0:
26              status="已发布"
27              status1 = "要下架？"
28              status2='&#xe6de'
29              status3="comment_stop"
30          else:
31              status="已下架"
32              status1 = "要发布？"
33              status2='&#xe603'
34              status3="comment_start"
35          tr_td = """<tr class="text-c">
36                <td><input type="checkbox" value="" name="smallBox"
                 id="smallBox"></td>
37                <td>{id}</td>
```

```
38              <td class="text-l">{comment}<u style="cursor:pointer"
                class="text-primary" onClick="comment_edit('查看','{id}','')"
                 title="查看"></u></td>
39              <td>{title}</td>
40              <td>{user_name}</td>
41              <td>{add_time}</td>
42              <td>{comment_ip}</td>
43              <td class="td-status">
44              <span class="label label-success radius">{status}</span>
45              </td>
46              <td class="f-14 td-manage">
47              <a style="text-decoration:none" onClick="{status3}
                (this,'{id}')" href="javascript:;" title="{status1}">
                <i class="Hui-iconfont">{status2};</i></a>
48              <a style="text-decoration:none" class="ml-5" onClick=
                "comment_del(this,'{id}')" href="javascript:;" title=
                "删除"><i class="Hui-iconfont">&#xe6e2;</i></a></td>
49          </tr>
50                                                   """
51      if row['child']:
52          html += tr_td.format(class_name='top_menu', title=title,
             id=id,comment=comment,status=status,status1=status1,
             status2=status2,status3=status3,parent_id=parent_id,
             add_time=add_time,comment_ip=comment_ip,user_name=
             user_name)
53          html += creat_table(row['child'], row['comment'])
54      else:
55          html += tr_td.format(class_name='',title=title,id=id,comment=
             comment,status=status,status1=status1,status2=status2,
             status3=status3,parent_id=parent_id,add_time=add_time,
             comment_ip=comment_ip,user_name=user_name)return html
```

01～12 行进行遍历，如果有子孙记录的，就在它的 child 项加上它的子孙记录；如果没有，则子孙记录就为空。13～55 行形成树结构的 html 代码。

运行程序，效果如图 11.2 所示。

ID	评论	文章	评论人	评论时间	IP	状态
1	评论数据0	测试0	admin	2018-12-26 19:42:38	127.0.0.1	已发布
3	├红烧肉的论文开头第一节是如何养猪...我以为开玩笑的，直到看了这个	测试1	admin	2018-12-26 19:48:24	127.0.0.1	已发布
4	├这有什么研发不出来的弄一壳弄两灯闪一闪就ok了，中国"首善"陈光标就是靠卖经络仪发家的	测试1	admin	2018-12-26 19:48:24	127.0.0.1	已发布
2	评论数据1	测试1	admin	2018-12-26 19:48:24	127.0.0.1	已发布

1

图 11.2　评论实现了分页

11.1.2　评论的下架和发布功能实现

对于前台用户发布的评论信息，根据需要，可以让该评论在前端页面显示，也可以不让它在前端页面显示。那么该功能如何实现呢？

这里，该功能的实质就是实现评论的下架和重新发布的功能，都使用 AJAX 无刷新来加以实现。在 recursion.py 文件中，编写如下代码：

例 11-2　评论的下架和发布之超链接：recursion.py

```
……
<a style="text-decoration:none" onClick="{status3}(this,'{id}')" href=
"javascript:;" title="{status1}"> <i class="Hui-iconfont">{status2};
</i></a>
……
```

上面的方法中给 a 标签添加了一个 onClick 事件，onClick 方法负责执行 JS 函数，href 中给了一个空的 JS 代码，地址是不会发生跳转的。

注意：a href="javascript:;" onclick="js_method()" 这个写法和 a href="javascript:void(0);" onclick="js_method()"这种写法是等价的。

上面的 onClick 到底执行了什么任务，请看下面的代码：

例 11-2　评论的下架和发布逻辑判断：recursion.py

```
01  ……
02  if status==0:
03      status="已发布"
04      status1 = "要下架？"
05      status2='&#xe6de'
06      status3="comment_stop"
07  else:
08      status="已下架"
09      status1 = "要发布？"
10     status2='&#xe603'
11     status3="comment_start"
12  ……
```

如果该对象的 status 属性等于 0，则上面的 a 标签的 onClick 事件对应的代码就变成了以下代码：

```
<a style="text-decoration:none" onClick="comment_stop(this,'6')"href=
"javascript:;" title="要下架?"><i class="Hui-iconfont">&#xe6de;</i></a>
```

上面的代码是给 a 标签加上单击事件。

注意：这里的 id 值是假设为 6，实际代码中会有真实的 id 值。

如果该对象的 status 属性等于-1，则上面的 a 标签的 onClick 事件对应的代码就变成了以下代码：

```
<a style="text-decoration:none" onClick="comment_start(this,'6')" href=
"javascript:;" title="要发布？"><i class="Hui-iconfont">&#xe603;</i></a>
```

onClick 单击事件对应的 JQuery 代码如下：

例 11-2　评论的下架和发布之 JQuery：admin_articel_common_list.html

```
01  ……
02  /*评论-下架*/
03  function comment_stop(obj,id){
04      layer.confirm('确认要下架吗？',function(index){
05       // 提交到服务器开始
06              $.ajax({
07              type: 'POST',
08              url: '{{ url_for('admin.comment_stop') }}',
09              data : {
10  aid : id },
11              success: function(data){
12               if(data==''){
13  layer.msg('修改失败!',{icon: 5,time:1000});
14                 }else{
15           layer.msg('已下架!',{icon: 5,time:1000});
16  window.location.href=window.location.href;  }
17              },
18              error:function(data) {
19                  console.log(data.msg);
20                  alert(data);
21              },
22          });
23          //提交到服务器结束
24      });
25  }
26  /*评论-发布*/
27  function comment_start(obj,id){
28      layer.confirm('确认要发布吗？',function(index){
29      // 提交到服务器开始
30              $.ajax({
31              type: 'POST',
32              url: '{{ url_for('admin.comment_start') }}',
33              data : {
34  aid : id },
35              success: function(data){
36               if(data==''){
37                   alert("数据为空");
38                 }else{
39           layer.msg('已审核发布!',{icon: 5,time:1000});
40  window.location.href=window.location.href;   `
41                 }
42              },
43              error:function(data) {
44                  console.log(data.msg);
```

```
45                    alert(data);
46                },
47            });
48            //提交到服务器结束
49        });
50    }
51    ……
```

03 行表示在 comment_stop()函数中接收传递过来的 id 值；04 行是让用户确认该操作；06 行表示如果用户进行了确认，则向服务器发起 AJAX 操作，AJAX 操作类型为 POST 操作，向服务器的请求地址为 admin.comment_stop，传递的数据为需要被下架的评论的 id 号；11～22 行表示如果服务器成功返回数据，则向用户弹出操作成功信息，并刷新网页；如果不成功，向用户弹出相关出错信息；26～51 行是评论重新发布的相关 AJAX 操作，具体操作与上面类似，这里不再赘述。

在服务器端，Python 代码要响应 AJAX 请求，对应的代码如下：

例 11-2　评论的下架和发布之视图函数：views.py

```
01  ……
02  #评论审核-下线
03  @bp.route('comment_stop/',methods=['POST'])
04  def comment_stop():
05          id = int(request.values.get('aid'))
06          db.session.query(Comment).filter_by(id=id).update({Comment.
            status: -1})
07          data = {
08              "msg": "修改成功",
09              "success": 1,
10              "errors": "错误"
11          }
12          return jsonify(data)
13  #评论审核-上线
14  @bp.route('comment_start/',methods=['POST'])
15  def comment_start():
16          id = int(request.values.get('aid'))
17          db.session.query(Comment).filter_by(id=id).update({Comment.
            status: 0})
18          data = {
19              "msg": "修改成功",
20              "success": 1,
21              "errors": "错误"
22          }
23          return jsonify(data)
24  ……
```

03 行定义路由为 comment_stop，指定访问方法为 POST 方法；04 行定义 comment_stop()视图函数；05 行使用 equest.values.get()方法接收 AJAX 传过来的 aid 值；06 行将指定对象的 status 属性更新为-1；07～11 行构造字典数据；12 行返回 JSON 数据。

14 行定义路由，指定访问方法为 POST 方法；15 行定义视图函数；16 行使用 request.

values. get()接收 AJAX 传递过来的值；17 行将指定对象的 status 属性更新为-1；18～22 行构造字典数据； 24 行返回 JSON 数据。

运行程序，结果如图 11.3 所示。

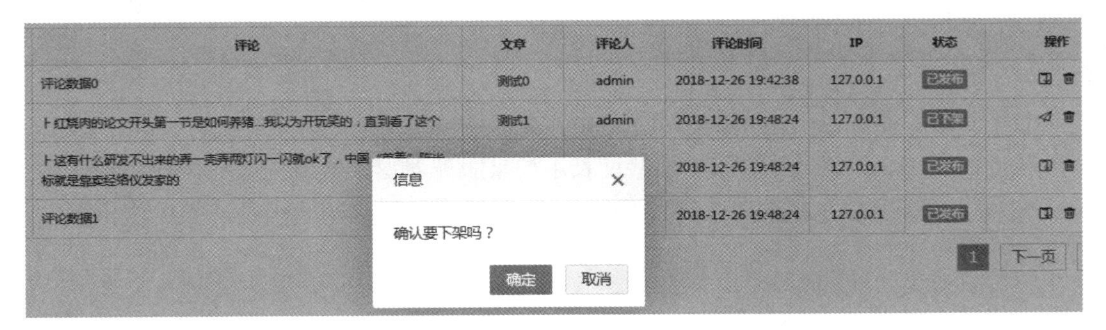

图 11.3　评论的重新发布与上线操作

11.1.3　评论的删除功能实现

有些评论信息是需要将其删除的。比如某个用户发布了大量的广告信息，我们需要对其删除。下面讨论如何实现单条记录的删除功能，而批量删除功能，请大家自行完成。

在 recursion.py 文件中编写如下代码：

例 11-3　删除评论功能的单击事件：recursion.py

```
……
<a style="text-decoration:none" class="ml-5" onClick="comment_del(this,
'{id}')" href="javascript:;" title="删除"><i class="Hui-iconfont">&#xe6e2;
</i></a></td
……
```

上面的方法中给 a 标签添加了 onClick 事件，onClick 方法负责执行 JS 函数，对应的 JQuery 代码如下：

例 11-3　删除评论功能的单击事件：admin_articel_common_list.html

```
01   /*评论-删除*/
02   function comment_del(obj,id){
03       layer.confirm('确认要删除吗？',function(index){
04           $.ajax({
05               type: 'POST',
06               url: '{{ url_for('admin.comment_del') }}',
07               data :
08           aid : id
09              },
10               success: function(data){
11                   layer.msg('已删除!',{icon:1,time:1000});
12                   window.location.href=window.location.href;
13               },
```

```
14                error:function(data) {
15                    console.log(data.msg);
16                     alert(失败);
17                     alert(data);
18                },
19            });
20        });
21    }
```

02 行定义 comment_del()函数，接收 ID 值；03 行确认用户是否要删除，如果要删除，则向服务器发出 AJAX 请求；10～13 行表示如果服务器返回数据为真，则向用户提示已经成功删除，并刷新当前页面；14～20 行表示如果服务器返回数据不成功，向用户提示相关出错信息。

服务器对应的代码如下：

例 11-3　评论删除功能的视图函数：views.py

```
01    #评论审核-删除
02    @bp.route('comment_del/',methods=['POST'])
03    def comment_del():
04            id = int(request.values.get('aid'))
05            comment1=db.session.query(Comment).filter_by(id=id).first()
06            db.session.delete(comment1)
07            db.session.commit()
08            data = {
09                "msg": "修改成功",
10                "success": 1,
11            }
12            return jsonify(data)
```

02 行定义路由，并指定访问方法为 POST 方法；03 行定义 comment_del()函数；04 行使用 request.values.get()方法接收 AJAX 传过来的值； 05 行查找符合记录的对象；06 行执行删除对象 comment1 操作；07 行提交事务操作；08～12 行构造字典数据 data，12 行以 JSON 数据格式返回 data。

注意： filter_by()筛选条件的时候，一般用的是“=”号，filter()筛选条件的时候，用的是“==”号。filter_by()不支持比较运算符号，而 filter()功能比 filter_by()强大，支持多个比较运算符号，比如 in_和 or_等。

运行代码，结果如图 11.4 所示。

图 11.4　删除数据确认操作

11.2　登录日志、操作日志等功能实现

在网站系统中，需要记录管理员有没有登录后台系统，以及登录所对应的 IP 地址、登录后进行了哪些操作，我们需要把这些信息以日志形式记录下来，然后插入到数据库中存储，为网站是否被入侵提供参考数据。

11.2.1　登录日志功能的实现

登录日志功能主要记录哪个管理员在何时、何地进行了网站的后台登录操作，哪个管理员在何时、何地进行了网站后台登录后的注销操作。要把这些操作都放到数据库中存储，首先要进行数据库的设计。

在 apps/admin 目录下的 models.py 文件中增加以下代码：

例 11-4　登录日志功能的数据库设计：models.py

```
01   #管理员登录日志
02   class Admin_Log(db.Model):
03       __tablename__ = "jq_adminlog"                        #定义表名
04       id = db.Column(db.Integer,primary_key=True)          #编号
05       #定义外键 db.Formn(dbeignKey
06       admin_id = db.Colu.Integer,db.ForeignKey('jq_user.uid'))
                                                              #所属管理员
07       operate = db.Column(db.String(300))                  #操作行为
08       ip = db.Column(db.String(100))                       #登录 IP
09       add_time = db.Column(db.DateTime,index=True,default=datetime.now)
                                                              #登录时间 ，默认时间
```

上面的代码主要实现了对管理员登录和注销这两个操作的数据库设计。02 行定义类 Admin_log（实际为定义表）；03 行对定义类（表）进行重新命名；06 行定义外键为 admin_id；07 行定义操作行为字段 operate；08 行定义登录 IP；09 行定义操作时的时间字段为 add_time。

注意：使用 default=datetime.now，需要执行如下所示的命令。

```
from datetime import datetime
```

在当前工程的虚拟环境下执行下面的命令：

```
(venv)python manager.py db migrate
(venv) python manager.py db upgrade
```

然后进入 MySQL 数据库，查看数据库是否创建成功，效果如图 11.5 所示。

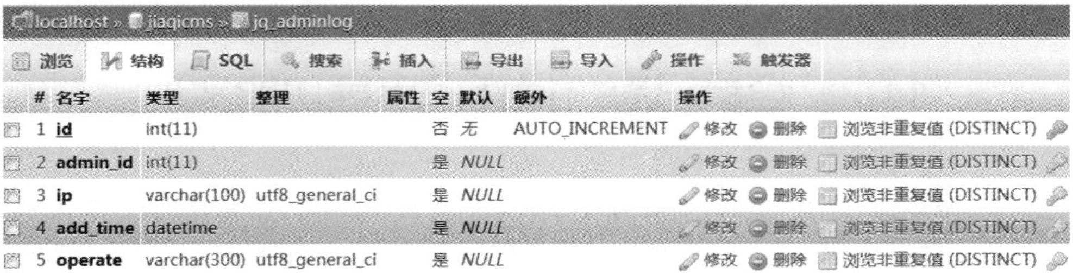

localhost » jiaqicms » jq_adminlog

浏览　结构　SQL　搜索　插入　导出　导入　操作　触发器

#	名字	类型	整理	属性	空	默认	额外	操作
1	id	int(11)			否	无	AUTO_INCREMENT	修改 删除 浏览非重复值 (DISTINCT)
2	admin_id	int(11)			是	NULL		修改 删除 浏览非重复值 (DISTINCT)
3	ip	varchar(100)	utf8_general_ci		是	NULL		修改 删除 浏览非重复值 (DISTINCT)
4	add_time	datetime			是	NULL		修改 删除 浏览非重复值 (DISTINCT)
5	operate	varchar(300)	utf8_general_ci		是	NULL		修改 删除 浏览非重复值 (DISTINCT)

图 11.5　jq_adminlog 表创建成功

有了数据表之后，我们就可以开始记录管理员的登录和注销操作，形成登录和注销日志了。

在 apps/admin/views.py 文件中，找到 login()视图函数，再找到 session[config.ADMIN_USER_ID] = users.uid 这一行代码，在该行代码下面加入如下代码：

例 11-4　登录日志功能的视图函数：views.py

```
01    #记录该操作，生成日志
02    user_id = session.get(config.ADMIN_USER_ID)
03    oplog = Admin_Log(
04        admin_id=user_id,
05        ip=request.remote_addr,
06        operate="用户:" + users.username + "进行了登录操作！"
07    )
08    db.session.add(oplog)
09    db.session.commit()
10    #记录该操作，生成日志完毕
```

02 行从 session 中获取用户的 user_id；03～07 行定义 oplog 为 Admin_Log 类型的变量，为 oplog 的 admin_id、ip 和 operate3 个属性赋值；08 行执行 db.session.add()方法添加对象；09 行提交事务。

保存上面的代码，反复用管理员账号登录和注销网站，然后进数据库查看，如果出现如图 11.6 所示的结果，则说明登录、注销日志功能已经实现了。

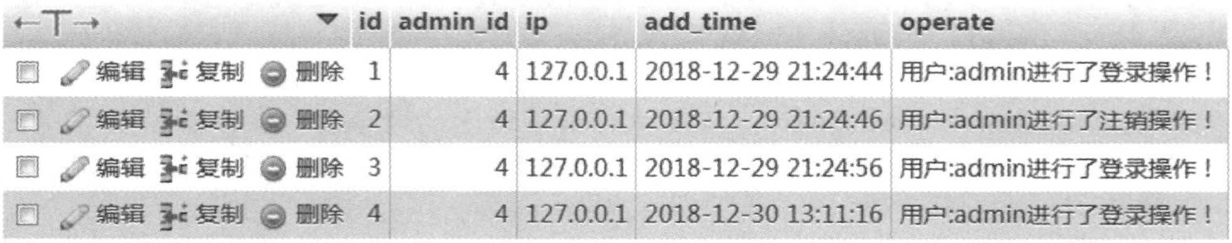

←T→	id	admin_id	ip	add_time	operate
编辑 复制 删除	1	4	127.0.0.1	2018-12-29 21:24:44	用户:admin进行了登录操作！
编辑 复制 删除	2	4	127.0.0.1	2018-12-29 21:24:46	用户:admin进行了注销操作！
编辑 复制 删除	3	4	127.0.0.1	2018-12-29 21:24:56	用户:admin进行了登录操作！
编辑 复制 删除	4	4	127.0.0.1	2018-12-30 13:11:16	用户:admin进行了登录操作！

图 11.6　管理员登录、注销日志生成

接下来是把数据库中的信息显示出来。

新建一名称为 admin_system_log.html 的静态文件，找到并打开 system-log.html 文件，

然后找到下面这行代码：

```
<nav class="breadcrumb"><i class="Hui-iconfont">&#xe67f;</i> 首页代码
```

从该行代码开始复制，复制到下面代码结束：

```
<!--_footer 作为公共模板分离出去-->
```

将上面复制的代码粘贴到 admin_system_log.html 文件的{% block main_content %}块中，然后继续在 system-log.html 文件中查找下面这行代码：

```
<script type="text/javascript" src="lib/My97DatePicker/4.8/WdatePicker.js">
</script>
```

选中该行代码并复制，复制到下面这行代码截止：

```
</script>
```

admin_system_log.html 文件的最终代码样式如下：

例 11-4　登录日志显示功能的静态文件：admin_system_log.html

```
01  {% extends 'admin/admin_base.html' %}
02  {% block title %} 系统日志{% endblock %}
03  {% block header %}{% endblock %}
04  {% block main_content %}
05  <nav class="breadcrumb"><i class="Hui-iconfont">&#xe67f;</i> 首页
06      <span class="c-gray en">&gt;</span>
07      系统管理
08      <span class="c-gray en">&gt;</span>
09      系统日志
10      <a class="btn btn-success radius r" style="line-height:1.6em;
        margin-top:3px" href="javascript:location.replace(location.
        href);" title="刷新" ><i class="Hui-iconfont">&#xe68f;</i></a>
11  </nav>
12  ……
13  {% endblock %}
14  {% block footr_css_js %}
15  <!--请在下方写此页面业务相关的脚本-->
16  <script type="text/javascript" src="{{url_for('static',filename=
    'lib/My97DatePicker/4.8/WdatePicker.js')}}"></script>
17  <script type="text/javascript" src="{{url_for('static',filename=
    'lib/datatables/1.10.0/jquery.dataTables.min.js')}}"></script>
18  <script type="text/javascript" src="{{url_for('static',filename=
    'lib/laypage/1.2/laypage.js')}}"></script>
19  <script type="text/javascript">
20  $……
21  </script>
22  {% endblock %}
```

注意： 限于篇幅，对 admin_system_log.html 文件中的代码进行了省略，详细的 admin_system_log.html 文件请参阅配套资源。

01 行继承基本模板文件 admin_base.html；02 行重写 title 块；04 行是向 main_content 块中追加 HTML 网页内容；14 行是在 footr_css_js 代码块中引入相关的 JS 文件。

注意：这里引入的 WdatePicker.js 等 JS 文件一定要进行修改，使用 url_for 方式进行引入。

在 apps/admin/views.py 文件中新增如下代码：

例 11-4　登录日志显示功能的视图文件：views.py

```
01   #登录日志列表
02   @bp.route('/admin_log_list/',methods=['GET','POST'])
03   def admin_log_list():
04       if request.method=='GET':
05           return  render_template('admin/admin_system_log.html')
```

02 行定义路由，指定访问方法为 GET 和 POST 方法；03 行定义 admin_log_lis()视图函数；04、05 行表示如果访问方法为 GET 方法，就渲染 admin_system_log.html 文件。

找到 base.html 文件并打开，找到如下代码：

```
<li><a data-href="system-log.html" data-title="系统日志" href="javascript:
void(0)">系统日志</a></li>
```

将其修改如下：

```
<li><a data-href="{{ url_for('admin.admin_log_list') }}" data-title="系统日志"
href="javascript:void(0)">系统日志</a></li>
```

保存并运行代码，运行结果如图 11.7 所示。

图 11.7　搭建登录日志列表静态页面

接下来准备把数据中相应的内容取出来，然后放到静态页面中显示出来。

将视图函数 admin_log_list 修改如下：

```
01   if request.method=='GET':
02       list=[]
03       data={}
04       admin_logs=db.session.query(Admin_Log).filter(Admin_Log.id>0).all()
```

```
05        for v in admin_logs:
06            user = db.session.query(Users).filter(Users.uid == v.admin_id).
              first()
07            data={
08                'id':v.id,
09                'operate':v.operate,
10                'ip': v.ip,
11                'add_time': v.add_time,
12                'user_name':user.username
13            }
14            list.append(data)
15        return  render_template('admin/admin_system_log.html',list=list)
```

注意：data 定义为字典、list 定义为列表，把遍历出的每个对象的多个属性放到字典中，然后把多个对象依次放到 list 列表中。本书中多次用到了这个方法。

02 行定义 list 为列表；03 行定义字典 data；04 行获取符合条件的对象；05 行遍历记录集；06 行根据 admin_id 取得用户对象；07～13 构造数据字典 data；14 行将字典 data 追加到列表 list 中；15 行渲染模板并将列表 list 传递到静态模板文件中。

打开 admin_system_log.html 文件，找到“</thead>”这行代码，然后修改<tbody>代码为如下代码：

例 11-4　登录日志显示功能的静态文件：admin_system_log.html

```
01  {% for v in list %}
02              <tr class="text-c">
03                  <td><input type="checkbox" value="" name=""></td>
04                  <td>{{v.id}}</td>
05                  <td>1</td>
06                  <td>{{v.operate}}</td>
07                  <td>{{v.user_name}}</td>
08                  <td>{{v.ip}}</td>
09                  <td>{{v.add_time}}</td>
10                  <td><a title="详情" href="javascript:;" onclick=
                    "system_log_show(this,'10001')" class="ml-5" style=
                    "text-decoration:none"><i class="Hui-iconfont">
                    &#xe665;</i></a>
11                      <a title="删除" href="javascript:;" onclick=
                        "system_log_del(this,'10001')" class="ml-5"
                        style="text-decoration:none"><i class="Hui-
                        iconfont">&#xe6e2;</i></a></td>
12              </tr>
13              {% endfor %}
```

01 行是将 list 列表进行遍历；03～09 行显示 id、用户名等相关信息。

运行程序，效果如图 11.8 所示。

	7	1	用户:admin进行了登录操作！	admin	127.0.0.1	2018-12-30 17:04:31	
	6	1	用户:admin进行了登录操作！	admin	127.0.0.1	2018-12-30 16:07:58	
	5	1	用户:admin进行了登录操作！	admin	127.0.0.1	2018-12-30 14:51:15	
	4	1	用户:admin进行了登录操作！	admin	127.0.0.1	2018-12-30 13:11:16	
	3	1	用户:admin进行了登录操作！	admin	127.0.0.1	2018-12-29 21:24:56	
	2	1	用户:admin进行了注销操作！	admin	127.0.0.1	2018-12-29 21:24:46	

图 11.8　将登录日志进行列表显示

接下来介绍如何实现单条记录的删除操作。

找到 admin_system_log.html 文件，将下面的代码删除：

```
<a title="详情" href="javascript:;" onclick="system_log_show(this,'10001')"
class="ml-5" style="text-decoration:none"><i class="Hui- iconfont">&#xe665;
</i></a>
```

注意：这里列表中已经将登录日志详情展示完毕，不需要另外的详情展示页面了，所以将详细展示页面删除。

找到下面代码：

```
<a title="删除" href="javascript:;" onclick="system_log_del(this,'10001')"
class="ml-5" style="text-decoration:none"><iclass="Hui-iconfont">&#xe6e2;</i></a>
```

将其修改为：

```
<a title="删除" href="javascript:;" onclick="system_log_del(this, '{{v.id}}')"
class="ml-5" style="text-decoration:none"><i class= "Hui-iconfont">&#xe6e2;
</i></a>
```

在 admin_system_log.html 文件中找到 function system_log_del(obj,id){这行代码，将其修改为如下代码：

例 11-4　登录日志显示功能的 JQuery：admin_system_log.html

```
01   /*日志-删除*/
02   function system_log_del(obj,id){
03       layer.confirm('确认要删除吗？',function(index){
04           $.ajax({
05               type: 'POST',
06               url: '{{ url_for('admin.admin_log_del') }}',
07               data : {
08              aid : id
09               },
```

```
10                success: function(data){
11                    $(obj).parents("tr").remove();
12                    layer.msg('已删除!',{icon:1,time:1000});
13                },
14                error:function(data) {
15                    console.log(data.msg);
16                },
17            });
18        });
19    }
```

02 行定义 system_log_del()函数；03 行确认用户是否要真的删除；04～09 行向服务器发出 AJAX 请求，向服务器传递要删除的日志记录的 id；10～19 行是如果返回数据成功，则向用户提示“已删除”信息，否则向用户提示出错的相关信息。

在 apps/admin/views.py 文件中新增如下代码：

例 11-4　登录日志删除功能视图函数：views.py

```
#删除指定登录日志
01    @bp.route('/admin_log_del/',methods=['GET','POST'])
02    def admin_log_del():
03        id = int(request.values.get('aid'))
04        comment1 = db.session.query(Admin_Log).filter_by(id==id).first()
05        db.session.delete(comment1)
06        db.session.commit()
07        list = []
08        data = {}
09        admin_logs = db.session.query(Admin_Log).filter(Admin_Log.id >0).
          all()
10        for v in admin_logs:
11            user = db.session.query(Users).filter(Users.uid = v.admin_id).
              first()
12            data = {
13                'id': v.id,
14                'operate': v.operate,
15                'ip': v.ip,
16                'add_time': v.add_time,
17                'user_name': user.username
18            }
19            list.append(data)
20        return render_template('admin/admin_system_log.html',list=list)
```

01 行定义路由，指定访问方法为 GET 和 POST 方法；02 行定义视图函数 admin_log_del()；03 行使用 request.values.get()方法接收传递过来的 id 值；04 行筛选出适合条件的记录；05 行删除该记录；06 行提交事务操作；07～20 行读取数据库中的管理登录日志并渲染静态网页。

运行程序，弹出如图 11.9 所示对话框，再单击“确定”按钮，查看该记录是否被删除。

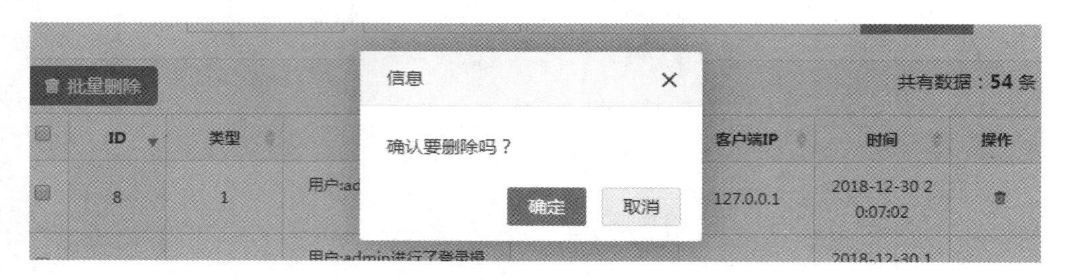

图 11.9　确认是否删除登录日志

11.2.2　登录日志批量删除功能的实现

随着时间的推移，系统的登录日志及注销日志的相关记录在数据库中越来越多，需要有批量删除功能将不需要的记录删除。

下面首先介绍批量删除日志功能如何实现。

在 admin_system_log.html 文件中找到如下代码：

```
<a href="javascript:;" onclick="datadel()" class="btn btn-danger radius">
<i class="Hui-iconfont">&#xe6e2;</i> 批量删除</a>
```

将其修改为如下代码：

例 11-5　登录日志批量删除功能单击事件设置：admin_system_log.html

```
<a href="javascript:;" onclick="system_log_all_del()" class="btn
btn-danger radius"><i class="Hui-iconfont">&#xe6e2;</i> 批量删除</a>
```

对应的 system_log_all_del()单击事件代码如下：

例 11-5　登录日志批量删除功能单击事件 JQuery 代码：admin_system_log.html

```
01    ……
02    /*登录日志-批量删除*/
03    function system_log_all_del(){
04    layer.confirm('确认要删除吗？',function(index){
05    //首先获取选择了多少个要删除的记录
06    if($("input[name=smallBox]:checked").length==0){
07            layer.msg('请必须选择一项!',{icon:1,time:1000});
08            }
09    else{
10    var params = "";
11    $("input[name=smallBox]:checked").each(function(index,element){
12          //第一个 id 不需要加前缀
13          if(index == 0) {
14              params += "" +
15            $(this).val();
16          }
17          else {
```

```
18          //params += "&id=" +
19          params += "," +
20           $(this).val();
21        }
22      });//拼接参数完成
23   //AJAX 请求开始
24   $.ajax({
25               type: 'POST',
26               url: '{{ url_for('admin.system_log_all_del') }}',
27               data : {
28                 aid : params
29              },
30               success: function(data){
31            $("input[name=smallBox]:checked").each(function () {
32                   $(this).parents('tr').remove();
33                 });
34                 window.location.href=window.location.href;
35                   layer.msg('已删除!',{icon:1,time:1000});
36               },
37               error:function(data) {
38                   console.log(data.msg);
39                    alert(失败);
40                    alert(data);
41               },
42          });
43
44   //AJAX 请求结束
45   }
46   });
47   }
48   ......
```

注意：31 和 32 行代码表示可以不移除当前元素，因为 34 行直接刷新了当前网页。

第 03 行定义 system_log_all_del()函数；04 行让用户确认是否真的要执行删除操作；06～08 行表示如果用户没有选择任何一项要删除的日志，则提示用户至少要选择一项；第 10 行初始化参数变量 params 为空；11 行遍历选择框有多少个被选中了；13～15 行表示如果是第一个选择框，参数的形式为 60(60 表示要选择的 ID 号)；17～22 行表示如果不是第一个选择框，则参数的形式为“,61,62”（加上了逗号）；24～29 行向服务器发出 AJAX 请求，请求类型为 POST 请求，传递参数为构造的 params 参数；30～36 行表示如果服务器返回数据成功，则提示用户“已删除”信息，并刷新当前页面，如果不成功的话，则向用户提示相关出错信息。

在服务器端，对应的代码如下：

例 11-5　登录日志批量删除功能视图函数：views.py

```
01   #批量删除指定登录日志
02   @bp.route('/system_log_all_del/',methods=['POST'])
03   def system_log_all_del():
04       list1=[]
```

```
05        id=str(request.values.get('aid'))
06        id=id.strip(',').split(',')   #实现字符串转换成列表，实现 str 转换 list
07        adminlog = db.session.query(Admin_Log).filter(Admin_Log.id.in_(id)).
          all()
08        for v in adminlog:
09            db.session.delete(v)
10            db.session.commit()
11        data = {
12            "msg": "修改成功",
13            "success": 1
14        }
15        return jsonify(data)
16        return redirect(url_for('admin_log_list'))
```

02 行定义路由，并指定访问方法为 POST 方法；03 行定义视图函数 system_log_all_del()；04 行定义列表 list1；05 行使用 request.values.get()方法获取传递过来的 aid 的值；06 行将 id 字符串转成列表；07 行使用 filter(Admin_Log.id.in_(id))筛选出符合条件的对象集；08 行使用 for 循环遍历整个对象集；09 行逐一删除对象；10 行提交删除事务；11～14 行构造字典 data；第 15 行以 JSON 数据格式返回数据 data；16 行是网页重定位到系统登录日志列表页面。

运行上面的程序，效果如图 11.10 所示。

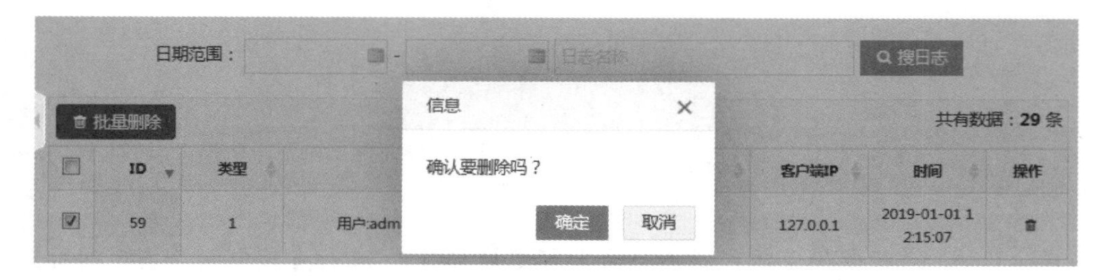

图 11.10　批量删除对话框

单击“确定”按钮后，确认数据是否被删除。

11.3　温 故 知 新

1．学完本章内容后，读者需要回答：

（1）在分页技术中，如何计算分页数量？

（2）在分页技术中，如何判断当前页面有无上一页面？当前页面有无下一页面？

2．在下一章中将学习：

（1）角色、权限在数据库中的表示。

（2）角色、权限的添加、修改和编辑操作。

（3）基于角色访问控制功能的基本实现。

11.4　习　　题

通过下面的习题来检验本章的学习情况，习题答案请参考本书配套资源。

【本章习题答案见配套资源\源代码\C11\习题】

1．从某个表中共取得记录数 count=77，要求分页大小为 10，请给出一共被分成了多少页的 Python 代码。

2．实现日志的模糊搜索功能。

第 12 章　基于角色的访问控制功能实现

本章实现后台管理员可以分为不同的角色，登录后台进行网站管理的功能。角色不同，管理权限就不同，给不同的用户定义不同的角色，让用户行使不同的权利。本章主要涉及的知识点有：

- 角色和权限的数据库定义。
- 角色和权限的增、删、改、查。
- 基于角色的访问控制功能。

12.1　权限、角色、用户的数据库设计

基于角色的权限控制就是通过角色来控制登录用户访问不同的模块。本节首先介绍权限、角色和用户在数据库中的表示，建立这 3 个表之间的映射关系。设计好权限、角色和用户的关系数据库，是我们实现基于角色的访问控制功能的基础。

首先定义权限表，类名为 Auth，别名为 jq_auth，主要用来设置多种权限。

例 12-1　权限表设计：models.py

```
01   #定义权限数据模型
02   class Auth(db.Model):
03       __tablename__ = "jq_auth"
04       id = db.Column(db.Integer, primary_key=True)        #编号
05       name = db.Column(db.String(100), unique=True)       #名称
06       url = db.Column(db.String(255), unique=True)        #权限地址
07       add_time = db.Column(db.DateTime, index=True, default=datetime.
         utcnow)                                             #添加时间
```

02 行表示定义权限类；03 行表示权限对应的表名取为 jq_auth；04 行表示权限的 ID 号；05 行表示权限的名称；06 行表示权限的 url（实际上就是某个视图函数的路由）；06 行表示权限的地址，07 行表示权限的添加时间。

注意： 这里一种权限对应的是一个基本的路由，一个路由实际对应的是一个视图函数。

接下来定义角色表，相应定义如下：

例 12-1　角色表设计：models.py

```
01   #定义角色数据模型
02   class Role(db.Model):
03       __tablename__ = "jq_role"
04       id = db.Column(db.Integer, primary_key=True)    #编号
05       name = db.Column(db.String(100), unique=True)   #角色名称
06       auths = db.Column(db.String(600))               #权限列表
07       add_time = db.Column(db.DateTime, index=True, default=datetime.
         utcnow)                                         #添加时间
08       admins=db.relationship("Users",backref='jq_role')
```

02 行表示角色的类名；角色表取别名为 jq_role；05 行表示角色名称；06 行表示权限列表；07 行表示角色的添加时间；08 行表示方向引用。

需要修改用户表，修改后的定义如下：

例 12-1　角色表设计：models.py

```
01   class Users(db.Model):
02       __tablename__='jq_user'
03       uid=db.Column(db.Integer,primary_key=True,autoincrement=True)
04        username=db.Column(db.String(50),nullable=False,unique=True)
                                              #用户名不能为空,而且必须是唯一的
05           _password = db.Column(db.String(100), nullable=False)
                                              #密码不能为空
06       email=db.Column(db.String(50),nullable=False,unique=True)
                                              #用户邮箱不能为空,而且必须是唯一的
07       is_super = db.Column(db.SmallInteger) #是否为超级管理员，0 为超级管理员
08       role_id = db.Column(db.Integer, db.ForeignKey('jq_role.id'))
                                              #所属角色
09       reg_time=db.Column(db.DateTime,default=datetime.now)
10       articles = db.relationship("Articles", lazy="dynamic")
                                              #一个栏目对应多个文章
```

07 行表示增加是否是超级管理员字段；08 行表示定义外键，关联角色表。

在当前工程的虚拟环境下执行以下命令：

```
(venv) python manager.py db migrate
(venv) python manager.py db upgrade
```

在 MySQL 下查看数据库是否已经成功创建，如图 12.1 所示，权限、角色和用户 3 个表格已创建成功。

alembic_version	浏览	结构	搜索	插入	清空	删除	1 MyISAM	utf8_general_ci	2 KB	-
article_tag	浏览	结构	搜索	插入	清空	删除	0 MyISAM	utf8_general_ci	1 KB	-
jq_adminlog	浏览	结构	搜索	插入	清空	删除	70 MyISAM	utf8_general_ci	12 KB	-
jq_article	浏览	结构	搜索	插入	清空	删除	9 MyISAM	utf8_general_ci	134.7 KB	-
jq_article_category	浏览	结构	搜索	插入	清空	删除	7 MyISAM	utf8_general_ci	2.6 KB	96 字节
jq_auth	浏览	结构	搜索	插入	清空	删除	8 MyISAM	utf8_general_ci	3.4 KB	-
jq_comment	浏览	结构	搜索	插入	清空	删除	27 MyISAM	utf8_general_ci	4.1 KB	20 字节
jq_oplog	浏览	结构	搜索	插入	清空	删除	7 MyISAM	utf8_general_ci	4.5 KB	-
jq_role	浏览	结构	搜索	插入	清空	删除	5 MyISAM	utf8_general_ci	6.5 KB	60 字节
jq_tag	浏览	结构	搜索	插入	清空	删除	0 MyISAM	utf8_general_ci	1 KB	-
jq_user	浏览	结构	搜索	插入	清空	删除	3 MyISAM	utf8_general_ci	6.4 KB	-

图 12.1　权限、角色等 3 个表格创建成功

12.2　权 限 管 理

本节首先实现权限的添加、编辑和删除 3 个功能。除了实现这 3 个基本的功能之外，还实现权限的列表分页显示功能。

12.2.1　添加权限

首先实现前端 HTML 页面的搭建，在 templates\admin 目录下新建立一个名称为 admin_add_permission.html 的文件，在里面主要存放表单，用于提交各种权限，其具体代码如下：

例 12-2　权限的添加静态文件：admin_add_permission.html

```
01   {% include "admin/admin_common_header.html" %}
02   <title>{% block title %}添加权限 - 管理员管理 {% endblock %}</title>
03   {% block header %}{% endblock %}
04   <meta name="keywords" content="">
05   <meta name="description" content="">
06   </head>
07   <body>
08   {% block head %}{% endblock %}
09   <h1>{% block page_title %}{% endblock %}</h1>
10   {% block main_content %}
11   <article class="page-container">
12       <div class="form form-horizontal" id="form-admin-add" >
13       <div class="row cl">
14           <label class="form-label col-xs-4 col-sm-3"><span class="c-red">
             </span>上级分类：</label>
15           <div class="formControls col-xs-8 col-sm-9">
16                <select name="parent_id" id="parent_id" class=
                 "selectpicker show-tick form-control">
17           <option value="0">无</option>
18                         </select>
19           </div>
20       </div>
21       <div class="row cl">
22           <label class="form-label col-xs-4 col-sm-3"><span class=
             "c-red"></span>权限名称：</label>
23           <div class="formControls col-xs-8 col-sm-9">
24               <input type="text" class="input-text" value=""placeholder=""
                id="name" name="name"/>
25           </div>
26       </div>
27       <div class="row cl">
```

```
28            <label class="form-label col-xs-4 col-sm-3"><spanclass="c-red">
              </span>权限 URL：</label>
29            <div class="formControls col-xs-8 col-sm-9">
30                <input type="text" class="input-text" autocomplete="off"
                  value="" placeholder="权限地址" id="url" name="url"/>
31            </div>
32        </div>
33        <div class="row cl">
34            <label class="form-label col-xs-4 col-sm-3"><spanclass="c-red">
              </span>是否显示：</label>
35            <div class="formControls col-xs-8 col-sm-9">
36                 <select name="status" id="status" class="selectpicker
                   show-tick form-control">
37            <option value="0">是</option>
38             <option value="-1">否</option>
39                           </select>
40            </div>
41        </div>
42        <div class="row cl">
43            <div class="col-xs-8 col-sm-9 col-xs-offset-4 col-sm-offset-3">
44                <button id="submit" neme="submit" class="btn btn-primary
                  radius" onclick="danji()" type="submit">提交</button>
45            </div>
46        </div>
47        </div>
48    </article>
49    {% endblock %}
50    {% include "admin/admin_common_footer.html" %}
51    {% block footr_css_js %}
52    <!--_footer 作为公共模板分离出去-->
53    <script src="{{ url_for('static',filename='lib/jquery/1.9.1/jquery.min.
      js') }}"></script>
54    ……
55    <!--/请在上方写此页面业务相关的脚本-->
56    </body>
57    {% endblock %}
58    </body>
59    </html>
```

01 行表示引入头文件模板，02 行表示设置页面标题；10～40 行定义权限提交的表单。第 44 行定义 button 的 onclick 事件为 danji()。

上面 button 的 onclick 事件对应的 JQuery 代码如下：

例 12-2　权限的添加 JQuery 代码：admin_add_permission.html

```
01    <script type="text/javascript">
02    function danji(){
03    var name = $("#name").val();
```

```
04  var url = $("#url").val();
05  var parent_id = $("#parent_id").val();
06  var status = $("#status").val();
07      $.ajax({
08                type: 'POST',
09                url: '{{ url_for('admin.admin_add_permission') }}',
10                data : {
11                  name : name,
12                  url:url,
13                  parent_id:parent_id,
14                  status:status,
15              },
16                success: function(data){
17                  if(data.status==200){
18                    layer.msg('已添加成功!',{icon:1,time:2000});
19                    var index = parent.layer.getFrameIndex(window.name);
                      //关闭窗口
20                    setTimeout("parent.layer.closeAll()",2000);//parent.
                      layer.closeAll()方法有效                        }
21                },
22                error:function(data) {
23                    console.log(data.msg);
24                },
25          });
26  }
27  </script>
```

02 行表示定义 danji()函数；03 行表示取得 id 号为 name 的文本输入框的值；04 行表示取得 id 号为 url 的文本输入框的值；05 行表示取得 id 号为 parent_id 的文本输入框的值；06 行表示取得 id 号为 status 的文本输入框的值；07～15 行表示向服务器发出 AJAX 请求，08 行表示请求类型为 POST 请求，09 行表示服务器请求地址，10～14 行表示向服务器提交数据。15 行表示如果服务器返回数据成功，则向用户提示已经成功提交数据，并关闭当前窗口。

服务器端接收 AJAX 并响应的代码如下：

例 12-2　权限的添加视图函数：views.py

```
#添加权限
01  @bp.route('/admin_add_permission/',methods=['GET','POST'])
02  def admin_add_permission():
03      if request.method=='GET':
04          auths =Auth.query.order_by(Auth.id.desc()).all()
                                                    #取得所有权限分类
05          list = []
06          data = {}
07          for cat in auths:
08              data = dict(id=cat.id, parent_id=cat.parent_id, name=
               cat.name)
09              list.append(data)
10          data = build_auth_tree(list, 0, 0)
11          html = build_auth_table(data, parent_title='顶级菜单')
12          return render_template('admin/admin_add_permission.html',
```

```
                message=html)
13          else:
14              #表单验证
15              forms=Checek_Auth(request.form) #从 form 中导入 Auth
16              if forms.validate():     #提交的时候进行验证，如果数据能被所有验证函
                                          数接受，则返回 true，否则返回 false
17                  datas = forms.data              #获取 form 数据信息
18                  auth1=Auth(
19                      name=datas['name'],
20                      url=datas['url'],
21                      parent_id=datas['parent_id'],
22                      status=datas['status'],
23                  )
24                  db.session.add(auth1)
25                  db.session.commit()
26                  data = {
27                      "msg": "提交成功",
28                      "status":"200"
29                  }
30              else:
31                  data = {
32                      "msg": "表单验证失败",
33                      "status": "202"
34                  }
35          return jsonify(data)
```

01 行表示定义路由，并指定其访问方法；02 行表示定义 admin_add_permission()视图函数；03 行表示如果访问请求为 GET 方法，则执行 03 行以后的代码；04 行表示取得所有权限分类；05 行定义列表 list；06 行定义字典 data；07 行遍历对象 auths；08 行表示构造字典 data 的内容；10 行表示把字典内容添加到列表 list 中；11 行表示得到权限的目录树；12 行表示将数据传递到静态页面，并渲染静态页面。

注意： 关于生成权限目录树的方法，前面已经作了介绍，这里不再介绍。build_auth_tree()和 build_auth_table()函数写在了 recursion 文件中，注意引入。

13 行表示为 POST 方式访问时，则执行 14 行以后的代码；16 行表示验证表单，如果表单验证通过，则执行 17 行以后的代码；18～23 行创建一个类型为 Auth 的类型对象 auth1，并给其属性赋值；24 行表示添加对象；25 行表示提交数据库插入事务；26～29 行构造数据返回成功的数据 data；30～34 行构造表单没有验证通过数据 data；35 行表示返回 JSON 数据 data。

数据传递给静态页面后，要遍历并显示出来，找到如下代码：

```
<option value="0">无</option>
```

在其下添加以下代码：

```
01   {% if message %}
02   {{ message| safe }}
03   {% endif %}
```

01 行表示如果 message 不为空，则执行 01 行以后的代码；02 行表示显示内容。

运行程序，测试数据是否能成功提交到数据库，结果如图 12.2 所示。

←T→	id	name	url	parent_id	add_time	status
编辑 复制 删除	1	内容管理	/admin/article_content_menu/	0	2019-01-05	0
编辑 复制 删除	2	添加栏目	/admin/article_cat_add/	1	2019-01-05	0
编辑 复制 删除	3	栏目列表	/admin/article_cat_list/	1	2019-01-05	0
编辑 复制 删除	4	栏目编辑	/admin/article_cat_edit/<id>/	1	2019-01-05	-1
编辑 复制 删除	5	栏目保存	/admin/article_cat_save/	1	2019-01-05	-1
编辑 复制 删除	6	添加文章	/admin//article_add	1	2019-01-05	0
编辑 复制 删除	7	系统管理	/admin/system_admin/	0	2019-01-06	0
编辑 复制 删除	8	登录日志	/admin/admin_log_list/	7	2019-01-06	0

图 12.2　权限被成功添加到数据库中

12.2.2　权限的列表显示

权限被添加到数据库中以后，我们要将其显示出来，并且最好能分页显示。我们的基本思路为，首先取得响应的数据，然后进行模板的渲染和显示。

服务器端对应的代码如下：

例 12-3　权限的列表视图函数：views.py

```
#权限列表
01   @bp.route('/admin_permission/')
02   def admin_permission():
03       page = int(request.args.get('page', 1))
04       paginate=Auth.query.order_by(Auth.id.desc()).paginate(page,4)
05       arts = paginate.items
06       return render_template('admin/admin_permission.html',paginate=
         paginate,arts=arts)
```

注意：paginate(page,4)中的 page 表示当前页面，4 表示分页大小。

01 行表示定义路由，并允许默认的 GET 方法；02 行表示定义 admin_permission()视图函数；03 行表示使用 request.args.get()方法接收传递过来的当前页面；04 行表示使用 paginate()方法获取分页数据，也就是获取所有分页对象；05 行表示将分页数据放到了 arts 列表中；06 行表示传递数据并渲染模板。

注意：这里使用了 flask_paginate 分页技术，请先按下面命令进行安装。

```
(venv) pip install flask_paginate
```

在 templates\admin 目录下新建立一个名称为 admin_permission.html 的文件，其代码如下：

例 12-3　权限的列表静态文件：admin_permission.html

```
01   {% include "admin/admin_common_header.html" %}
02   <title>{% block title %}权限管理{% endblock %}</title>
```

```
03  {% block header %}{% endblock %}
04  <meta name="keywords" content="">
05  <meta name="description" content="">
06  </head>
07  <body>
08  {% block head %}
09  {% endblock %}
10  <h1>{% block page_title %}{% endblock %}</h1>
11  {% block main_content %}
12  <nav class="breadcrumb"><i class="Hui-iconfont">&#xe67f;</i> 首页
    <span class="c-gray en">&gt;</span> 管理员管理 <span class="c-gray en">
    &gt;</span> 权限管理 <a class="btn btn-success radius r" style="line-
    height:1.6em;margin-top:3px" href="javascript:location.replace
    (location.href);" title="刷新" ><i class="Hui-iconfont">&#xe68f;
    </i></a></nav>
13  <div class="page-container">
14      <div class="text-c">
15          <div class="Huiform" ">
16              <input type="text" class="input-text" style="width:250px"
                placeholder="权限名称" id="search_key" name="search_key">
17              <button type="submit" class="btn btn-success" id="do_
                search" name="do_search"><i class="Hui-iconfont">&#xe665;
                </i> 搜权限节点</button>
18          </div>
19      </div>
20      <div class="cl pd-5 bg-1 bk-gray mt-20"> <span class="l"><a href=
        "javascript:;" onclick="datadel()" class="btn btn-danger radius">
        <i class="Hui-iconfont">&#xe6e2;</i> 批量删除</a> <a href="javascript:;"
        onclick="admin_permission_add('添加权限节点','{{url_for
        ('admin.admin_add_permission')}}','','310')" class="btn btn-primary
        radius"><i class="Hui-iconfont">&#xe600;</i> 添加权限节点</a>
        </span> <span class="r">共有数据：<strong>{{paginate.
        total }}</strong> 条</span> </div>
21      <table class="table table-border table-bordered table-bg">
22          <thead>
23              <tr>
24                  <th scope="col" colspan="7">权限节点</th>
25              </tr>
26              <tr class="text-c">
27                  <th width="25"><input type="checkbox" name=""value="">
                    </th>
28                  <th width="40">ID</th>
29                  <th width="200">权限名称</th>
30                  <th>地址</th>
31                  <th width="100">操作</th>
32              </tr>
33          </thead>
34          <tbody>
35          {% for v in arts %}
36              <tr class="text-c">
37                  <td><input type="checkbox" value="{{v.id}}" name="smallBox"
                    id="smallBox"></td>
38                  <td>{{v.id}}</td>
```

```
39                  <td>{{v.name}}</td>
40                  <td>{{v.url}}</td>
41                  <td><a type="button" title="编辑" href="javascript:;"
                    onclick="admin_permission_edit('角色编辑','{{url_for
                    ('admin.admin_edit_permission')}}','{{v.id}}','','
                    310')" class="ml-5" style="text-decoration:none"><i
                    class="Hui-iconfont">&#xe6df;</i></a> <a title="删除"
                    href="javascript:;" onclick="admin_permission_del
                    (this,'{{v.id}}')" class="ml-5" style="text-decoration:
                    none"><i class="Hui-iconfont">&#xe6e2;</i></a></td>
42              </tr>
43              {% endfor %}
44          </tbody>
45      </table>
46      ……
47  {% endblock %}
48  </body>
49  </html>
```

01 行表示引入基本头文件模板；02 行表示定义网页标题；04、05 行表示定义网页关键字和描述内容；35～43 行表示显示 arts 列表中的内容。

在上面</table>后添加分页显示代码如下：

例 12-3　权限的列表分页代码：admin_permission.html

```
01      <!--_分页开始-->
02          <div class="dataTables_wrapper">
03      <div class="dataTables_info" id="DataTables_Table_0_info" role=
        "status" aria-live="polite">共{{paginate.pages}}页 </div>
04          <div class="dataTables_paginate paging_simple_numbers" id=
            "DataTables_Table_0_paginate">
05          <a class="paginate_button previous disabled" aria-controls=
            "DataTables_Table_0" data-dt-idx="0" tabindex="0" id="DataTables_
            Table_0_previous" href='{{ url_for('admin.admin_permission') }}?
            page=1' >首页</a>
06          <!--_如果有上一页-->
07          {% if paginate.has_prev %}
08          <a class="paginate_button previous disabled" aria-controls=
            "DataTables_Table_0" data-dt-idx="0" tabindex="0" id="DataTables_
            Table_0_previous" href='{{ url_for('admin.admin_permission')}}?
            page={{ paginate.prev_num }}' >上一页</a>{% else %}
09          <a class="paginate_button previous disabled" aria-controls=
            "DataTables_Table_0" data-dt-idx="0" tabindex="0" id="DataTables_
            Table_0_previous" href="#" >上一页</a>
10        {% endif %}
11                  <span>
12  <a class="paginate_button current" aria-controls="DataTables_Table_0"
    data-dt-idx="1" tabindex="0">{{paginate.page}}</a>
13  </span> {% if paginate.has_next %}
14           <a class="paginate_button next disabled" aria-controls=
            "DataTables_Table_0" data-dt-idx="2" tabindex="0" id=
            "DataTables_Table_0_next"href='{{url_for('admin.admin_
            permission')}}? page={{ paginate.next_num }}'>下一页</a>
            {% else %}
```

```
15            <a class="paginate_button next disabled" aria-controls=
              "DataTables_Table_0" data-dt-idx="2" tabindex="0" id="DataTables_
              Table_0_next" href="#">下一页</a>
16        {% endif %}
17           <a class="paginate_button next disabled" aria-controls=
             "DataTables_Table_0" data-dt-idx="2" tabindex="0" id="DataTables_
             Table_0_next" href='{{ url_for('admin.admin_permission') }}?
             page={{ paginate.pages }}'>尾页</a>
18           </div>
19       <!--_分页结束-->
```

注意：请注意有无上一页面、下一页面的判定。

03 行表示显示总的分页数目；05 行表示显示第一页；07 行表示判断是否有上一页，有则执行 07 行到 10 行的代码；08 行表示显示上一页；09 行表示如果没有上一页，则上一页连接显示为空；12 行表示显示当前页；13 行表示如果有下一页，则执行 13～16 行代码；14 行表示显示下一页，15 行表示如果没有下一页的话，则下一页链接显示为空；17 行表示显示尾页。关于 Pagination 类对象的属性和方法如表 12.1 所示。

表 12.1　Pagination类对象的属性和方法

属　　性	含　　义	使 用 范 例
has_prev	是否有上一页，有则返回True，否则返回Flase	{% if paginate.has_prev %}
has_next	是否有下一页，有则返回True，否则返Flase	{% if paginate.has_next %}
prev_num	上一页的id号	{{ paginate.prev_num }}
next_num	下一页的id号	{{ paginate.next_num }}
pages	总的分页数	{{ paginate.pages }}
page	当前页	{{ paginate.page }}
total	总的记录数	{{ paginate.total }}

运行程序，结果如图 12.3 所示。

限节点　　共有数据：8 条

权限名称	地址	操作
登录日志	/admin/admin_log_list/	
系统管理	/admin/system_admin/	
添加文章	/admin//article_add	
栏目保存	/admin/article_cat_save/	

首页　上一页　1　下一页　尾页

图 12.3　权限的列表显示

12.2.3　权限的编辑

权限可以通过列表显示出来，为我们进行权限的后台维护提供依据。但有时需要我们根据情况对权限进行编辑和修改，基于此功能需求，我们可以在前面已经实现完成的权限添加功能基础上，完成权限的编辑功能。

服务器端对应的代码如下：

例 12-4　权限的编辑视图函数：views.py

```
01  #编辑权限
02  @bp.route('/admin_edit_permission/',methods=['GET','POST'])
03  def admin_edit_permission():
04      if request.method=='GET':
05          #取得权限所有列表
06          auths = Auth.query.order_by(Auth.id.desc()).all()
                                                              #取得所有权限分类
07          list = []
08          data = {}
09          for cat in auths:
10              data = dict(id=cat.id, parent_id=cat.parent_id, name=
                cat.name)
11              list.append(data)
12          data = build_auth_tree(list, 0, 0)
13          html = build_auth_table(data, parent_title='顶级菜单')
14          id = request.args.get('id')
15          if id!=None:
16              id=int(id)
17              global auth1
18              auth1=db.session.query(Auth).filter(Auth.id==id).first()
19          data = {
20              "msg": "参数获取成功",
21              "status": "200"
22          }
23          return render_template('admin/admin_edit_permission.html',
            data=auth1,message=html)
24      else:
25          #表单验证
26          forms=Checek_Auth(request.form)#从 form 中导入 Auth
27          if forms.validate():      #提交的时候进行验证,如果数据能被所有验证函
                                       数接受，则返回 true，否则返回 false
28              datas = forms.data    # 获取 form 数据信息
29              url = request.form.get('url')
30              id = int(request.values.get('id'))
31              auth1=db.session.query(Auth).filter_by(id.Not.in_(id)).first()
32              db.session.query(Auth).filter_by(id=id).update({Auth.name:
                datas['name'],Auth.url:datas['url'],Auth.parent_id:datas
                ['parent_id'],Auth.status:datas['status']})
33              db.session.commit()
34              data = {
35              "msg": "提交成功",
```

```
36                "status":"200",
37                }
38            else:
40                data = {
41                    "msg": "表单验证失败",
42                    "status": "202"
43                }
44        return jsonify(data)
```

02 行表示定义路由，允许 GET 和 POST 方法访问；03 行表示定义视图函数 admin_edit_permission()；04 行表示如果是 GET 方法访问，就执行 04 行以后的代码；06 行表示取得所有权限对象；07 行表示定义列表 list；08 行表示定义数据字典 data；09 行表示遍历 auths；10 行表示构造数据字典；11 行表示将每个字典追加到列表 list 中；12、13 行表示调用外部函数 build_auth_tree()和 build_auth_table()生成权限的目录树。

注意：build_auth_tree()、build_auth_table()函数写在 recursion.py 文件中。注意引入，引入命令可以使用下面的命令：

```
from .recursion import  build_auth_tree,build_auth_table
```

运行程序，结果如图 12.4 所示。

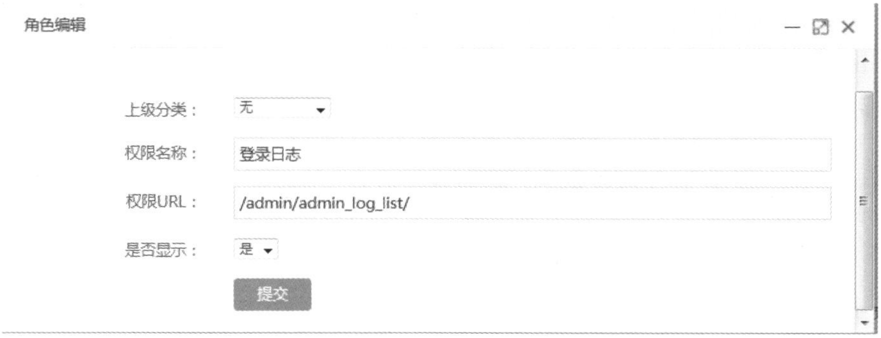

图 12.4　权限编辑图

12.2.4　权限的删除

网站可能会不断优化更新，有时多个路由可能被优化成一个路由了，那么此时的某个路由不存在则意味着此权限也就不存在了，因此我们需要实现权限的删除功能。

服务器端对应的代码如下：

例 12-5　权限的删除视图函数：views.py

```
01#删除单个权限
02@bp.route('/admin_del_permission/',methods=['POST'])
03def admin_del_permission():
04    if request.method=='POST':
```

```
05        id=int(request.values.get(id))
06        if id:
07            auth1=db.session.query(Auth).filter(id=id).first()
08            db.session.delete(auth1)
09            db.session.commit()
10            data = {
11                "msg": "删除成功",
12                "status": "200"
13            }
14            return jsonify(data)
15        else:
16            data = {
17                "msg": "id 参数不合法",
18                "status": "202"
19            }
20            return jsonify(data)
```

02 行表示定义路由，限定访问方法为 POST 方法；03 行表示定义 admin_del_permission()视图函数；04 行表示如果访问方法为 POST 方法，则执行 04 行以后的代码；05 行表示如果传递过来的 id 号不为空，则执行 05 行以后的代码；07 行表示选出符合条件的对象；08 行表示将选出的对象执行删除操作；09 行表示提交删除事务；10～12 行表示构造字典 data，给出操作成功相关信息；14～17 行表示传递过来的 id 号为空的话，则构造字典 data，data 里面的数据用来提示用户的参数不合法。

在 templates\admin 目录下的 admin_permission.html 文件中，我们增加了删除的代码，其代码如下：

例 12-5　权限的删除 onclick 事件设置：views.py

```
<a title="删除" href="javascript:;" onclick="admin_permission_del
(this,'{{v.id}}')" class="ml-5" style="text-decoration:none"><I
class="Hui-iconfont">&#xe6e2;</i></a>
```

注意：上面的代码会被遍历生成，其中，{{v.id}}是来自 for 循环中，表示取得该记录对应的 id。

上面的代码为 a 连接增加了 onclick()事件，并传递了是哪一个 id 要被删除。a 连接的 onclick()事件名称为 admin_permission_del()，对应的 JQuery 代码如下：

例 12-5　权限的删除 JQuery：views.py

```
01    /*管理员-权限-删除*/
02    function admin_permission_del(){
03        layer.confirm('确认要删除吗？',function(index){
04            $.ajax({
05                type: 'POST',
06                url: '{{ url_for('admin.admin_edit_permission') }}',
07                dataType: 'json',
08                data : {
09                  id :id,
10              },
11                success: function(data){
```

```
12                        $(obj).parents("tr").remove();
13                        layer.msg('已删除!',{icon:1,time:1000});
14                    },
15                    error:function(data) {
16                        console.log(data.msg);
17                    },
18                });
19            });
20    }
```

02 行表示定义函数 admin_permission_del()函数；03 行表示确认是否要删除；04 行表示向服务器发出 AJAX 请求；05 行表示请求类型为 POST 方法；06 行表示服务器请求地址为 url 所示的地址；07 行表示期待服务器返回的数据类型为 json；08、09 行表示向服务器发送的数据为 id；11 行表示如果服务器返回数据成功，则删除对应的内容并向用户发出“已删除”的提示；12、13 行表示如果服务器返回数据出错的话，则向用户发出相关错误信息。

注意：关于批量删除功能的实现，请参阅本章的配套习题。

运行程序，效果如图 12.5 所示。

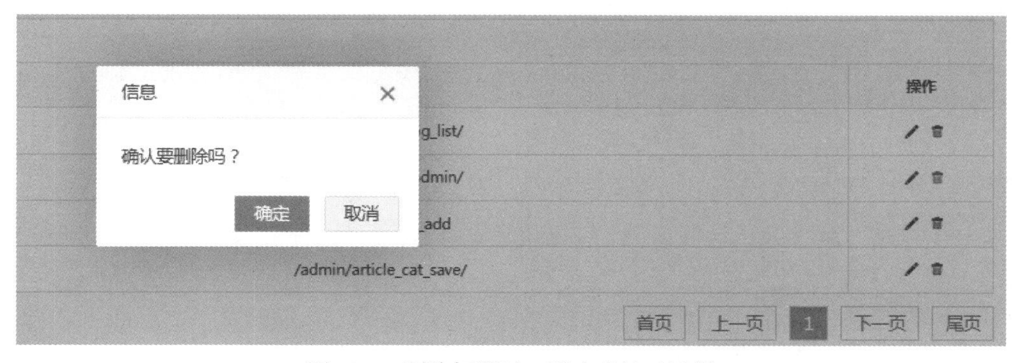

图 12.5　删除权限时，弹出确认对话框

12.3　角色管理

本节首先实现角色的添加、编辑和删除。除了实现这 3 个基本的功能之外，还实现角色的列表分页显示功能。

12.3.1　角色的添加

角色实际就是用户管理组，不同的角色，就对应不同的权限，用户被划分成不同的角色后，就具有了对网站的管理和访问权限。

服务器端对应的代码如下：

例 12-6　角色管理视图函数：views.py

```
01  #添加角色
02  @bp.route('/admin_add_role/',methods=['GET','POST'])
03  def admin_add_role():
04      if request.method=='GET':
05          auths = Auth.query.order_by(Auth.id.desc()).all()
                                                        #取得所有权限分类
06          list = []
07          data = {}
08          for cat in auths:
09              data = dict(id=cat.id, parent_id=cat.parent_id, name=cat.name)
10              list.append(data)
11          data = build_auth_tree(list, 0, 0)
12          html = creat_auth_table(data, parent_title='顶级菜单')
13          return render_template('admin/admin_add_role.html', message=
            html)
14      if request.method == 'POST':
15          form = Checek_Role(request.form)
16          if form.validate():
17              datas = form.data
18              auths = datas['auths']
19              name = datas['name']
20              description = datas['description']
21              insert = Role(auths=auths, name=name, description= description)
22              db.session.add(insert)
23              db.session.commit()
24              data = {
25                  "msg": "提交成功",
26                  "status": 200,
27              }
28              return jsonify(data)
29          else:
30              data = {
31                  "msg": "表单验证失败",
32                  "status": 202,
33              }
34              return jsonify(data)
```

02 行表示定义路由，允许访问权限为 GET 和 POST 方法；03 行表示定义视图函数 admin_add_role()；04 行代码表示如果 GET 方法访问，则执行 04 行以后的代码；05 行表示取得权限所有分类；06 行表示定义列表 list；07 行表示定义字典 data；08 行表示遍历 auths；09 行表示构造字典 data；10 行表示把字典追加到列表 list 中；11、12 行表示调用外部方法生成权限的目录树；13 行表示将目录树传递到静态页面并进行渲染。

14 行代码的功能是，如果是 POST 方法，则执行 14 行以后的代码；15 行代码表示验证表单信息；16 行表示如果表单验证信息得以通过，则执行 16 行以后的代码；17 行表示把表单信息赋值给 datas。

18～20 行表示从表单中取值赋给 auths、name 和 description；21 行表示创建 Role 类

型的对象 insert，并给其属性赋值；22 行表示进行数据插入操作；23 行表示提交事务操作；24 行表示构造字典 data，返回 JSON 格式的数据；29 行表示如果表单验证失败，则构建数据字典 data；34 行表示返回表单验证失败的相关提示信息。

前端页面我们要实现如图 12.6 所示的效果，权限主要分成两级。

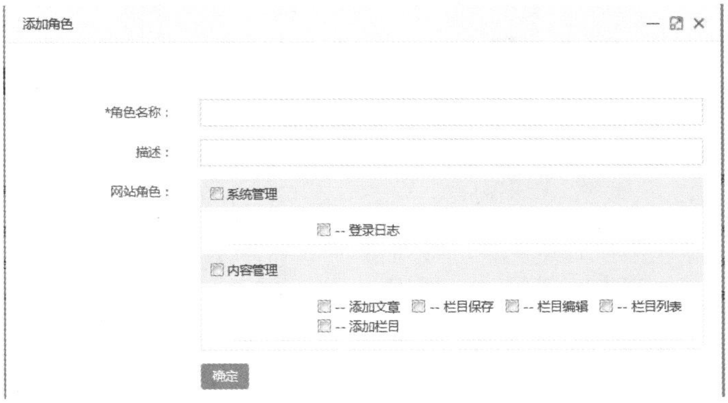

图 12.6　添加角色对话框

在前端页面中，如果管理员选中了多个文本复选框，只能通过 JQuery 相关操作来完成，对应的代码如下：

例 12-6　角色管理 JQuery 代码：admin_add_role.html

```
01  ……
02  function ajax_post(){
03  var params = "";
04  var name = $("#roleName").val();
05  var description = $("#description").val();
06  $("input[name=user-Character-1-0-0]:checked").each(function(index,
    element){
07          //第一个 id 不需要加前缀
08          if(index == 0) {
09           //params += "id=" +
10           params += "" +
11            $(this).val();
12          }
13           else {
14           //params += "&id=" +
15           params += "," +
16            $(this).val();
17          }
18        });
19   $("input[name=user-Character-0]:checked").each(function(index,element){
20           params += "," +
21            $(this).val();
22        });//拼接参数完成
23        //alert("生成的拼接参数：" + params);
```

```
24          $.ajax({
25                  type: 'POST',
26                  url: '{{ url_for('admin.admin_add_role') }}',
27                  data : {
28                    name : name,
29                    auths:params,
30                    description:description,
31                },
32                  success: function(data){
33                    if(data.status==200){
34                      layer.msg('已提交成功!',{icon:1,time:2000});
35                      var index = parent.layer.getFrameIndex(window.name);
                        //关闭窗口
36                      setTimeout("parent.layer.closeAll()",2000); // parent.
                        layer. closeAll()方法有效}
37                  if(data.status==202){
38                    layer.msg('表单验证失败!',{icon:1,time:2000});
39                    }
40                  },
41          });
42    }
43    ......
```

注意：更多前端代码请参阅本书相关配套资源。

02 行表示定义 ajax_post()函数；03 行表示初始化变量 params，该参数主要用来存放用户选择了哪些复选框的 id 值，将多个复选框的 id 值组合成字符串放到该参数中；04 行表示使用 JQuery 选择器选择 id 号为 roleName 的文本输入框，获取其值后放到 name 变量中；06 行表示使用 JQuery 选择器选 id 号为 description 的文本输入框，获取其值后放到 description 变量中；06 行表示统计名称为 name=user-Character-1-0-0 的所有复选框的选中状态，使用 each()方法进行遍历；如果选择的 id 值是第一个参数，params 参数为 params=获取的 id 值，比如 params=2 这种样式；13～18 行表示如果索引值不为 0，即不是第一个参数，则构造的参数 params 的结构就变成了 params=&3,&4,&5……这种形式；19～22 行表示统计名称为 name= user-Character-0 的所有复选框的选中状态，将其选中的复选框对应的 id 值继续追加到 params 参数上。

24～31 行表示向服务器发出 AJAX 请求，请求的类型为 POST，请求的 url 地址为 url 所示的地址；向服务器提交的数据为构造的字典 data 中的数据。

32～36 行表示如果服务器返回的状态码为 200，表示服务器已经对相关数据进行了处理，那么则向用户提示“已提交成功！”，然后关闭当前窗口。

37～40 行表示如果服务器返回的状态码为 202，则表示表单验证出错，向用户弹出出错信息。

运行程序，添加 3 条测试数据，结果如图 12.7 所示。

id	name	auths	add_time	description
1	普通管理员	1,2,3	2018-12-31 15:21:27	具有栏目编辑、修改、增加、文章编辑、修改、增加的权利。
2	超级管理员	1,2,3,4	2018-12-31 15:21:27	拥有至高无上的权利
5	栏目管理员	8,7	2019-01-06 08:14:21	只对所在栏目具有添加、删除草稿等权利。

图 12.7　在数据库中添加 3 条角色信息

12.3.2　角色的列表显示

将角色对象添加到数据库后，我们需要将其通过列表形式显示出来，在列表基础上，我们才能对角色进行删除、编辑、搜索等操作。

首先介绍一下服务器端的功能，对应的代码如下：

例 12-7　角色的列表视图函数：views.py

```
01   #角色列表
02   @bp.route('/admin_role_list',methods=['GET','POST'])
03   def admin_role_list():
04       if request.method=='GET':
05           list=[]
06           data={}
07           roles=db.session.query(Role).all()
08           count = db.session.query(func.count(Role.id)).scalar()
09           for i in roles:
10               admin=db.session.query(Users).filter(Users.role_id==i.id).
                 first()
11               if admin==None:
12                   admin="暂无"
13               else:
14                   admin=admin.username
15               data={
16                   'id':i.id,
17                   'name':i.name,
18                   'description':i.description,
19                   'admin':admin,
20               }
21               list.append(data)
22           return render_template('admin/admin_role.html',roles=list,
            count=count)
```

注意： 如果某个对象为空，我们可以在服务端判断该值是否为空，如果为空则直接给它赋予一个值，使得前端页面展示的信息更符合实际情况。

02 行表示定义路由，限制其访问方法为 POST 和 GET 方法；03 行表示定义视图函数为 admin_role_list()；04 行表示如果访问方法为 GET 方法，则执行 04 行以后的代码；05 行表示定义列表 list；06 行表示定义字典为 data；07 行表示取得所有角色对象；08 行表示统计所有角色对象数目；09 行表示开始遍历所有角色对象；10 行表示取得所有角色对应的用户对象；11、12 行表示如果用户对象为空，则直接给用户对象赋值为“暂无”；13、14 行表示如果用户对象不为空，则直接取得该对象的 username 属性；15～20 行表示构造数据字典 data，将 data 字典放到列表 list 中；22 行表示渲染模板。

在 templates/admin/下新建一个名称为 admin_role.html 的静态文件，其代码如下：

例 12-7　角色的列表静态文件：admin_role.html

```
01  ……
02  <nav class="breadcrumb"><i class="Hui-iconfont">&#xe67f;</i> 首页
    <span class="c-gray en">&gt;</span> 管理员管理 <span class="c-gray
    en">&gt;</span> 角色管理 <a class="btn btn-success radiusr"style=
    "line-height:1.6em;margin-top:3px" href="javascript:location.replace
    (location.href);" title="刷新" ><i class="Hui-iconfont">&#xe68f;
    </i></a></nav>
03  <div class="page-container">
04      <div class="cl pd-5 bg-1 bk-gray"> <span class="l"> <a href=
        "javascript:;" onclick="datadel()" class="btn btn-danger radius">
        <i class="Hui-iconfont">&#xe6e2;</i> 批量删除</a> <a class="btn
        btn-primary radius" href="javascript:;" onclick="admin_role_add
        ('添加角色','{{url_for('admin.admin_add_role')}}','800')"><i class=
        "Hui-iconfont">&#xe600;</i> 添加角色</a> </span> <span class="r">
        共有数据：<strong>{{count}}</strong> 条</span> </div>
05      <table class="table table-border table-bordered table-hover
        table-bg">
06          <thead>
07              <tr>
08                  <th scope="col" colspan="6">角色管理</th>
09              </tr>
10              <tr class="text-c">
11                  <th width="25"><input type="checkbox" value="" name=
                    "smallBox" id="smallBox"></th>
12                  <th width="40">ID</th>
13                  <th width="200">角色名</th>
14                  <th>用户列表</th>
15                  <th width="300">描述</th>
16                  <th width="70">操作</th>
17              </tr>
18          </thead>
19          <tbody>
20          {% if roles %}
21          {% for v in roles %}
22              <tr class="text-c">
23                  <td><input type="checkbox" value="{{v.id}}" name=
                    "smallBox" id="smallBox"></td>
24                  <td>{{v.id}}</td>
25                  <td>{{v.name}}</td>
26                  <td><a href="#">{{v.admin}}</a></td>
27                  <td>{{v.description}}</td>
28                  <td class="f-14"><a title="编辑" href="javascript:;"
                    onclick="admin_role_edit('角色编辑','{{url_for('admin.
                    admin_edit_role')}}','{{v.id}}')" style="text-
                    decoration:none"><iclass="Hui-iconfont">&#xe6df;</i>
```

```
                    </a> <a title="删除" href="javascript:;" onclick=
                    "admin_role_del(this,'{{v.id}}')" class="ml-5" style=
                    "text-decoration:none"><i class="Hui-iconfont">
                    &#xe6e2;</i></a></td>
29                </tr>
30                {% endfor %}
31            {% endif %}
32
33            </tbody>
34        </table>
35    </div>
36    ......
```

20 行表示如果服务器传过来的 roles 列表不为空的话，就执行 20 行以后的代码；21 行表示开始 for 循环 roles 列表；23 行表示设置复选框的值为{{v.id}}；24 行表示显示 id 的值；25 行表示显示角色名称；26 行表示显示对应的用户名；27 行表示显示关于角色的描述信息；28 行表示定义角色的编辑和删除连接功能。

运行程序，结果如图 12.8 所示。

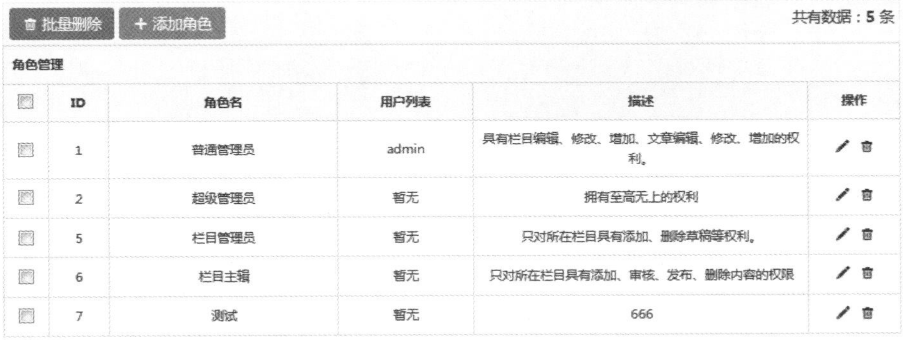

批量删除　+ 添加角色　　共有数据：5 条

角色管理

	ID	角色名	用户列表	描述	操作
	1	普通管理员	admin	具有栏目编辑、修改、增加、文章编辑、修改、增加的权利。	
	2	超级管理员	暂无	拥有至高无上的权利	
	5	栏目管理员	暂无	只对所在栏目具有添加、删除草稿等权利。	
	6	栏目主辑	暂无	只对所在栏目具有添加、审核、发布、删除内容的权限	
	7	测试	暂无	666	

图 12.8　列表显示角色

12.3.3　角色的编辑功能实现

在实现了添加角色功能和列表显示角色功能以后，我们需要实现角色的编辑功能。在 12.3.2 节中，我们已经给出了编辑角色功能的连接代码，该代码如下：

例 12-8　角色的编辑 onclick 事件设置：admin_role.html

```
<a title="编辑" href="javascript:;" onclick="admin_role_edit('角色编辑','
{{url_for('admin.admin_edit_role')}}','{{v.id}}')" style="text-decoration:
none"><i class="Hui-iconfont">&#xe6df;</i></a>
```

注意：a 标签上如果要添加单击事件，herf 需要写成"javascript:;"，不要写错了。

上面的代码在 a 连接上加了 onclick（单击）事件，事件名称为 admin_role_edit() ，该事件对应的 JQuery 代码如下：

例 12-8　角色的编辑 JQuery 代码：admin_role.html

```
01   /*管理员-角色-编辑*/
02   function admin_role_edit(title,url,id,w,h){
03   window.location.href = "{{url_for('admin.admin_edit_role')}}?id=" + id;
04   }
```

02 行表示定义 admin_role_edit()函数，03 行表示在当前页面打开角色编辑页面，并将 id 值传递过去。在服务器端的代码如下：

例 12-8　角色的编辑视图函数：views.py

```
01   #角色编辑
02   @bp.route('/admin_edit_role/',methods=['GET','POST'])
03   def admin_edit_role():
04       if request.method=='GET':
05           auths = Auth.query.order_by(Auth.id.desc()).all()
                                                              #取得所有权限分类
06           list = []
07           data = {}
08           for cat in auths:
09               data = dict(id=cat.id, parent_id=cat.parent_id, name=cat.
                 name)
10               list.append(data)
11           data = build_auth_tree(list, 0, 0)
12           html = creat_auth_table(data, parent_title='顶级菜单')
13           id = request.args.get("id", '')
14           if id:
15               global  role
16               role= db.session.query(Role).filter(Role.id == id).first()
17           return render_template('admin/admin_edit_role.html', message=
            html,role=role)
18       if request.method=='POST':
19           form = Checek_Role(request.form)
20           if form.validate():
21               datas = form.data
22               auths = datas['auths']
23               name = datas['name']
24               description = datas['description']
25               id=request.values.get('id')
26               db.session.query(Role).filter_by(id=id).update({Role.
                 auths:auths,Role.name:name,Role.description:description})
27               db.session.commit()
28               data={
29               "msg":"已经提交成功",
30               'status':200,
31               }
32               return jsonify(data)
```

02 行表示定义路由，限制其访问方法为 GET 和 POST 方法；03 行表示定义视图函数

admin_edit_role()；04 行表示如果是 GET 方法访问，则执行 04 行以后的代码；05 行表示取得所有权限分类；06 行表示定义列表 list；07 行表示定义字典 data；08 行表示遍历 auths 对象集；09 行表示构造字典数据 data；10 行表示将字典添加到列表 list 中；11、12 行表示将权限生成目录树；13 行表示使用 request.args.get()方法接收 id；14、15 行表示如果 id 不为空，则申明 role 为全局变量；16 行表示取得符合条件的变量；17 行表示渲染静态模板；18 行表示如果访问方法为 POST 方法，则执行 18 行以后的代码；19 行表示进行表单校验；20 行表示如果表单校验通过，则执行 20 行以后的代码；21 行表示将表单数据赋给 datas；22～24 行表示给变量赋值；26 行根据 id 更新该对象对应的属性值；27 行表示提交更新事务；28～31 行表示构造字典 data；32 行表示返回 JSON 格式的数据。

最终的代码运行效果如图 12.9 所示。

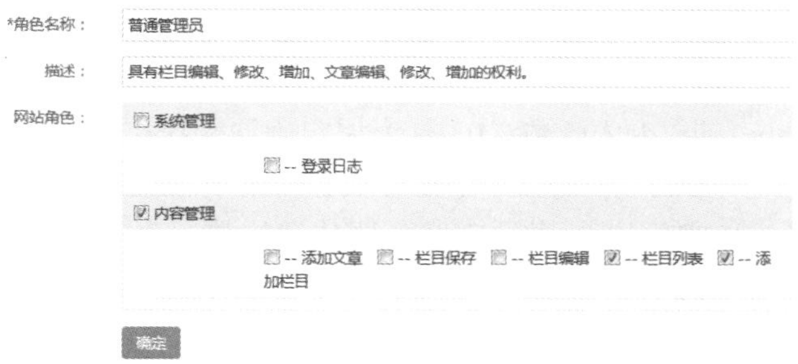

图 12.9　编辑角色

12.3.4　角色的删除功能实现

在上面章节中，我们已经实现了添加角色、列表显示角色、编辑角色等功能，接下来开始介绍删除角色的功能实现过程。

在 admin_role.html 文件中，我们已经编写了关于角色删除的超链接，其代码如下：

例 12-9　角色的删除 onclick 事件：admin_role.html

```
<a title="删除" href="javascript:;" onclick="admin_role_del(this,'{{v.id}}')"
class="ml-5" style="text-decoration:none"><i class="Hui-iconfont">
&#xe6e2;</i></a>
```

上面的代码在 a 标签上添加了单击事件 onclick，对应的名称为 admin_role_del()，该事件对应的 JQuery 代码为：

例 12-9　角色的删除 JQuery：admin_role.html

```
01    /*管理员-角色-删除*/
02    function admin_role_del(obj,id){
03        layer.confirm('角色删除须谨慎，确认要删除吗？',function(index){
```

```
04          $.ajax({
05              type: 'POST',
06              url: '{{url_for('admin.admin_del_role')}}',
07              dataType: 'json',
08              data:{
09              id:id,
10              },
11              success: function(data){
12                  $(obj).parents("tr").remove();
13                  layer.msg('已删除!',{icon:1,time:1000});
14              },
15              error:function(data) {
16                  console.log(data.msg);
17              },
18          });
19      });
20  }
```

02 行定义 admin_role_del()函数；03 行为用户确认操作；04 行表示发出 AJAX 请求；05 行表示请求类型为 POST 请求；06 行设置服务器请求地址；07 行表示期待服务器返回的数据为 JSON 格式；08～10 行表示向服务器传递的数据为 id；11～14 行表示如果服务器返回数据，则向用户提示“已删除”；15、16 行表示如果服务器返回出错的信息，就作响应处理。

服务器对应的代码如下：

例 12-9　角色的删除视图函数：views.py

```
01  #删除角色
02  @bp.route('/admin_del_role/',methods=['POST'])
03  def admin_del_role():
04      if request.method=='POST':
05          id=request.values.get('id')
06          role=db.session.query(Role).filter(Role.id==id).first()
07          db.session.delete(role)
08          db.session.commit()
09          data={
10              'msg':"已删除",
11              'sucess':200
12          }
13          return jsonify(data)
```

02 行指定路由，限定其访问方法为 POST；03 行表示如果访问方法为 POST 方法，则执行 03 行以后的代码；05 行表示使用 request.values.get()方法接收传递过来的值；06 行表示根据 id 取得对象；07 行表示删除该对象；08 行表示提交删除事务；09～11 行表示构造字典数据，13 行表示返回 JSON 格式的数据。

运行程序，结果如图 12.10 所示。

关于批量删除，请读者仔细思考该如何实现。

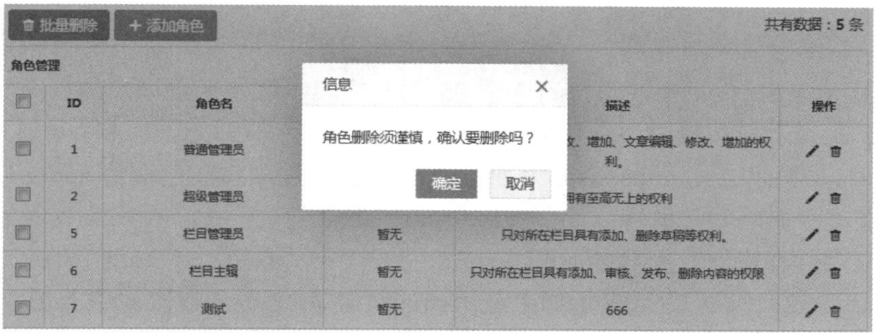

图 12.10　删除角色

12.4　基于角色的访问控制思想及实现

本节开始正式实现基于角色的访问控制功能，基本思想是：查找登录用户的 user_id，根据 user_id 查询用户的角色和该角色对应的权限列表，然后根据用户当前访问的模块对应的路由，查询该路由是否在查出的权限列表中，如在就通过，否则，直接拦截用户的访问，抛出“您没有访问权限！”的提示信息。

例 12-10　访问控制装饰器：decorators.py

```
01  #有无访问权限装饰器：判断用户权限控制
02  def admin_auth(func):
03      @wraps(func)
04      def wrapper(*args, **kwargs):
05          user_id = session.get(config.ADMIN_USER_ID)
06          admin = Users.query.join(
07              Role
08          ).filter(
09              Role.id == Users.role_id,
10              Users.uid == user_id
11          ).first()
12          auths = admin.jq_role.auths        #将原本存储的权限字符串转换为列表
13          auths_list1 = auths.split(",")
14          auths_list2 = []
15          for i, val in enumerate(auths_list1):
16              auths_list2.append(int(val))
17          auths_list3 = []
18          auth_list = Auth.query.all()
19          for i in auth_list:
20              for v in auths_list2:
21                  if v == i.id:
22                      auths_list3.append(i.url)
23          rule = str(request.url_rule)
```

```
24          if rule not in auths_list3:
25              return "您没有权限访问！"
26          return func(*args, **kwargs)
27      return wrapper
```

04 行表示从 Session 中取得 user_id；06～11 行表示取得登录用户的权限等相关属性的对象；12 行表示取得权限字符串列表；13 行表示将字符串以逗号进行分割，转换成列表 auths_list1；14 行定义 auths_list2 为列表；15 行表示以索引和值遍历 auths_list1 列表；16 行表示将每次遍历到的值转成 int 型加到 auths_list2 列表中；17 行定义列表 auths_list3；18 行表示取得所有权限放到对象 auth_list 中；19 行表示遍历对象 auth_list；20 行表示遍历列表 auths_list2；21、22 行表示如果遍历出的权限 id 号等于权限表中的 ID，就把符合条件的记录放到列表 auths_list3 中；23 行表示使用 request.url_rule 方法将获取的路由转成字符串，并放到了 rule 中；24 行表示查询 rule 代表的路由字符串如果不在 auths_list3 中，就直接给用户返回“您没有权限访问！”信息。

注意： 列表中存放的是权限实际是各个视图函数的路由，实际上一个路由就是字符串，故使用 request.url_rule 方法获取的路由也需要转换为字符串。

把该装饰器应用到其他模块，查看基于角色访问控制功能是否生效。为了测试功能，我们给超级管理员赋予全部权限，如图 12.11 所示。

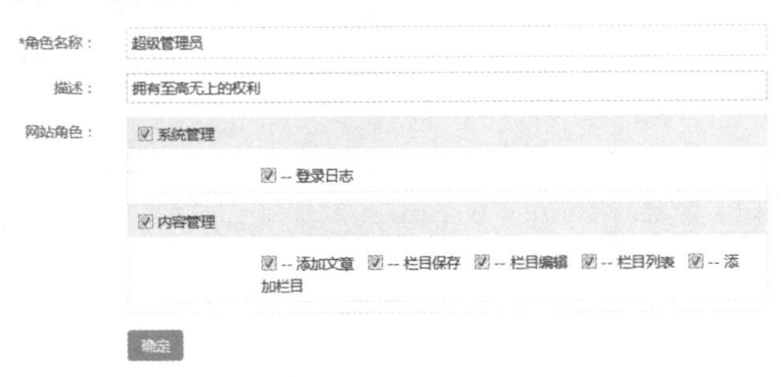

图 12.11　赋予超级管理员全部权限

接下来，我们给普通管理员赋予如图 12.12 所示的权限，即“栏目列表”“添加栏目”两种权限。

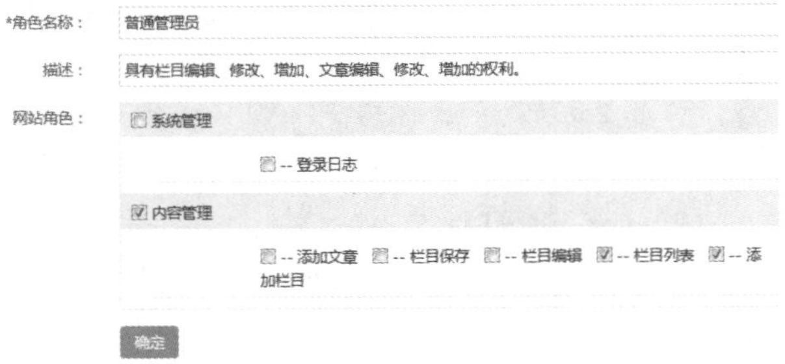

*角色名称：普通管理员
描述：具有栏目编辑、修改、增加、文章编辑、修改、增加的权利。
网站角色：系统管理
-- 登录日志
内容管理
-- 添加文章　-- 栏目保存　-- 栏目编辑　-- 栏目列表　-- 添加栏目
确定

图 12.12　给普通管理员赋予两种权限

将账号 admin 修改为超级管理员，admin 在 jq_user 表中的 role-id 被修改成了 2，如图 12.13 所示。

email	varchar(30)	472888779@qq.com
_password	varchar(100)	pbkdf2:sha256:50000$kPMJ5PbS$fdb363834db
reg_time	datetime	2018-11-25 17:13:20
is_super	smallint(6)	
role_id	int(11)	2
sex	int(11)	
status	int(11)	
telephone	varchar(11)	

图 12.13　账号 admin 被修改成了超级管理员

账号 admin 被修改成了超级管理员以后，重新登录后台系统，查看该管理员账号具有的权限，如图 12.14 所示。

将账号“admin”修改为普通管理员，admin 在 jq_user 表中的 role-id 被修改成了 1，如图 12.15 所示。

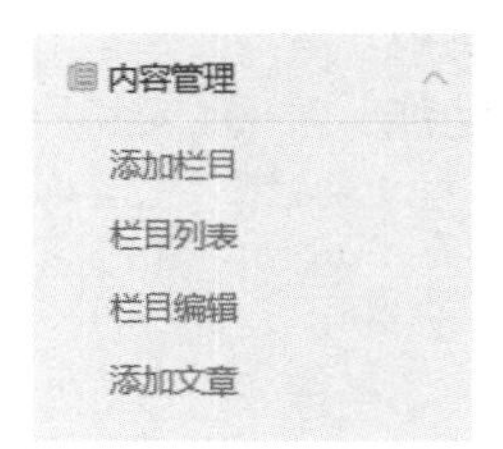

图 12.14　超级管理员拥有内容管理的全部权限

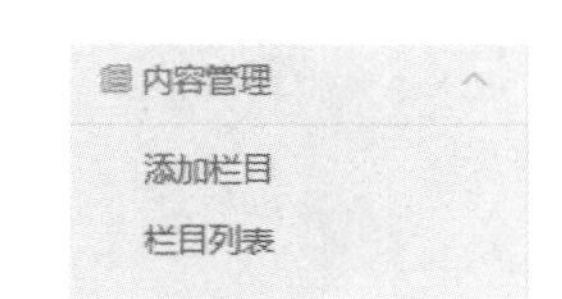

图 12.15　普通管理员的权限

如图 12.15 所示，管理员 admin 此时为普通管理员，只有添加栏目及栏目列表两种权限。我们测试一下此时管理员 admin 是否可以访问添加文章模块的权限，添加文章的路由网址为 http://127.0.0.1:5000/admin/article_add。

在地址栏输入该网址，结果如图 12.16 所示。

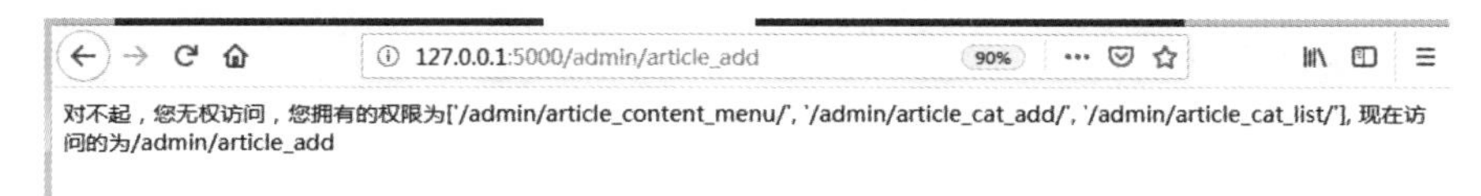

图 12.16　实现按角色控制访问功能

注意：请在 def article_add()视图函数前加上权限控制装饰器@admin_auth。

12.5　温故知新

1．学完本章内容后，读者需要回答：

（1）什么是权限？

（2）什么是角色？

（3）基于角色控制访问的基本思想是什么？

2．在下一章中将学习：

（1）网站前台功能的基本实现过程。

（2）网站用户的登录、注册功能实现过程。

12.6　习　　题

通过下面的习题来检验本章的学习，习题答案请参考本书配套资源。

【本章习题答案见配套资源\源代码\C12\习题】

1．请在本章 12.2 节的基础上实现权限的批量删除功能。

2．请在本章 12.3 节的基础上实现角色的批量删除功能。

第 13 章　CMS 网站前台功能实现

本章主要实现网站用户的注册登录、用户登录/注销、网站 404 错误页面处理，以及网站首页和文章详情页等功能。本章的重点内容是 Flash 消息闪现的使用、网站 404 功能的实现。

本章主要涉及的知识点有：

- Flash 消息闪现功能的使用。
- 自定义网站 404 页面功能。

13.1　用户的注册和登录功能

本节首先介绍用户的注册和登录功能。在前面章节中，我们已经学习了 Bootstrap 的相关知识，本节就使用 Bootstrap 的相关知识进行用户注册页面和用户登录页面的布局设计，并最终完成用户注册和登录功能。

13.1.1　用户注册页面的设计

要实现用户注册页面，必须要有其表单页面。下面利用 Bootstrap 的相关知识进行用户注册页面的设计。

首先在文件中引入一些必需的文件，如下：

例 13-1　用户注册页面之资源文件：register.html

```
01  <link rel="stylesheet" href="{{url_for('static',filename='front/css
    /bootstrap.css')}}">
02  <script src="{{ url_for('static',filename='front/js/bootstrap.min.js') }}"
     charset="utf-8"></script>
03  <script src="{{ url_for('static',filename='front/js/jquery-3.3.1.min.js') }}"
     charset="utf-8"></script>
```

01 行表示引入 bootstrap.css 样式表文件；02 行表示引入 bootstrap.min.js 文件；03 行表示引入 jquery-3.3.1.min.js 文件。

然后编写如下的 CSS 代码：

例 13-1　用户注册页面之 CSS 文件：register.html

```
01     <style type="text/css">                /*定义样式*/
02     *{
03     margin:0px;                            /*margin 属性清 0*/
04     padding:0px;                           /*padding 属性清 0*/
05     }
06     body{
07     background-color:#F5FFFA;              /*设置网页背景颜色*/
08     }
09     .header{                               /*定义 header 类*/
10     width:100%;                            /*宽度为 100%*/
11     height:100%;                           /*高度为 100%*/
12     margin:0px;                            /*maring 属性清 0*/
13     padding-top:40px;                      /*属性设置元素的上内边距为 40px*/
14     }
15     .head{                                 /*定义 head 类*/
16     width:400px;                           /*设置宽度为 400px*/
17     height:70px;                           /*设置高度为 70px*/
18     vertical-align: middle;                /*垂直方向设置为居中对齐*/
19     text-align: left;                      /*文字等左对齐*/
20     margin:0px auto;                       /*上下边距为 0px,左右自动*/
21     border: 1px solid #fff;                /*设置边框为实线，颜色为#fff*/
22     }
23     .head .logo{                           /*定义 logo 类*/
24     margin:0px;                            /*margin 属性清 0*/
25     padding-top:5px;                       /*上内边距为 5px*/
26     float:left;                            /*该元素向左浮动*/
27     }
28     .head span{                            /*定义 span 类*/
29     float:right;                           /*元素向右浮动*/
30     margin:0px;                            /*margin 清 0*/
31     line-height:70px;                      /*行高 70*/
32     padding-right:8px;                     /*右内边距为 8px*/
33     font-size:20px;                        /*字体大小为 20px*/
34     }
35     .main_div{                             /*定义 main_div 类*/
36     width:400px;                           /*宽度为 400px*/
37     height:460px;                          /*高度为 460px*/
38     background-color:#fff;                 /*设置背景颜色*/
39     border: 1px solid #fff;                /*设置实线边框*/
40     font-size:14px;                        /*定义字体大小*/
41     vertical-align: middle;                /*垂直方向设置为居中对齐*/
42     text-align: left;                      /*文字左对齐*/
```

```
43      margin:0px auto;                    /*外边距上下为 0px,左右为自动*/
44       border-radius:4px;                 /*圆角效果*/
45   -moz-border-radius:4px;                /* 老的 Firefox */
46   box-shadow: 0px 2px 8px 0px rgba(50,50,50,0.25);        /*设置透明度*/
47      }
```

01 行定义样式表；02～04 行对 margin 和 padding 清零；06 行设置网页背景颜色为#F5FFFA；09～14 行定义样式类 header；15～22 行定义样式类 head；23～27 行定义样式 head 下面的 logo 类属性；28～34 行定义 logo 类下面的 span 属性；35 行定义类 main_div 属性。

接下来在<body>...</boday>区域中编写如下代码：

例 13-1　用户注册页面：register.html

```
01   <div class="header"></div>                  /*header 区域*/
02   <div class="head">                          /*head 区域*/
03   <div class="logo">                          /*logo 区域*/
04   <img src="{{ url_for('static',filename='front/images/logo.png') }}"
     alt="">                                     /*引入 logo 文件*/
05   </div>
06   <span> <b>因为专注，所以专业</b></span>     /*设置 span 元素*/
07   </div>
08   <div class="main_div">                      /*main_div 区域*/
09   <div class="container-fluid">               /*屏幕宽度 100%*/
10   <div class="row">                           /*定义一行*/
11   <div class="col-mg-12" sytle="margin:0; padding-top:10px;"> /*设置栅格*/
12    <h1 class="text-center">注册</h1>          /*设置 h1 标题*/
13   </div>
14   </div>
15   </div>
16   <div class="row">                           /*定义一行*/
17    <!-- 注册窗口 -->
18    <div class="modal-body">                   /* modal-body 区域*/
19    <form class="form-group" action="">        /* 表单头开始*/
20     <div class="form-group">                  /* form-group 区域*/
21      <label for="">用户名</label>             /*label 标签*/
22       <input class="form-control" type="text" placeholder="6-15 位字母或
        数字">                                   /* 输入框*/
23     </div>
24       <div class="form-group">                /* form-group 区域*/
25      <label for="">密码</label>               /* 密码*/
26   <input class="form-control" type="password" placeholder="至少 6 位字母
     或数字">                                    /* 输入框*/
27   </div>
28   <div class="form-group">                    /*form-group 区域*/
```

```
29    <label for="">再次输入密码</label>           /*label 标签*/
30   <input class="form-control" type="password" placeholder="至少 6 位字母
     或数字">                                      /*输入框*/
31    </div>
32     <div class="form-group">                    /*form-group 区域*/
33    <label for="">邮箱</label>                   /*label 标签*/
34    <input class="form-control" type="email" placeholder="例如:123@123.
      com">                                        /*输入框*/
35   </div>
36   <div class="text-right">                      /*text-right 区域*/
37  <button class="btn btn-primary" type="submit">提交</button> /*button 按钮*/
38  <button class="btn btn-danger" data-dismiss="modal">取消</button>
                                                   /*button 按钮*/
39    </div>
40  <a href="login" data-toggle="modal" data-dismiss="modal" data-target=
    "#login">已有账号？点我登录</a>                /*登录超链接*/
41  </form>
42  </div>
43  </div>
44  </div>
```

上面的代码主要是定义用户注册表单。08 行定义一个 main_div 容器；09 行使用 Bootstrap 进行布局，定义 container-fluid 容器宽度占 main_div 容器的 100%；11 行使用栅格系统进行布局；16 行定义一行；18 行定义 modal-body 容器；19～32 行放置了多个 form-group 容器，每个 form-group 容器相当于一行，放的是表单的 input 标签，注意体会这种布局方法。

运行程序，效果如图 13.1 所示。

图 13.1　用户注册页面

13.1.2　用户注册功能的实现

在前一节中我们已经设计好了静态表单页面，下面就可以实现用户注册功能了。在用户注册功能模块中应该先设计用户模型，再利用视图函数将用户填入的注册信息提交到数据库予以保存。

首先在 apps/front/下的 models.py 文件中编写如下代码：

例 13-2　用户注册页面：models.py

```
01  #encoding:utf-8
02  from exts import db                              #导入 db
03  from datetime import datetime                    #导入 datetime
04  from werkzeug.security import generate_password_hash,check_password_hash
05  class Members(db.Model):                         #定义用户模型
06      __tablename__ = 'jq_member'                  #定义表 jq_member
07      uid = db.Column(db.Integer, primary_key=True, autoincrement=True)
                                                     #定义 uid 为主键
08      username = db.Column(db.String(50), nullable=False, unique=True)
                                                     #用户名不能为空，而且必须是唯一的
09      _password = db.Column(db.String(100), nullable=False)
                                                     #密码不能为空
10      email = db.Column(db.String(50), nullable=False, unique=True)
                                                     #用户邮箱不能为空，而且必须是唯一的
11      vatar=db.Column(db.String(80),nullable=True)         #用户头像
12      nickname=db.Column(db.String(50),nullable=True)      #用户昵称
13      sex = db.Column(db.String(2), default=0)             #性别
14      telephone = db.Column(db.String(11))                 #电话
15      status = db.Column(db.Integer)                       #状态
16      def __init__(self,username,password,email):          #初始化
17          self.username=username#
18          self.password=password
19          self.email=email
20                                                   #获取密码
21      @property
22      def password(self):                          #外部用的是password,内部是_password
23          return self._password
24                                                   #设置密码
25      @password.setter
26      def password(self,raw_password):
27          self._password=generate_password_hash(raw_password)  #密码加密
```

```
28                                                      #检查密码
29      def check_password(self,raw_password):
30          result=check_password_hash(self.password,raw_password)
                                                        #密码解密
31          return result
```

01 行设定编码；02 行导入数据库链接文件；03 行导入时间模块；04 行导入 werkzeug.security 模块中的内容；05 行定义用户模型 Members；06 行定义类对应的表名；07 行定义主键；08 行定义用户名；09 行定义密码；10 行定义 email；11 行定义用户头像；12 行定义用户昵称；13 行定义用户性别；14 行定义用户注册电话字段 telephone；15 行定义用户注册以后的状态；16 行使用构造方法，即__init__(self)函数对对象进行初始化操作；17～19 行表示 self 为当前类的对象，即对成员变量赋值；22 和 23 行获取密码，外部使用 password，内部使用_password；25～27 行设置密码，保有密码时对密码加密处理；28～31 行使用密码验证函数 check_password()校验密码。check_password_hash()函数的原型是 check_password_hash(hash,password)，在该原型函数中有两个参数 hash 和 password，其中 hash 是生成的哈希字符串，password 是需要验证的明文密码，check_password_hash(hash, password)函数用 Hash 对 password 进行哈希处理，生成一个哈希值，判断该哈希值是否与数据库注册时保存的生成的哈希值相等，如果相等，返回 True，否则返回 False。

注意： 如果登录需要增加除了 username、password、email 这 3 个字段之外的字段，那么应该在__init__()方法中增加。

切换到当前虚拟环境中执行下面命令：

```
01    (venv)python managr.py db migrate
02    (venv)python managr.py db upgrade
```

进入数据库查看新增的表和字段是否创建成功。

创建了对应的数据表之后，开始创建注册表单的静态文件 register.html 文件，首先创建一名为 register.html 的文件，目录在 templates\front 下。在<meta charset="UTF-8">这行代码下面加入如下代码：

例 13-2　用户注册页面资源文件：register.html

```
01      <link rel="stylesheet" href="{{url_for('static',filename='
        front/css/bootstrap.css')}}">
02      <script src="{{ url_for('static',filename='front/js/bootstrap.
        min.js') }}"  charset="utf-8"></script>
03    <script src="{{ url_for('static',filename='front/js/jquery-3.3.1.
    min.js') }}"  charset="utf-8"></script>
```

01 行引入 bootstrap.css 文件；02 行引入 bootsrap.min.js 文件；03 行引入 juery-3.3.1.min.js 文件。

代码运行效果如图 13.2 所示。

图 13.2　注册页面

服务器端对应的代码如下：

例 13-2　用户注册功能实现：views.py

```
01  #注册
02  @bp.route('/register',methods=['GET','POST']) #定义路由，限制其访问方法
03  def register():                               #定义视图函数
04      if request.method == 'GET':               #如果访问方法为 GET 方法
05          return render_template('front/register.html')  #渲染模板
06      if request.method=='POST':                #如果访问方法为 POST 方法
07          form = RegisterForm(request.form)     #进行表单验证
08          username=form.username.data   #取得表单 username 的值放到 username 中
09          password1=form.password1.data
                                   #取得表单 password1 的值放到 password1 中
10          password2=form.password2.data
                                   #取得表单 password2 的值放到 password2 中
11          email=form.email.data      #取得表单 email 的值放到 email 中
12          if password1!=password2:#如果输入的密码不一样
13              flash('两次输入的密码不一样', 'error')  #用消息闪现予以提示
14          else:
15              user=Members(username=username,password=password1,email=email
16                      )              #定义 user 对象，并对其属性赋值
17              db.session.add(user) #插入数据库
18              db.session.commit()  #提交事务
```

```
19              flash('注册成功，请登录！','ok')
20          return redirect(url_for('front.register'))
```

02 行定义路由，指定其访问方法为 GET 和 POST；03 行定义视图函数；04 行表示如果访问方法为 GET 方法就渲染模板；06 行表示如果访问方法为 POST 方法，就执行 07～20 行代码；07 行进行表单验证；08 行取得表单中 username 的值放到 username 中；09 行取得表单 password1 的值放到 password1 中；10 行取得表单 password2 的值放到 password2 中；11 表示将行表单元素 email 的值复制给 email 变量；12 行和 13 行表示如果输入的密码不一样，则在 13 行中用消息闪现予以提示；14 和 15 行表示如果两次输入的密码一样，则执行 15 行以下的代码；16 行定义 user 对象，并对其属性赋值；17 行添加对象；18 行提交事务；19 行进行消息闪现；20 行网页重定位到网页注册页面。

如果两次输入的密码不一样，运行效果如图 13.3 所示。

佳奇 JQCMS　因为专注，所以专业

注册

用户名

6-15位字母或数字

密码

至少6位字母或数字

两次输入密码

至少6位字母或数字

邮箱

例如:123@123.com

两次输入的密码不一样　提交　取消

已有账号？点我登录

图 13.3　两次输入的密码不一样

13.1.3　用户登录功能的实现

在前面的小节中，我们已经实现了用户的注册，接下来实现用户的登录功能，并且实现用户在哪个页面点了登录，登录以后就返回到哪个页面这一功能。

首先介绍静态表单页面的实现，将 templates\front 下的 register.html 页面另存一份，名称为 login.html，修改其<body></body>区域内的代码，修改的代码如下：

例 13-3　用户登录页面：login.html

```
01  <div class="header"></div>                    /*header 区域*/
02  <div class="head">                            /*head 区域*/
```

```
03    <div class="logo">                              /*logo 区域*/
04    <img src="{{ url_for('static',filename='front/images/logo.png') }}"
      alt="">                                         /*引入 logo*/
05    </div>
06    <span> <b>因为专注，所以专业</b></span>          /*定义 span 中的内容*/
07    </div>
08    <div class="main_div">                          /*main_div 区域*/
09    <div class="container-fluid">                   /*屏幕宽度达到父容器的 100%*/
10    <div class="row">                               /*定义行*/
11    <div class="col-mg-12" sytle="margin:0; padding-top:10px;">
                                                      /*定义栅格中的列*/
12     <h1 class="text-center">登录</h1>               /*定义 h1 表单中的内容*/
13    </div>
14    </div>
15    </div>
16    <div class="row">                               /*定义行*/
17    <!-- 登录窗口 -->
18     <div class="modal-body">                       /*定义 modal-body 区域*/
19     <form class="form-group" method="post">                /*表单头部*/
20                        <div class="form-group">    /*from-group 区域*/
21                           <label for="">用户名</label> /*定义 label 区域*/
22                           <input class="form-control" name="username"
                            id= "username" type="text" placeholder="">
                                                      /*定义 input 标签*/
23                        </div>
24                        <div class="form-group">    /*from-group 区域*/
25                           <label for="">密码</label>  /*定义 label 区域*/
26                           <input class="form-control" name="password"
                             id="password" type="password" placeholder="">
                                                      /*定义 input 区域*/
27                        </div>
28                        <div class="text-right"> /*定义 text-right 区域*/
29                           <span class="flash">{% for msg in get_flashed_
                             messages(category_filter=['error']) %}
                                                      /*遍历 flash 消息闪现*/
30                            {{ msg }}  /*显示 flash 内容*/
31                           {% endfor %}     /*遍历结束*/
32                           </span>
33                           <button class="btn btn-primary" type=
                            "submit">登录</button>    /*定义登录 button*/
34                           <button class="btn btn-danger" data-dismiss=
                             "modal">取消</button>    /*定义取消登录表单*/
35                        </div>
36                        <a href="register" data-toggle="modal" data-
                          dismiss="modal" data-target="#register">还没有
                          账号？点我注册</a>               /*定义注册链接*/
37                  </form> </div></div></div>            /*表单结束*/
```

上面的代码为定义用户登录表单；29～32 行为 Flash 消息闪现区域，使用 for 循环进行遍历，然后进行显示。

注意： flash 消息闪现筛选条件的写法为(category_filter=['error'])，表示找到 flash 中出错的消息，(category_filter=['ok'])表示找到 flash 中标记为 ok 的消息，error 和 ok 都要求是在视图函数中有定义的。

在 front 下的 froms.py 文件中增加如下代码：

例 13-3　用户登录之表单验证：froms.py

```
01  class LoginForm(Form):
02      username = StringField(
03          label='用户名',
04          validators=[
05              InputRequired('用户名为必填项'),
06              Length(6, 15, '密码长度为 6～15')
07          ]
08      )
09      password = StringField(
10          label='密码',
11          validators=[
12              InputRequired('密码为必填项'),
13              Length(6, 15, '密码长度为 6 到 15')
14          ]
15      )
```

01 行定义登录表单验证类；02～08 行定义表单验证字段 username 为必填，长度为 6～15 位；09～15 行定义表单验证字段为 password 为必填字段，长度为 6～15 位。

代码运行效果如图 13.4 所示。

图 13.4　登录页面效果图

接收到表单信息以后，服务器端对应的代码如下：

例 13-3　用户登录功能实现：views.py

```
01   #登录
02   @bp.route('/login',methods=['GET','POST']) #定义路由，限制其访问方法
03   def login():                                #定义视图函数
04       if request.method == 'GET':             #如果访问方法为 GET 方法
05           url = request.args.get('url')       #接收网址的参数
06           if url=='/log_out':      #如果收到的 url 内容为/log_out,则处理成'/'
07               url='/'
08           if url==None:                       #url 为空值的处理
09               session['url']=None
10           else:
11               session['url'] = url #url 为非空，直接存到 Session 中
12           return render_template('front/login.html')  #渲染模板
13       else:
14           form=LoginForm(request.form)#验证登录表单
15           if form.validate():                 #如果表单验证通过
16               username = form.username.data
                             #取得表单 username 的值放到 username 中
17               password = form.password.data   #取得表单的值放到 password 中
18               users = Members.query.filter_by(username=username).first()
                                                 #按用户名取得用户相关记录
19               if users:                       #如果用户存在
20                   if username == users.username and users.check_password
                     (password):                 #验证用户名和校验密码
21                       session[MEMBER_USER_ID] = users.username
                             #将 username 对应的信息存到 Session 中
22                       session.permanent = True  #实现会话持久化
23                       bp.permanent_session_lifetime = timedelta(days=7)
                                                 #默认保持一周
24                   else:
25                       flash('用户账号或密码错误','error')
                             #如果用户名或密码不对，则用消息闪现机制予以提示
26                       return redirect(url_for('front.login'))
                             #登录失败，网页重新定位到用户登录页
27               else:       #用户输入用户名错
28                   flash('用户账号或密码错误', 'error')
                             #如果用户输入用户名错，则用消息闪现机制予以提示
29                   return redirect(url_for('front.login'))
                             #登录失败，网页重新定位到用户登录页
30           else:
31               errors = form.errors            #获取表单验证出错信息
32               flash(errors,'error')
                             #如果表单验证没有通过，则用消息闪现机制予以提示
33               return redirect(url_for('front.login'))
                             #登录失败，网页重新定位到用户登录页
34           username = session.get(MEMBER_USER_ID)  #取得用户名
35           session['username']=username        #将 username 存入 Session 中
36           if session['url']==None:            #如果 url 为空
37               return render_template('front/index.html',
```

```
              username=username)              #渲染模板
38          else:
39              return redirect(session['url'])
                                              #网页重定位到用户登录之前的页面
```

02 行定义路由，限制其访问方法为 GET 和 POST 方法；03 行定义视图函数；如果访问方法为 GET 方法，就开始渲染模板；05 行使用 request.args.get()方法接收网址的参数；06 行表示如果收到的 url 内容为/log_out，则处理成'/'；08、09 行表示如果接收到的 url 参数为空，则处理为空值；14 行表示验证登录表单；15 行表示如果表单验证通过，16 行表示取得表单 username 的值放到 username 中；17 行表示取得表单的值放到 password 中；18 行表示按用户名取得用户相关记录；19 行表示测试用户名是否存在；20 行表示验证用户名和校验密码；21 行表示将 username 对应的信息存到 session 中；22 行表示实现会话持久化；23 行表示默认保持一周；24 行表示如果提交过来的用户名不存在；25 行表示如果用户名或密码不对，则用消息闪现机制予以提示；26 行表示登录失败，网页重新定位到用户登录页；27、28 行表示如果用户输入的用户名错误，则用 flash 进行消息闪现予以提示；29 行表示登录失败，网页重新定位到用户登录页；30 和 31 行表示如果表单验证没有通过的话，将在 31 行获取表单验证出错信息；32 行表示如果表单验证没有通过，则用消息闪现机制予以提示；33 行表示登录失败，网页重新定位到用户登录页；34 行取得用户名；35 行表示将 username 存入 Session 中；36 行表示如果 url 为空，则直接渲染网页；39 行表示将网页重定位到用户登录之前的页面。

有了登录功能，还需要有注销登录功能，服务端对应的代码如下：

例 13-3　用户登录注销功能实现：views.py

```
01   #注销登录
02   @bp.route('/log_out')
03   def log_out():
04       session.pop(MEMBER_USER_ID, None)            #清除 Session
05       session.pop('username', None)                #清除 Session
06       return redirect(url_for('front.index'))      #网页重定向
```

02 行表示定义路由；03 行定义视图函数；04、05 行清除 Session；06 行表示网页重定向。

在首页静态文件 index.html 中，修改“<div class="link_nav">”以下代码：

例 13-3　用户登录功能实现：index.html

```
01   <div class="link_nav">
02   <ul>
03   {% if session.username %}
04   <li>{{session.username}}</li>
05   <li><a href="{{ url_for('front.log_out') }}">注销</a></li>
06   {% else %}
07   <li><a href="register"><span class="glyphicon glyphicon-user"></span>
注册</a></li>
08   <li><a href="login?url={{request.path}}"><span class="glyphicon
      glyphicon-log-in"></span>登录</a>
```

```
09    </li>
10    {% endif %}
11    </ul>
12    </div>
```

01 行定义容器为 link_nav；03 行判断 Session 中是否存在用户名；04 行表示如果存在用户名，则从 Session 中取得用户名予以显示；05 行设置用户注销链接；06 行表示如果用户名为空，则显示注册和登录对应的链接。

注意：使用 request.path 取得的是网址中参数部分的内容，比如一个网址内容为 http://127.0.0.1:5000/test/1/?toatal=1&pagesize=5，则执行 request.path 后获取的内容是 /test/1。更多相关属性请参阅表 13.1（假设请求的网址为 http://127.0.0.1:5000/test/1/?toatal=1 &pagesize=5）。

表 13.1　Flask之request的部分属性

属　　性	访 问 方 法	访 问 结 果
url	request.url	http://127.0.0.1:5000/test/1/?toatal=1&pagesize=5
path	rquest.path	/test/1/
full_path	rquest.full_path	/test/1/?toatal=1&pagesize=5
script_root	request.script_root	
host	request.host	127.0.0.1:5000
host_url	request.host_url	127.0.0.1:5000/
base_url	request.base_url	http://127.0.0.1:5000/test/1/
url_root	request.url_root	http://127.0.0.1:5000/

接下来就可以测试登录功能了。如果输入的用户名或密码不对，则会出现如图 13.5 所示页面。

图 13.5　没有成功登录页面

如果输入的用户名或密码正确，则会出现如图 13.6 所示页面。

图 13.6　登录成功页面

13.2　网站首页的基本实现

网站首页主要有导航板块（含登录、注册链接）、主体板块及页脚部分。本节主要介绍 Python 导入上级目录或同级目录中的模块的方法。

在网站首页中，我们要实现导航菜单的显示，这要用到文章栏目模块。而文章栏目模块是在 apps/admin 目录下的 models.py 文件中，而网站首页所在的目录是在 apps/front 目录下的 views.py 文件中。如何引用父级目录下其他目录模块中的内容？下面将逐步介绍。

注意：网站首页的静态文件这里不再给出，请参阅相关配套代码。

此时我们需要用到以下方法，在 apps/front 目录下 views.py 文件的头部区域编写如下代码：

例 13-4　网站首页显示：views.py

```
01   import sys                              #要导入上级目录中的模块，可以使用 sys.path
02   sys.path.append('../')                                                    #导入上级目录
03   from ..admin.models import Articles,Articles_Cat    #导入上级目录中的内容
```

01 行导入上级目录中的模块；02 行增加上级目录到系统目录中；03 行表示将上级目录 admin 目录下的 models 模块中的 Article_Cat 模型导入。

显示导航和新闻列表页的视图函数为：

例 13-4　网站首页显示之视图函数：views.py

```
01   @bp.route('/',methods=['GET','POST'])
02   def index():
03       list=[]
04       data = {}
05       if request.method=='GET':
06           nav=Articles_Cat.query.all()
07           for cat in nav:
08             data = dict(cat_id=cat.cat_id, parent_id=cat.parent_id, cat_
            name=cat.cat_name, )
09               list.append(data)
10           cat=build_cat_tree(list,0,0)
11           zz = build_cat_table(cat, parent_title='顶级菜单')
```

```
12          #新闻列表
13          news1=Articles.query.all()
14          return  render_template('front/index.html',cat=zz,news1=news1)
```

01 行定义路由，限制其访问方法为 GET 和 POST；02 行定义视图函数；03 行定义列表；04 行定义字典；05 和 06 行表示如果访问方法为 GET 方法，就执行 06 行以下的代码；07 行遍历记录；08 行构造字典；09 行将字典添加到列表中；10、11 行调用外部函数，生成树形菜单；13 行导航遍历所有新闻；14 行渲染网页。

注意：build_cat_tree()及 build_cat_table()函数在 apps/front 目录下的 recursion.py 文件中，这里不再给出其详细代码，请参阅其配套资源。

显示导航，静态文件对应的代码如下：

例 13-4　网站首页显示之导航：index.html

```
01    <div class="nav">
02    <ul>
03    <li><a href="#">网站首页</a></li>
04    {% if cat %}
05    {{cat| safe}}
06    {% endif %}
07    </ul>
08    </div>
```

01 行定义容器为 nav；03 行设置网站首页链接；04 行判断栏目分类是否为空；05 行表示如果不为空，就直接显示。

代码运行效果如图 13.7 所示。

图 13.7　网站首页导航显示

显示新闻列表区域，对应的代码如下：

例 13-4　网站首页显示之新闻列表区域：index.html

```
01    <dl>
02        {% if news1 %}}                         /*判断 news1 是否为空*/
03        {% for i in news1 %}}                   /*开始遍历*/
04        <dt> <span>{{i.creat_time}}</span> <a href="#">{{i.title}}</a>
```

```
        </dt> }                              /*显示标题等*/
05      {% endfor %}
06      {% endif %}
07     </dl>
```

02 行判断 news1 是否为空；03 行遍历整个记录集；04 行显示新闻标题和时间。代码运行效果如图 13.8 所示。

图 13.8　网站首页列表页显示

13.3　文章详情页功能实现

本节主要实现文章详情页，主要功能有文章的显示、文章的评论列表、文章评论的提交。

🔔**注意：**静态 HTML 文件请参阅本书对应的配套资源。

首先给出视图函数，代码如下：

例 13-5　文章详情页显示之视图函数：app.py

```
01  #文章详情页面路由
02  @bp.route('/article_details/<int:id>',methods=['GET','POST'])
                                             #定义路由和指定访问方法
03  def article_details(id):                 #定义视图函数
04      if request.method=='GET':            #如果访问方法为 GET 方法
05                                           #取得新闻详情
06          news1=Articles.query.filter(Articles.aid==id).first_or_404()
07                                           #取得新闻的作者
08          author1=Users.query.filter(Users.uid==news1.author_id).first()
09          if author1:                      #如果 author1 不为空
10              author = author1.username    #从 author1 对象中取得其属性值作为
                                             author 变量的值
11          else:
12              author='无名'       #如果 author1 对象为空，则 author 直接赋值为无名
```

```
13            #更新单击次数
14            db.session.query(Articles).filter_by(aid=id).update ({Articles.
               clicks: Articles.clicks+1})
15            db.session.commit()                  #提交事务
16            #取得上一条记录
17            news2 = Articles.query.filter(Articles.aid < id).order_by
              (Articles.aid.desc()).first()
18            #取得下一条记录
19            news3 = Articles.query.filter(Articles.aid > id).order_by
              (Articles.aid.asc()).first()
20  #热门资讯 news4=Articles.query.filter(Articles.is_delete==0).order_by
   (Articles.clicks.desc()).limit(5)
21            list = []                            #定义列表 list
22            data = {}                            #定义字典 data
23            nav = Articles_Cat.query.all()       #取得所有分类
24            for cat in nav:                      #遍历对象 nav
25               data = dict(cat_id=cat.cat_id, parent_id=cat.parent_id,
                 cat_name=cat.cat_name, )          #构造字典数据
26                list.append(data)                #将字典数据追加到列表中
27           cat = build_cat_tree(list, 0, 0)      #构造目录树
28            zz = build_cat_table(cat, parent_title='顶级菜单')
                                                   #构造含有 CSS 样式的下拉列表菜单
29            return render_template('front/article_details.html', news1=
             news1, news2=news2, news3=news3, news4=news4,
30                        author=author, cat=zz)
```

02 行定义路由和指定访问方法；03 行定义视图函数；04 行表示如果访问方法为 GET 方法，就执行 04 行以下的代码；06 行根据 id 查询对应的文章记录；08 行获取该文章的作者；09 行和 10 行表示如果作者存在，则从 author1 对象中取得其属性值作为 author 变量的值；11 行表示如果作者为空，则将作者直接赋值为“无名”；14 行更新单击次数；15 行提交事务；17 行表示取得上一条记录；19 行表示取得下一条记录；20 行按单击次数排序取得前 5 条文章记录；21 行定义列表；22 行定义字典；23 行表示取得所有分类；24 行遍历对象 nav；25 行表示构造字典数据；26 行表示将字典数据追加到列表中；27 行表示将分类进行格式化；28 行构造含有 CSS 样式的下拉列表菜单；29 行渲染模板。

评论提交对应的视图函数如下：

例 13-5　文章详情页显示之提交评论：app.py

```
01        else:
02            if request.method=='POST':                    #如果访问方法为 POST 方法
03                form = CommentForm(request.form)          #实例化定义的添加评论表单
04                data = form.data                          #获取表单数据
05                id = data['article_id']                #从表单中取得 article_id 的值
06                if session.get('username') == None:     #用户没有登录，则跳转到登
                                                            录页面
07                    url=url_for('front.login') +'?url=article_details/'+id
                                                            #构造重定向网址
08                    return redirect(url)                  #网页重定向
```

```
09              if form.validate():                    #如果表单验证通过
10                  comment_content = data['comment_content']
                                               #从表单中取值赋给 comment_content
11                  captcha = data['captcha']      #从表单中取值赋给 captcha
12                  id = data['article_id']        #从表单中取值赋给 id
13                  title = data['article_title'] #从表单中取值赋给 title
14                  if session.get('image').lower() != captcha.lower():
                            #如果 POST 过来的验证码与 Session 中的验证码不相等
15                      flash('验证码不对', 'error')
                            #如果表单验证没有通过，则用消息闪现机制予以提示
16                  else:                              #准备提交表单信息
17                      username=session.get('username')
                                                   #从 Session 中取得 username
18                      user=Members.query.filter(Members.username==username).
                        first_or_404()             #根据用户名取得用户 ID
19                      uid=user.uid               #把 user 对象的属性值赋给 uid
20                      #准备 POST 的数据
21                      post = Comment(
22                          title=title,           #评论的文章标题
23                          aid=id,                #评论的文章 ID
24                          comment=comment_content,   #评论内容
25                          status=0,              #评论审核转台
26                          parent_id=1,           #评论的层次关系
27                          add_time=datetime.datetime.now(),
28                          user_name=session.get('username'),#获取 Session
29                          user_id=uid,           #评论用户 ID
30                          comment_ip=request.remote_addr#评论者的 IP 地址
31                      )
32                      db.session.add(post)       #添加评论
33                      db.session.commit()        #提交事务
34                      flash('评论添加成功', 'ok') #消息闪现
35                      return redirect(url_for('front.article_details',
                        id=id))                    #网页重定位
36              else:
37                  errors = form.errors           #获取表单验证出错信息
38                  flash(errors, 'error')         #如果表单验证没有通过，则用消
                                                   息闪现机制予以提示
39                  return redirect(url_for('front.article_details', id=id))
                                               #登录失败，网页重新定位到用户登录页
```

注意：评论提交和文章详情页是同一个路由，也是@bp.route('/article_details/<int:id>', methods=['GET','POST'])。

02 行表示如果访问方法为 POST 方法，则执行 02 行以下的代码；03 行表示实例化定义的添加评论表单；04 行表示获取表单数据；05 行表示从表单中取得 article_id 的值；06 行表示用户没有登录，则跳转到登录页面；07 行表示构造重定向网址；08 行表示网页重定向；09 行表示如果表单验证通过；10 行表示从表单中取值赋给 comment_content；11

行表示从表单中取值赋给 captcha；12 行表示从表单中取值赋给 id；13 行表示从表单中取值赋给 title；14 行表示如果 POST 过来的验证码与 Session 中的验证码不相等；15 行表示如果表单验证没有通过，则用消息闪现机制予以提示；16 行表示准备提交表单信息；17 行表示从 Session 中取得用户名 username；18 行表示根据用户名取得用户 ID；19 行表示把 user 对象的属性值赋给 uid；21～31 行构造准备递交到数据库的数据；32 行表示添加评论；33 行表示提交事务；34 行表示消息闪现的内容；35 行表示网页重定位；37 行表示获取表单验证出错信息；38 行表示如果表单验证没有通过，则用消息闪现机制予以提示；39 行表示登录失败，网页重新定位到用户登录页。

运行程序，效果如图 13.9 所示。

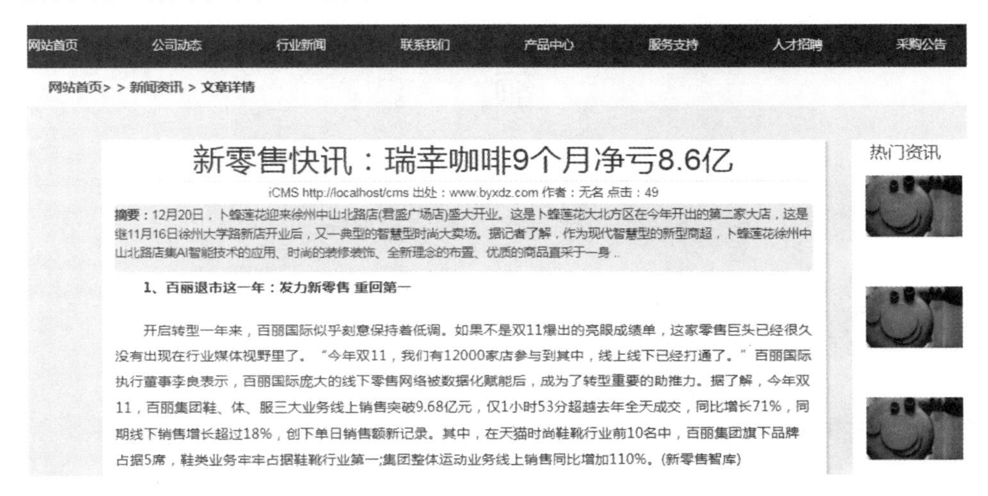

图 13.9　文章详情页效果

13.4　网站 404 页面功能实现

网站在实际开发与运行中，服务器无法正常提供信息或无法提供响应，因为可能用户访问的那个页面根本不存在，我们为了优化用户体验，需要自定义 404 页面和 500 页面。404 错误是表示访问的资源文件在服务器上不存在，500 错误表示程序本身出了问题，有异常抛出。

404 处理对应的代码如下：

例 13-6　网站 404 页面功能：app.py

```
01   #404 等错误处理
02   @bp.app_errorhandler(404)
03   def error_404(error):
04       return render_template('front/404.html'), 404
```

02 行定义蓝图范围的异常抛出，app_errorhandler(404)为一装饰器函数；03 行表示定义视图函数；04 行渲染静态文件。

输入一个服务器上不存在的网址，比如 http://127.0.0.1:5000/goog，回车后，运行结果如图 13.10 所示。

图 13.10　404 页面

注意：对应的 404.html 文件这里没有给出，请参阅对应的资源文件。

500 错误处理对应的代码为：

例 13-6　网站 500 页面功能：app.py

```
01    #500 等错误处理
02    @bp.app_errorhandler(500)
03    def error_500(error):
04        return render_template('front/404.html'), 404
```

02 行定义蓝图范围的异常抛出，app_errorhandler(500)为装饰器函数；03 行表示定义视图函数；04 行表示渲染静态文件。

注意：500 错误是表示内部错误，即程序某个地方有问题。

13.5　温故知新

1．学完本章内容后，读者需要回答：

（1）什么是消息闪现？

（2）404 和 500 错误有何异同？

2．在下一章中将会学习：

（1）CSRF 攻击与防御。

（2）CSRF 防御机制下普通表单处理的方法。

（3）CSRF 防御机制下 AJAX 请求如何处理。

13.6　习　　题

通过下面的习题来检验本章的学习情况，习题答案请参考本书配套资源。

【本章习题答案见配套资源\源代码\C13\习题】

请参阅本章表 13.1，使用 request 的属性，假如访问的网址为 http://127.0.0.1:5000/article_detail/5，也就是访问文章详情页，请编写代码，得到网址中/article_details/5 这部分内容，再编写代码得到文章详情页的路由装饰器@app.route()，告诉 Flask 哪个 URL 才能触发我们的函数，即路由。遗忘的读者，可参阅本书相关章节的内容。

第 14 章　CMS 系统代码优化

任何一个系统开发以后，总是存在一些漏洞和 Bug，这需要靠后期不断测试和优化，直到该系统趋于稳定。本章主要介绍 CSRF 攻击与防御的基本原理，以及系统启用了 CSRF 防御后普通表单的 POST 提交如何修改，还介绍了 AJAX 下如何使用 CSRF 防御。

本章主要涉及的知识点有：

- CSRF 防御体系的基本原理。
- 启用 CSRF 防御及普通表单的提交方法。
- AJAX 下如何使用 CSRF 防御。

14.1　CSRF 攻击与防御

为了提高网站的安全性，我们往往要注意 CSRF 是如何利用网站的漏洞，并注意其防范方法。

CSRF 全称是 Cross-site Request Forgery，中文意思是“跨站域请求伪造”。CSRF 是用户在未取得授权的情况下，通过伪造合法身份执行在权限保护之下的操作，从而取得网站一些敏感信息，或进行一些敏感操作，这往往会给网站带来一些较大的损失。

要启用 CSRF 防御，必须要经过以下两步的初始化配置。

（1）引入 CSRFProtect 模块：

```
from flask_wtf import CSRFProtect
```

（2）初始化 CSRFProtect 模块：

在“app.config.from_object('config')#使用模块的名称”代码下面添加下面代码：

```
CSRFProtect(app)
```

注意： 有时系统优化或测试时需要关闭 CSRF 保护，可以在系统配置文件 config.py 文件中使用如下代码：

```
WTF_CSRF_ENABLED
```

这样设置以后，整个 CMS 系统就有了 CSRF 防御机制。比如此时再登录后台，就会出现如图 14.1 所示的情况。

图 14.1　启用了 CSRF 防护

在登录页表单中添加如下代码：

```
<input type="hidden" name="csrf_token" value="{{ csrf_token() }}" />
```

这样设置以后就有了 CSRF 防御，同时也可以正常登录。整个 CMS 系统中，只要涉及表单操作，都要添加这样的代码，才能将表单信息正常地提交。

如果启用了 CSRF 保护，则会遇到一个问题：如果使用了 AJAX 技术，则 AJAX 请求会被拦截。如果要 AJAX 请求能正常使用，应该如何设置呢？首先有必要搞清楚 CSRF 防御的工作原理：服务器端生成 csrf_token（CSRF 的校验值）的值，将 csrf_token 价值传给前端页面。前端页面 POST 请求时，一并把该值递交到服务器端。服务器端将传递过来的 csrf_token 与生成的 csrf_token 进行严格比对，如果不相等，则判断为伪造的 POST 请求，将该请求予以拦截下来。

搞懂了 CSRF 的原理以后，就可以解决在启用 CSRF 防御条件下，如何使用 AJAX 向服务器成功地请求数据。主要有以下 3 个步骤：

（1）服务器生成 csrf_token 的值。

例 14-1　启用 CSRF 防御之生成 csrf_token：app.py

```
from flask_wtf.csrf import generate_csrf
# 导入生成 csrf_token 值的函数
    from flask_wtf.csrf import generate_csrf
    # 调用函数生成 csrf_token
    csrf_token = generate_csrf()
```

（2）利用钩子函数将生成的 csrf_token 放到 Cookie 中。

例 14-1　启用 CSRF 防御之 csrf_token 存于 Cookie：app.py

```
@bp.after_request
    def after_request(response):
        # 调用函数生成 csrf_token
        csrf_token = generate_csrf()
        # 通过 Cookie 将值传给前端
        response.set_cookie("csrf_token", csrf_token)
        return response
```

（3）前端利用 jQuery 从 Cookie 中获取值。

例 14-1　启用 CSRF 防御之从 Cookie 中获取值：app.py

```
01   function getCookie(name) {
02       var cookieValue = null;
03       if (document.cookie && document.cookie !== '') {
04           var cookies = document.cookie.split(';');
05           for (var i = 0; i < cookies.length; i++) {
06               var cookie = jQuery.trim(cookies[i]);
07               if (cookie.substring(0, name.length + 1) === (name + '=')) {
08                   cookieValue = decodeURIComponent(cookie.substring
                     (name.length + 1));
09                   break;
10               }
11           }
12       }
13       return cookieValue;
14   }
```

02 行定义变量 cookieValue ；03 行判断 Cookie 是否存在；04 行字符串分割成几个段，Cookie 之间用的是分号分隔；05 行遍历整个数组；06 行得到当前 Cookie 名称；07 行判断要取的 Cookie 与遍历出的 Cookie 是否相等；08 行取出该 Cookie 值；09 行退出循环；13 行返回找到的 Cookie 值。

在 AJAX 请求中，加入头文件或在 data 中加入 csrf_token 如下：

```
headers: {
        "X-CSRFToken": getCookie("csrf_token")},
```

或者是在 POST 的 data 数据中加入如下：

```
data : {
            aid : id
           "X-CSRFToken": getCookie("csrf_token")},

         },
```

注意：只要用到了 AJAX，都要做如此的修改，否则 AJAX 请求服务器数据或向服务器递交数据是不会成功的。

14.2　视图函数的一些优化

在前面章节中，有些功能将页面展示和 POST 提交分成了两个路由，对于权限管理来说，这是不方便的，有必要对此进行优化设置。

在后台 admin 模型中，我们定义了文章栏目编辑的路由如下：

```
@bp.route('/article_cat_edit/<id>/', methods=['GET'])
```

而文章栏目修改保存的路由定义如下：

```
@bp.route('/article_cat_save/', methods=['POST'])
```

这里定义了两个路由，实际上是没有必要的，可以考虑将它们合并为一个。具体代码如下：

例 14-2　视图函数的优化：app.py

```
01   #文章栏目编辑并保存
02   @bp.route('/article_cat_edit/<id>/', methods=['GET','POST'])
03   @login_required
04   def article_cat_edit(id):
05       if request.method == 'GET':
06           ……
07   return render_template('admin/articel_cat_edit.html',content= cat_
     list,message=html)
08       else:
09           form = Article_cat(request.form)
10           ……
11           #POST 的方法代码
```

02 行定义路由，限制其访问方法为 GET 和 POST；03 行表示使用了登录装饰器；04 定义视图函数；05～07 行表示如果是 GET 方法，就渲染模板，展示页面；08 行表示如果是 POST 方法访问，就执行保存操作。

注意：修改了路由后，请注意权限的编辑与修改。

在 templates\admin 目录下找到 articel_cat_edit.html 文件，并找到如下代码：

```
<form action="{{ url_for('admin.article_cat_save') }}"
class="form-horizontal" role="form" method='post'>
```

将其修改为如下代码：

```
<form action="" class="form-horizontal" role="form" method='post'>
```

下面测试一下该功能是否能够正常使用。如图 14.2 所示，我们要将“工会摘要”修改为“工会摘要 1”。

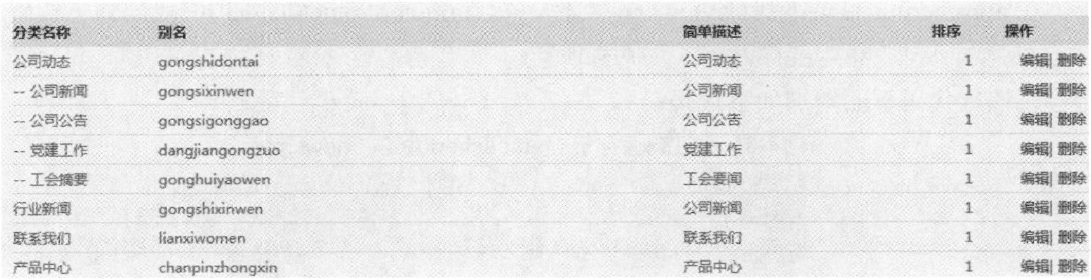

分类名称	别名	简单描述	排序	操作
公司动态	gongshidontai	公司动态	1	编辑| 删除
-- 公司新闻	gongsixinwen	公司新闻	1	编辑| 删除
-- 公司公告	gongsigonggao	公司公告	1	编辑| 删除
-- 党建工作	dangjiangongzuo	党建工作	1	编辑| 删除
-- 工会摘要	gonghuiyaowen	工会要闻	1	编辑| 删除
行业新闻	gongshixinwen	公司新闻	1	编辑| 删除
联系我们	lianxiwomen	联系我们	1	编辑| 删除
产品中心	chanpinzhongxin	产品中心	1	编辑| 删除

图 14.2　栏目列表页

单击“编辑”链接后进行修改，修改完成后再单击“保存”按钮，运行效果如图 14.3 所示。可见该功能已经正常了。

分类名称	别名	简单描述	排序	操作
公司动态	gongshidontai	公司动态	1	编辑| 删除
-- 公司新闻	gongsixinwen	公司新闻	1	编辑| 删除
-- 公司公告	gongsigonggao	公司公告	1	编辑| 删除
-- 党建工作	dangjiangongzuo	党建工作	1	编辑| 删除
-- 工会摘要1	gonghuiyaowen	工会要闻	1	编辑| 删除

图 14.3　栏目修改并保存成功

其他更多优化方法，请读者参阅本书配套资源。

14.3　将验证码保存到 Memcached 中

在前面章节的管理员登录中，我们使用到了验证码，此时的验证码是保存在 Session 中，登录过程中，是从 Session 中取出的。能否将验证码保存在 Memcached 服务器中，并设置过期时间为 5 分钟呢？答案是肯定的。

在 apps/admin 目录下找到 views.py 文件，打开该文件并找到@bp.route('/code/')，在其中找到如下代码：

```
session['image'] = strs
```

在该行代码下增加如下代码：

例 14-3　验证码保存于 Memcached 中 1：views.py

```
#把验证码存入 Memcache 中
01   mc = memcache.Client(['127.0.0.1:11211'], debug=True)
                                                    #连接 Memcache 服务器
02   mc.add('image', strs, time=300)                #过期时间 5 分钟
```

01 行表示建立服务器连接；02 行表示将验证码保存于 memcache 服务器中。

在 apps/admin 目录下找到 views.py 文件，然后在@bp.route('/code/')中找到如下代码：

```
captcha=request.form.get('captcha')
```

在该行代码下面增加如下代码：

例 14-3　验证码保存于 Memcached 中 2：views.py

```
01   mc = memcache.Client(['127.0.0.1:11211'], debug=True)
02   if mc.get('image'):                             #如果 Memcache 中存在验证码
03       captcha_code = mc.get('image').lower()   #.lower()函数是把值转换成小
                                                     写形式
04   else:
05       captcha_code = session.get('image').lower()
06       if captcha_code != captcha.lower():
07       #if session.get('image').lower() != captcha.lower():
```

01 行表示连接 Memcache 服务器；02 行表示判断 Memcache 中是否存在验证码；03

行表示从 Memcache 服务器中取得验证码后，将其转化成小写形式，然后送到 captcha_code 变量中；04 行、05 行表示如果 Memcache 服务器中不存在验证码，就直接从 Session 中获取，也是将验证码都转换成小写形式；06 行表示判断用户输入验证码和服务器产生的验证是否相等。

注意：此处增加了这部分代码，改变了缩进量，Python 是靠缩进量来判断 if 与 else 等语句的层级关系，请读者一定要注意这个问题。

14.4　温故知新

1．学习完本章内容后，读者需要回答：

（1）什么是 CSRF？

（2）CSRF 防御的基本工作原理是什么？

（3）AJAX 请求如何使用 CSRF 防御？

2．在下一章中将学习：

（1）系统代码测试的相关内容。

（2）系统代码测试日志的相关内容。

14.5　习　　题

通过下面的习题来检验本章的学习情况，习题答案请参考本书配套资源。

【本章习题答案见配套资源\源代码\C14\习题】

有如下代码，请启用 CSRF 保护。

视图函数如下：

```
from flask import Flask
from flask.ext.bootstrap import Bootstrap
#定义 app 对象
app=Flask(__name__)
#开启保护
from flask_wtf import CSRFProtect
CSRFProtect(app)
if __name__=="__main__":
app.run()
```

HTML 静态代码如下：

```
<!DOCTYPE html>
<html lang="en">
```

```
<head>
    <meta charset="UTF-8">
    <title>Title</title>
</head>
<body>
<form action="" method="post">
<label>用户名：</label><input type="text" name="username" placeholder=
"请输入用户名"><br/>
    <label>密码：</label><input type="password" name="password"
    placeholder="请输入密码"><br/>
    <input type="submit" value="登录">
           </form>
</body>
</html>
```

第3篇 网站上线准备及部署

第 15 章　CMS 系统性能测试与单元测试

网站上线在即，有必要对网站的整体性能做一些测试。网站性能包括连接速度测试、负载测试、响应速度测试、压力测试、安全性测试和单元测试等。本章主要介绍性能测试的基本方法和单元测试的方法。

本章主要涉及的知识点有：

- 记录数据库缓慢查询的方法。
- 使用一些基本的测试工具。
- 单元测试框架 Unittest 的使用及其 setUp()和 tearDown()等基本方法的综合使用。

15.1　慢查询 SQL 的检测与记录

在性能测试中，对 SQL 语句的检测与优化很关键，检测并发现缓慢数据库查询对应的 SQL 语句，并对其优化。我们首先介绍一下如何记录所有的 SQL 操作记录。

记录 SQL 日志，只要满足以下 3 个条件中的任意一个即可。

```
app.config['DEBUG'] = True
app.config['TESTING'] = True
app.config['SQLALCHEMY_RECORD_QUERIES'] = True
```

注意：3 个设置必须要设置一个，否则后面的 SQL 日志记录不会生效。

导入慢查询 SQL 记录的资源包，可以使用如下代码：

```
from flask_sqlalchemy import get_debug_queries
```

打印输出所有的 SQL 记录，可以使用如下代码：

```
queries = get_debug_queries()
for query in queries:
    print(query)
```

在上面的代码基础上，可以设置一个慢查询所花时间的最低门限值，如果某个 SQL

操作所花时间还要比该门限值还要大，则将此 SQL 操作记录下来，形成日志文件。

（1）设置语句查询最低门限值。

例 15-1　记录影响性能的缓慢数据库查询 1：views.py

```
FLASKY_DB_QUERY_TIMEOUT=0.5
```

（2）在每次请求结束后，判断每条查询语句执行时间是否低于设定的值，如果低于设定的门限值，则记录下查询语句相关信息。示例代码如下：

例 15-1　记录影响性能的缓慢数据库查询 2：views.py

```
01  #记录慢记录
02  @bp.after_app_request
03  def after_request(response):
04      #记录影响性能的缓慢数据库查询
05      for query in get_debug_queries():
06          logging.basicConfig(level=logging.DEBUG,
                                              #控制台打印的日志级别
07                              filename='query_log.log',
08                              filemode='a+',  #模式，有 w 和 a，w 就是写模式，每次
                                               都会重新写日志，覆盖之前的日志
09                              #a 是追加模式，默认如果不写的话，就是追加模式
10                              format='%(asctime)s -: %(message)s'# 日志格式
11                              )
12          if query.duration >= FLASKY_DB_QUERY_TIMEOUT:
13              logging.info('Slow query:' + query.statement)
14              logging.info(query.duration)
```

02 行使用钩子函数；03 行定义函数 after_reques()；05 行遍历 get_debug_queries 列表；06～11 行设置生成日志配置文件；12 和 13 行表示如果遍历每个对象的 duration 属性值大于设定的门限值，将在第 13 行输出缓慢数据库查询对象对应的原生 SQL 语句；14 行输出缓慢数据库查询对象所花的时间。

get_debug_queries 列表属性如表 15.1 所示。

表 15.1　Flask-SQLAchemy列表对应的一些属性值

名　　称	说　　明
statement	SQL语句
parameters	SQL语句使用的参数
Start_time	执行查询的开始时间
End_time	返回查询结果时的时间
duration	查询持续的时间，以秒为单位
context	表示查询在源码中所处位置的字符串

注意：需要使用 import logging 导入 logging 模块。这里为了得到测试数据，可以把 if query.duration >= FLASKY_DB_QUERY_TIMEOUT 修改为 if query.duration >=0。

运行首页，会在工程目录下生成名为 query_log.log t 文件，内容如下：

```
2019-01-25 15:40:14,994 -: Slow query:SELECT jq_article_category.cat_id AS
jq_article_category_cat_id, jq_article_category.parent_id AS
jq_article_category_parent_id, jq_article_category.cat_name AS
jq_article_category_cat_name, jq_article_category.keywords AS
jq_article_category_keywords, jq_article_category.description AS
jq_article_category_description, jq_article_category.cat_sort AS
jq_article_category_cat_sort, jq_article_category.status AS
jq_article_category_status, jq_article_category.dir AS
jq_article_category_dir
FROM jq_article_category
2019-01-25 15:40:14,994 -: 0.0006565889999992081
2019-01-25 15:40:14,994 -: Slow query:SELECT jq_article.aid AS
jq_article_aid, jq_article.cat_id AS jq_article_cat_id, jq_article.title AS
jq_article_title, jq_article.shorttitle AS jq_article_shorttitle,
jq_article.source AS jq_article_source, jq_article.keywords AS
jq_article_keywords, jq_article.description AS jq_article_description,
jq_article.body AS jq_article_body, jq_article.clicks AS
jq_article_clicks, jq_article.picture AS jq_article_picture,
jq_article.author_id AS jq_article_author_id, jq_article.allowcomments AS
jq_article_allowcomments, jq_article.status AS bujq_article_status,
jq_article.create_time AS jq_article_create_time, jq_article.is_delete AS
jq_article_is_delete
FROM jq_article
2019-01-25 15:40:14,994 -: 0.002130854999999876
```

15.2　Flask 单元测试

单元测试的实质就是编写测试用例，来测试程序模块的准确性。一个最小的单元，可能就是定义的方法。我们调用这些方法看看能否返回正确的结果。Python 自带了一个单元测试框架，名为 Unittest，在本节中主要对 Unittest 框架的基本使用作简单介绍。

注意： 单元测试的本质是用来对一个模块、一个函数或者一个类进行正确性检验的测试工作。

首先在 apps 目录下新建一名称为 test 的 Python Package 包，在 test 目录下再新建一名称为 test_jiaqi_index.py 的 Python 文件，其结构如图 15.1 所示。

```
∨ test
    __init__.py
    test_jiaqi_index.py
```

图 15.1　单元测试文件结构

在 test_jiaqi_index.py 文件中编写如下代码：

例 15-2　记录影响性能的缓慢数据库查询 3：views.py

```
01  # -*- coding:utf-8 -*-
02  import unittest                     #导入 unittest 模块
```

```
03  import sys                         #导入 json 模块
04  sys.path.append('../../')          #设定 app.py 文件所在路径，实际上是根目录
05  from app import create_app         #导入 create_app 模块
06  app = create_app()                 #app 初始化
07  class JiaQiTest(unittest.TestCase):      #定义 JiaQiTest 类
08      def print_into(self, a):             #清除残余测试数据提示
09          print("clearing...")
10      def setUp(self):                     #定义 setUp()方法，进行初始化
11          self.app=app.test_client()       #Flask 客户端可以模拟发送诸如 GET
                                              和 POST 请求
12          print("set up")
13      def tearDown(self):        #定义 tearDown()方法，进行测试结束的收尾工作
14          print("down")
15          self.addCleanup(self.print_into, "clearing...") #清除残余数据
16      def test_index(self):      #定义 test_index()方法，就是测试用例的实例
17          pass
```

02、03 行导入 unittests 等模块；05 行导入 create_app 模块；06 行初始化 app；07 行表示定义一个类 JiaQiTest，继承自 unittest.TestCase；08、09 行表示清除残余测试数据提示；10～12 行表示定义 setUp()方法；13～15 行表示定义 tearDown()方法。

我们定义了一个测试用例的类，继承自 unittest.TestCase 类，当执行测试用例时，测试引擎会“跑遍”所有我们定义的该测试用例类的成员函数。其中，setUp()和 tearDown()函数比较特殊，setUp()函数在测试开始前执行，一般用于初始化；tearDown()函数在测试结束之后执行；一般使用 tearDown()在执行完测试用例后回收资源。

assert 表示断言，assert 断言是声明布尔值必须为真的判定，如果发生异常就说明表达式为假。断言可以理解为测试某个表达式时，如果返回的结果为假，则会抛出异常，终止程序继续执行。对应的 assert*()断言方法如表 15.2 所示。

表 15.2　assert*()主要的断言方法

方　法	含　义	备　注
assertEqual(a,b,msg)	断言a和b是否相等，如相等，则测试用例通过，否则终止程序执行	msg表示测试失败时输出的信息，msg可以为空
assert NotEqual(a,b,msg)	断言a和b是否不相等，如相等，则测试用例通过，否则终止程序执行	msg表示测试失败时输出的信息，msg可以为空
assertTrue（x,msg）	断言x是否为True，如是True，则测试用例通过，否则终止程序执行	msg表示测试失败时输出的信息，msg可以为空
assertFalse（x,msg）	断言x是否为False，如是Flase，则测试用例通过，否则终止程序执行	msg表示测试失败时输出的信息，msg可以为空
assertIs(a,b,msg)	断言a是否是b，如是，则测试用例通过	msg表示测试失败时输出的信息，msg可以为空
assertNotIs(a,b,msg)	断言a是否是b，如不是，则测试用例通过，否则终止程序执行	msg表示测试失败时输出的信息，msg可以为空
assertIsNone(x,msg)	断言x是否为None，如是None，则测试用例通过，否则终止程序执行	msg表示测试失败时输出的信息，msg可以为空

（续）

方　　法	含　　义	备　　注
assertIsNotNone(x,msg)	断言x是否为None，如不是None，则测试用例通过，否则终止程序执行	msg表示测试失败时输出的信息，msg可以为空
assertIn(a,b,msg)	断言a是否在b中，如在b中，则测试用例通过，否则终止程序执行	还可以是assertIn(a,b)，表示判断a in b是否成立，如正确则True，否则为False。assertIn("1" in "123")结果为成功
assertNotIn(a,b,msg)	断言a是否在b中，如不在b中，则测试用例通过，否则终止程序执行	msg表示测试失败时输出的信息，msg可以为空

接下来，我们在 Pycharm 中切换到终端模式，然后输入 python -m unittest test_jiaqi_index，如图 15.2 所示。

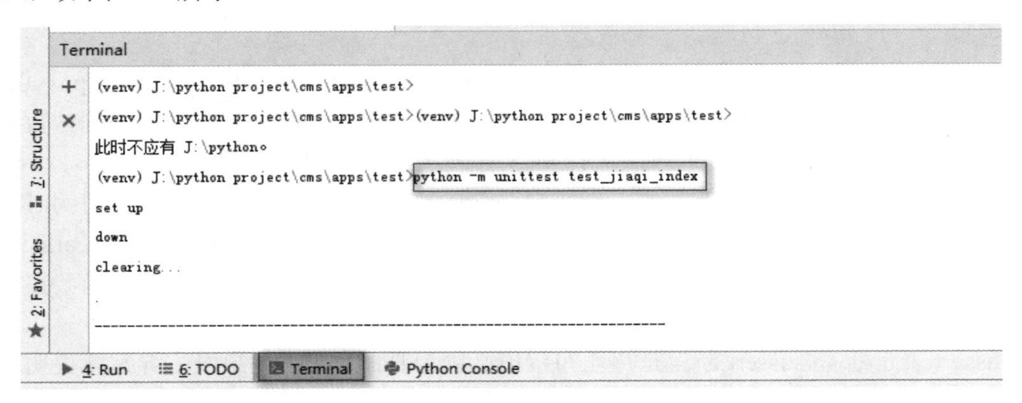

图 15.2　Terminal 下运行测试用例

输入完毕以后，按回车键，输出结果如下：

```
----------------------------------------------------------------------
Ran 1 test in 0.007s
OK
```

上面的结果表示该功能测试通过，基本无 Bug。这里的 Bug，本意为臭虫、缺陷等意思，在软件测试、软件开发中，代表一类不容易发现的设计上存在的缺陷或漏洞，这种权限或漏洞可能会造成重大的安全隐患。

注意： 如果单元测试通不过，那么肯定存在问题。如果单元测试全部通过，但也只是表示该单元功能实现了，有可能还是存在 Bug。

接下来，再来测试一下用户登录模块。需要关闭 Flask CSRF 保护，可以使用如下命令：

```
WTF_CSRF_ENABLED = False#关闭或打开 Flask csrf 保护
```

其中，False 表示关闭，True 表示开启。

在 test 目录下新建一个名为 test_login.py 的文件，该文件对应的代码如下：

例 15-2　Flask 单元测试简单示例：test_login.py

```
01  # -*- coding:utf-8 -*-
02  import unittest                                   #导入 unittest 模块
03  import json                                       #导入 json 模块
04  import sys                                        #导入 sys 模块
05  sys.path.append('../../')          #设定 app.py 文件所在路径，实际上是根目录
06  from app import create_app                        #导入 create_app 模块
07  from flask import json                            #导入 json
08  app=create_app()                                  #app 实例化
09  class TestLogin(unittest.TestCase):     #定义 TestLogin 类,测试用户登录功能
10      def print_into(self, a):                      #清除残余测试数据提示
11          print("clearing...")
12      def setUp(self):
13          app.testing = True          #指定 app 在测试模式下运行，让其抛出异常
14          #Flask 客户端可以模拟发送诸如 GET 和 POST 的请求
15          self.client = app.test_client()
16          print("测试用户登录开始，使用错误的用户名或密码")
17      def tearDown(self):
18          print("测试用户登录结束，可以清除相应的测试数据")
19          self.addCleanup(self.print_into,"clearing...")  #清除残余数据
20      def test_error_username_password(self):
21          #测试错误的用户名或密码，服务器发出的 JSON 格式数据放入 response
22          response =app.test_client().post('/login?url=/', data =
            {"username": "zhangsan1", "password": "100258"})
                                                          #模拟用户发出 POST 请求
23          #使用 respoonse.data 取得服务器响应数据
24          resp_json = response.data
25          #以 json 格式解析数据
26          resp_dict = json.loads(resp_json)
27          #使用断言，验证 resp_dict 是否包含 code 子串，若 code 不是 resp_dist 的
             子串，返回 Flase
28          self.assertIn("code", resp_dict)
29          #使用 get 方法获取 resp_dict 中的 code
30          code = resp_dict.get("code")
31          #使用断言验证，验证 code 的值是否为 2，不为 2 的话，返回结果为 False,否则
             返回 OK
32          self.assertEqual(code, 2)
```

02～04 行导入相应的模块；05 行把路径"../../"添加到环境变量中；06 行导入 create_app 模块；07 行导入 json 模块；08 行进行 app 实例化；09 行定义 TestLogin 类，测试用户登录功能；10、11 行定义清除残余测试数据提示函数；12 行定义 setUp()函数；13 行表示指定 app 在测试模式下运行，让其抛出异常；15 行表示 Flask 客户端可以模拟发送诸如 GET 和 POST 的请求；16 行定义 print()函数打印输出；17 行定义 tearDown()，主要用来完成测试数据的删除；18、19 行清除残余数据；20 行用来定义 test_error_username_ password()函数，用来测试用户输入密码错误的情况；22 行向服务器发出 POST 请求，服务器回应的

消息以 JSON 格式放入 response；23 行表示使用 response.data 取得服务器的相应数据；26 行表示以 JSON 格式解析数据；30 行表示使用 get 获取 resp_dict 中的 code；32 行表示用断言验证，验证 code 的值是否为 2，不为 2 的话，返回结果为 False，否则返回 OK。

此时，在下面输入命令 python -m unittest discover，输出结果如下：

```
(venv) J:\python project\cms\apps\test>python -m unittest discover
set up
down
clearing...
.测试用户登录开始，使用错误的用户名或密码
J:\python project\python3\venv\lib\site-packages\flask_sqlalchemy\__init__.
py:252: DeprecationWarning: time.clock has been deprecated in Python 3.3
and will be removed from Python 3.8: use time.perf
_counter or time.process_time instead
  context._query_start_time = _timer()
J:\python project\python3\venv\lib\site-packages\flask_sqlalchemy\__init__.
py:264: DeprecationWarning: time.clock has been deprecated in Python 3.3
and will be removed from Python 3.8: use time.perf
_counter or time.process_time instead
  statement, parameters, context._query_start_time, _timer(),
../..\apps\front\views.py:251: DeprecationWarning: The 'warn' method is
deprecated, use 'warning' instead
  query.duration))
测试用户登录结束，可以清除相应的测试数据
clearing...
----------------------------------------------------------------------
Ran 2 tests in 0.145s
OK
```

注意：使用 discover()方法，测试用例中需要执行的测试方法必须以 test 开头，否则无法成功执行！

如果要编写多个测试用例，还可以使用 Unittest 单元测试框架的 discover 方法批量执行脚本用例的方法。在 test 目录下新建一名称为 run_test.py 的文件，在该文件中输入如下代码：

例 15-3　disvover 方法批量执行脚本用例示例：run_test.py

```
01  # -*- coding:utf-8 -*-
02  import unittest                                    #导入 unittest 模块
03  import os                                          #导入 os 模块
04  class RunCase(unittest.TestCase):
05      def test_case(self):                           #定义 test_case 测试用例函数
06          case_path = os.getcwd()                    # 测试用例所在路径
07          discover = unittest.defaultTestLoader.discover(case_path,
            pattern="test_*.py")
08          # discover()方法会自动根据测试目录寻找所有与 test_*.py 名称模式匹配的
            测试用例文件，并加载其内容
09          runner = unittest.TextTestRunner(verbosity=2)
                              # TextTestRunner 类将用例执行的结果以 text 形式输出，分
```

```
                              为 0～6 级，其中 0 最简单，1 是默认值，2 表示输出完整信息
10            runner.run(discover)#run()方法执行 discover
11    if __name__ == '__main__':
12        unittest.main()#执行测试方法
```

02、03 行导入相应模块；04 行定义 RunCase 类；05 行表示定义 test_case 测试用例集合函数；06 行表示取得测试用例所在路径；08 行表示 discover()方法会自动根据测试目录寻找所有与 test_*.py 名称模式匹配的测试用例文件，并加载其内容；09 行表示 TextTestRunner 类将用例执行的结果以 text 形式输出，分为 0～6 级，其中 0 最简单，1 是默认值，2 表示输出完整信息；12 行表示执行测试方法。

此时可以切换到当前虚拟环境下，输入如下命令：

```
(venv) J:\python project\cms\apps\test>python run_test.py
```

输出结果如下：

```
J:\python project\python3\venv\lib\site-packages\werkzeug\datastructure
DeprecationWarning: Using or importing the ABCs from 'collections' inst
om 'collections.abc' is deprecated, and in 3.8 it will stop working
  from collections import Container, Iterable, MutableSet
J:\python project\python3\venv\lib\site-packages\jinja2\utils.py:485: D
nWarning: Using or importing the ABCs from 'collections' instead of fro
tions.abc' is deprecated, and in 3.8 it will stop working
  from collections import MutableMapping
J:\python project\python3\venv\lib\site-packages\markupsafe\__init__.py
ecationWarning: Using or importing the ABCs from 'collections' instead
collections.abc' is deprecated, and in 3.8 it will stop working
  from collections import Mapping
J:\python project\python3\venv\lib\site-packages\sqlalchemy\engine\resu
: DeprecationWarning: Using or importing the ABCs from 'collections' in
from 'collections.abc' is deprecated, and in 3.8 it will stop working
  from collections import Sequence
test_index (test_jiaqi_index.JiaQiTest) ... set up
down
clearing...
ok
test_error_username_password (test_login.TestLogin) ... 测试用户登录开始，
错误的用户名或密码
J:\python project\python3\venv\lib\site-packages\flask_sqlalchemy\__ini
2: DeprecationWarning: time.clock has been deprecated in Python 3.3 and
removed from Python 3.8: use time.perf_counter or time.process_time ins
  context._query_start_time = _timer()
J:\python project\python3\venv\lib\site-packages\flask_sqlalchemy\__ini
4: DeprecationWarning: time.clock has been deprecated in Python 3.3 and
removed from Python 3.8: use time.perf_counter or time.process_time ins
  statement, parameters, context._query_start_time, _timer(),
../..\apps\front\views.py:251: DeprecationWarning: The 'warn' method is
ed, use 'warning' instead
  query.duration))
测试用户登录结束，可以清除相应的测试数据
clearing...
ok
-----------------------------------------------------------------
```

```
Ran 2 tests in 0.231s
OK
```

15.3 温故知新

1．学完本章内容后，读者需要回答：

（1）要输出慢查询 SQL 语句，需要注意的什么配置？

（2）Python 的日志 logging 模块使用方法是什么？

2．在下一章中将学习：

（1）Flask 生产服务器的基本配置过程。

（2）依赖需求文件如何产生。

15.4 习　　题

通过下面的习题来检验本章的学习情况，习题答案请参考本书配套资源。

【本章习题答案见配套资源\源代码\C15\习题】

1．打印输出 flask sqlalchemy 慢日志记录，设定 SQL 执行超时时间的门限值为 0.6 秒。

2．使用 Flask 的 logging 日志记录模块，记录 SQL 执行超时时间的门限为值为 0.0005 秒，并以日志文件格式输出。

第 16 章　网 站 部 署

Flask 自带的 Web 服务器是轻量级服务器，以方便程序员开发和调试。但是在实际部署的时候，却不能直接用 Flask 发布应用，因为 Flask 自带的 Web 服务器还不够强壮，无法在生产环境中使用，还需要 Web 服务和 WSGI（Web 服务网关接口）。本章主要介绍生产服务器的部署及网站的线上部署方法。

本章主要涉及的知识点有：

- Nginx+Gunicorn+Flask 服务器的部署方法。
- 需求文件 requirements.txt 的创建和使用方法。

16.1　服务器部署

服务器部署方案主要有 Nginx+Gunicorn+Flask 或 Nginx+uwsgi+Flask 两种方案。由于 Nginx+uwsgi+Flask 方案可能存在内存泄漏（内存占用无限增加）以及 uwsgi 中设置配置文件比较烦琐等问题，因此推荐使用 Nginx+Gunicorn+Flask 方案。这里使用 Gunicorn 作为应用服务器，Nginx 作为反向代理服务器。

本书服务器系统使用的是 Linux 系统，笔者使用的是优麒麟银河麒麟 4.0.2 桌面版本。

注意： 笔者是在虚拟机中安装了银河麒麟 4.0.2 桌面版的 Ubuntu 系统，已经预置了 Python 2.7 与 Python 3.5 版本。

我们谈到 Python 应用服务器，不得不谈到 WSGI 容器。什么是 WSGI 容器呢？WSGI 是一种 Web 服务器网关接口。它是一个 Web 服务器（如 Nginx、uWSGI 等服务器）与 Web 应用（Flask、Django 框架写的程序）通信的一种规范。简而言之，Web 框架和 Web 服务器之间需要通信，这时需要设计一套双方都遵守的接口规范。uwsgi 指的是一种线路协议，该协议用在 uWSGI 服务器与其他服务器（比如 http 服务器）的数据交换方面。而 uWSGI 指的是服务器，是指实现了 uwsgi 和 WSGI 两种协议的 Web 服务器。

常用的 WSGI 容器有 Gunicorn 和 uWSGI，但 Gunicorn 直接用命令启动，不需要编写配置文件，相对 uWSGI 要容易很多，所以这里推荐使用 Gunicorn 作为容器。

16.1.1　Gunicorn 的安装配置及使用

Gunicorn（绿色独角兽）是一个被广泛使用的高性能 Python WSGI Serve 服务器，移植自 Ruby 的独角兽（Unicorn）项目，使用 pre-fork worker 模式（主进程中会预先指定一定数量的 worker 进程），具有使用非常简单、轻量级的资源消耗，以及高性能等特点。下面介绍 Gunicorn 的安装及使用。

1. 安装

Gunicorn 的安装主要有源码安装和 pip 方式安装两种，这里只介绍 pip 安装方式。使用如下命令，可完成安装。

```
pip install gunicorn
```

2. 启动

Gunicorn 安装好后，可以使用如下命令实现 Gunicorn 服务器的启动：

```
$ gunicorn [options] module_name:variable_name
```

其中，[options]表示 Gunicorn 启动可以带参数，具体参数请读者参阅相关资料，这里不再给出；module_name 对应 Python 源文件，variable_name 对应 Web 应用实例。这里给出一个 Flask 的最小应用程序，名称叫 hello.py。

```
01   #hello.py
02   from flask import Flask
03   app = Flask(__name__)
04   @app.route('/')
05   def index():
06  return 'hello world'
07   if __name__ == '__main__':
08   app.run()
```

可以使用下面代码进行 Web 服务器启动，在使用该命令之前，请在源码 hello.py 文件所在的目录下输入如下命令：

```
gunicorn --worker=5 hello:app -b 127.0.0.1:8000
```

上面的命令设置启动 5 个 workers，表示最大客户端并发数量；-b 及后面的参数表示绑定 IP 和端口，这里使用 IP 为 127.0.0.1，端口为 8000；hello 表示入口程序名，指的是 hello.py 文件；app 表示的是 Flask 应用的名称。

3. 指定配置文件

启动 Gunicorn 服务，要配置一些参数才能启动，参数较多的时候，输入比较烦琐且容易出错，这时可以指定启动的配置文件。

```
01   #gun.conf                                     #配置文件名
```

```
02  import os                                        #导入 OS 模块
03  bind = '127.0.0.1:5000'                          #绑定服务器 IP 和端口
04  workers = 5                 #用于处理工作的并发进程的数量，为正整数，默认为 1
05  backlog = 2048                            #设置允许挂起的连接数的最大值
06  worker_class = "sync"                     #指定进程的工作方式，默认为同步方式 sync
07  debug = True                                     #开启调试模式
08  proc_name = 'gunicorn.proc'                      #设置进程名称
09  pidfile = '/tmp/gunicorn.pid'  #设置 pid 文件的文件名，如果不设置将不会创建
                                    pid 文件
10  logfile = '/var/log/gunicorn/debug.log'          #设置日志文件名
11  loglevel = 'debug'                               #定义错误日志输出等级
```

01 行表示配置文件名；02 行表示导入 OS 模块；03 行表示绑定服务器 IP 和端口；04 行表示用于处理工作的并发进程的数量，为正整数，默认为 1；05 行表示设置允许挂起的连接数的最大值；06 行指定进程工作于同步或异步工作方式，默认为同步方式 sync；07 行表示开启调试模式；08 行表示设置进程名称；09 行表示设置 pid 文件的文件名，如果不设置将不会创建 pid 文件；10 行表示设置日志文件名；11 行表示定义错误日志输出等级。

注意：请确保您的系统中已经建有 var/log/gunicorn 这 3 层目录。

有了配置文件，可以通过 -c 参数传入一个配置文件后启动并运行 Gunicorn3，使用命令如下：

```
gunicorn - gun.conf  hello:app
```

由于指定了进程工作于同步方式，因此服务器运行时间长了可能会引起访问动态页面的卡顿，这一般是 Gunicorn 阻塞引起的，可以将进程工程方式修改为异步工作方式，从而解决此类问题。将 06 行代码修改为如下代码，就设置进程工作于异步工作模式了。

```
worker_class = "gevent"
```

上面的代码设定进程工作于 gevent 异步模式，如果需要设置异步，则需要下载相关的库，可以使用如下代码进行安装。

如果出现如图 16.1 所示结果，表示 gevent 安装成功。再次输入命令，然后在浏览器地址栏输入“127.0.0.1”后回车，运行效果如图 16.2 所示。

```
pip install gevent
```

```
  Downloading https://files.pythonhosted.org/packages/2e/65/27f35497cc0102a79239
0d056e793e064da95fc9eae45d75ae0ba49c0a0d/greenlet-0.4.15-cp35-cp35m-manylinux1_x
86_64.whl (41kB)
    100% |████████████████████████████████| 51kB 53kB/s
Installing collected packages: greenlet, gevent
Successfully installed gevent-1.4.0 greenlet-0.4.15
root@qiantom-virtual-machine:/srv/cms#
```

图 16.1　gevent 成功安装

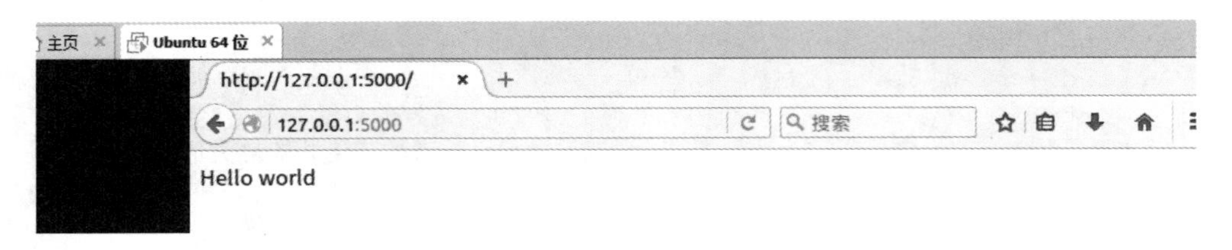

图 16.2　gunicorn 成功配置

16.1.2　Nginx 的安装及使用

Gunicorn 对静态文件的支持不太好，所以生产环境下常用 Nginx 作为反向代理服务器。Nginx 服务器实质就是 Web 服务器，通过 HTTP 协议提供各种网络服务。它是一款轻量级且高并发的服务器，同时也是一款自由、开源、高性能的 HTTP 服务器和反向代理服务器。

注意：这里对反向代理服务器进行一下解释。服务器根据客户端的请求，按照某种访问规则从多组后端服务器（如 Web 服务器）上获取资源，然后再将这些资源返回给客户端。由于使用了多台服务器，便于实现高访问量的负荷均衡。

1. Nginx的安装

Ubuntu 默认的源中就有 Nginx，所以安装比较简单。首先更新 apt 安装源，以便软件是最新的，然后就可以安装 Nginx。

```
Sudo apt-get update
sudo apt-get install nginx
```

注意：可以使用 service nginx start 命令启动 Nginx 服务器；使用 service nginx stop 命令停止 Nginx 服务；使用 service Nginx restart 命令重新启动 Nginx 服务器。

2. 配置文件

要使用 Nginx 服务，必须要通过配置文件来实现。配置虚拟主机、反向代理、是否采用负载均衡等一系列的配置文件设置，这些设置一般是对 nginx.conf 文件进行配置，或者是对 nginx.conf 文件包含的子文件进行配置。

为了避免修改配置文件可能一次不成功，有必要对 Nginx 的配置文件进行备份。使用命令 cd/ etc/nginx 进入该目录，然后使用如下命令对全局配置文件进行备份。

```
cp  nginx.conf  nginx.conf_bak
```

使用 cd /”进入根目录，然后再输入命令 vi　/etc/nginx/nginx.conf 对全局文件进行修改。在打开的 nginx.conf 文件中按 I 键，进入 vi 编辑器的输入模式，然后按“/”键，这时在状态栏（也就是屏幕左下角）就出现了“/”，然后输入要查找的关键字*.conf，回车，判断是否有下面两行代码，如果没有，请添加下面两行代码，并注意保存。

```
01   include /etc/nginx/conf.d/*.conf;
02   include /etc/nginx/sites-enabled/*;
```

01 行表示引入/etc/nginx/conf.d/目录下用户自定义的 Nginx 配置文件；02 行表示可以在 sites-enabled 目录下创建软链接指向 sites-available 里的配置文件，sites-available 目录用来存放所有的虚拟主机配置。

注意：要在 vi 下保存，请先退出输入模式。退出输入模式的方法是，按键盘上的 Esc 键，然后再输入“：”（冒号），冒号后输入 wq，按回车便可。

使用 pwd 命令查看是否在根目录，如果是在根目录，显示的是一个“/”符号，继续输入 cd /etc/nginx/conf.d 命令，回车，然后在目录下使用命令 vi mysite.conf 创建一配置文件，请录入以下内容，并注意保存。

```
01   server{
02          listen  80;                           #监听端口
03          server_name    192.168.189.130;  #使用的域名或 IP
04          charset utf-8;                        #字符集
05          access_log     /var/log/nginx/log/mysite.access.log main;
                                                  #访问日志文件的保存目录和级别设置
06          error_log      /var/log/nginx/log/mysite.error.log  warn;
                                                  #错误日志保存目录和级别设置
07          location /{
08          root /srv/cms;                        #定义服务器的默认网站根目录位置
09          index index.html index.htm;           #定义首页索引文件的名称
10          include uwsgi_params;                 #引入 uwsgi_params 模块
11          uwsgi_pass  127.0.0.1:5000;           #Nginx 会将收到的所有请求都转发到
                                          127.0.0.1:5000 端口上，即 uWSGI 服务器上
12          }
13   }
```

02 行设置监听端口；03 行定义使用的域名或 IP；04 行设置字符集；05 行表示访问日志文件保存目录和级别设置；06 行表示错误日志保存目录和级别设置；08 行表示定义服务器的默认网站根目录位置；09 行表示定义首页索引文件的名称；10 行表示引入 uwsgi_params 模块；11 行表示 Nginx 会将收到的所有请求都转发到 127.0.0.1:5000 端口上，即 uWSGI 服务器上。

注意：Nginx 文件结构主要由 3 块组成，分别是 main(全局)块、events 块和 http 块。http 块中包含 http 全局块和多个 server 块及 location 块，限于篇幅，这里不作仔细介绍。

输入命令 service nginx start，然后回车，如果没有任何提示，表示已经启动了 Nginx 服务器了，接下来打开浏览器，在地址栏输入“127.0.0.1”，然后回车，查看是否能访问到 Nginx 的默认页面。如果出现如图 16.3 所示的结果，表示 Nginx 服务器配置成功。

图 16.3　Nginx 服务器配置成功

16.1.3　安装 MySQL

MySQL 的安装可以和 Web 应用安装在一台服务器上，也可以专门安装在一台数据库服务器上。笔者将 MySQL 和 Web 应用安装在了同一台计算机的同一个系统中。

```
sudo apt install MySQL-server MySQL-client
```

安装过程中会提示设置密码，请根据提示设置密码，并记录好密码为后面备用。安装完成之后可以使用如下命令检查是否安装成功。

```
MySQL -u root -p
```

上面命令中的-u 表示选择登录的用户名，-p 表示登录的用户密码。输入上面的命令后会提示输入密码，输入密码后就可以登录 MySQL 了。然后输入下面的命令，进行数据库的创建：

```
create database jiaqicms DEFAULT CHARACTER SET utf8 COLLATE utf8_general_ci;
```

注意：使用 exit;命令可以退出 MySQL 数据口。

16.2　网站部署

服务器环境配置好以后，就可以着手进行网站的部署了。关于服务器的配置，限于篇幅，这里不再介绍。这里主要介绍需求文件 requirements.txt 的创建及使用。

Python 项目中必须包含一个 requirements.txt 文件，用于记录所有依赖包及其精确的版本号，以便新环境部署。在 Windows 开发环境下的虚拟环境中使用 pip 生成需求文件 requrements.txt：

```
(venv) $ pip freeze >requirements.txt
```

如果上述方法无效，可以在 Pycharm 下的 Terminal 下输入如下命令：

```
pip freeze > requirments.txt
```

然后检查 Windows 下的工程目录中是否有 requirements.txt 需求文件生成。如有的话，使用 XShell 等上传工具将需求文件及 CMS 整个文件上传到 Linux 系统下的/srv/下。接下来在 src 目录下准备创建虚拟环境，可以使用如下命令：

```
python -m venv  venv
```

上面的命令中有两个 venv，第二个 venv 表示虚拟环境的保存目录。这个虚拟环境的保存目录也可以取为 flask-venv 等这种形式，不一定为 venv。

进入虚拟环境目录，可以使用如下命令激活当前的虚拟环境：

```
source ./bin/activate
```

在当前虚拟环境目录下，可以使用如下命令突出当前虚拟环境：

```
deactivate
```

我们可以重新激活当前虚拟环境，然后进入项目所在目录，在虚拟环境下输入如下命令，安装好相应的第三方包。

```
(venv) pip install -r requirments.txt
```

注意：可以使用命令 pip list 查看安装好的第三方包。

执行 python manager.py db upgrade 命令，将迁移文件映射到数据库中，创建相应的表。最后可以使用下面命令运行网站，运行效果如图 16.4 所示。

```
gunicorn -c  gun.conf  manager:app
```

图 16.4　网站成功部署

16.3 温故知新

1．学完本章内容后，读者需要回答一个问题：什么是依赖需求文件？

16.4 习　题

通过下面的习题来检验本章的学习情况，习题答案请参考配套资源。

【本章习题答案见配套资源\源代码\C16\习题】

网上查阅资料，请尝试在云平台上部署 Flask 网站，并尝试给出 Nginx 作为 Web 服务器时使用的配置文件。